U0856875

普通高等院校“十二五”规划教材
普通高等院校“十一五”规划教材
普通高等院校机械类精品教材

编审委员会

普通高等院校“十二五”规划教材
普通高等院校“十一五”规划教材
普通高等院校机械类精品教材

顾　问　杨叔子　李培根

图解金工实训

（第三版）

主　编　张力重　杜新宇
副主编　孙新国　魏　飞
主　审　王林鸿

華中科技大學出版社
http://www.hustp.com
中国·武汉

内 容 提 要

本书是一本有趣的书，书中的主要内容全部用贴切的成语或四字词语提炼出来，并用生动形象的插图和浅显易懂的文字来加以描述；本书更是一本有用的书，其中所涉及的知识和技能均来自教学一线和企业的实践经验，都是必需的，也是基本够用的。本书所介绍的创新概念和案例可以帮助学生打开思路，所讲述做人的道理更是会对成长中的学生起到“提醒”的作用。对于教学中司空见惯的现象——有的理论课教师知其所以然，却不知其然；有的实践指导教师知其然，却不知其所以然，本书能起到一定的释疑解惑的作用。

本书共分四篇，介绍了有关工程材料及其成形方法、切削加工手段的十个课题，以及创新设计的三个课题。

本书既可作为普通本科及高职高专院校的机械类、近机类、非机类各工科专业，以及管理类、艺术类等文科专业金工实训的教材，也可作为其他有关机械类专业课程、其他培训课程的辅助用书，还可作为教师的参考书。

“爆竹一声除旧，桃符万户更新。”在新年伊始，春节伊始，“十一五规划”伊始，来为“普通高等院校机械类精品教材”这套丛书写这个“序”，我感到很有意义。

近十年来，我国高等教育取得了历史性的突破，实现了跨越式的发展，毛入学率由低于10%达到了高于20%，高等教育由精英教育而跨入了大众化教育。显然，教育观念必须与时俱进而更新，教育质量观也必须与时俱进而改变，从而教育模式也必须与时俱进而多样化。

以国家需求与社会发展为导向，走多样化人才培养之路是今后高等教育教学改革的一项重要任务。在前几年，教育部高等学校机械学科教学指导委员会对全国高校机械专业提出了机械专业人才培养模式的多样化原则，各有关高校的机械专业都在积极探索适应国家需求与社会发展的办学途径，有的已制订了新的人才培养计划，有的正在考虑深刻变革的培养方案，人才培养模式已呈现百花齐放、各得其所的繁荣局面。精英教育时代规划教材、一致模式、雷同要求的一统天下的局面，显然无法适应大众化教育形势的发展。事实上，多年来许多普通院校采用规划教材就十分勉强，而又苦于无合适教材可用。

“百年大计，教育为本；教育大计，教师为本；教师大计，教学为本；教学大计，教材为本。”有好的教材，就有章可循，有规可依，有鉴可借，有道可走。师资、设备、资料(首先是教材)是高校的三大教学基本建设。

“山不在高，有仙则名。水不在深，有龙则灵。”教材不在厚薄，内容不在深浅，能切合学生培养目标，能抓住学生应掌握的要言，能做到到彼此呼应、相互配套，就行，此即教材要精、课程要精，能精则名、能精则灵、能精则行。

华中科技大学出版社主动邀请了一大批专家，联合了全国几十个应用型机械专业，在全国高校机械学科教学指导委员会的指导下，保证了当前形势下机械学科教学改革的发展方向，交流了各校的教改经验与教材建设计划，确定了一批面向普通高等院校机械学科精品课程的教材编写计划。特别要提出的，教育质量观、教材质量观必须随高等教育大众化而更新。大众化、多样化绝不是降低质量，而是要面向、适应与满足人才市场的多样化需求，面向、符合、激活学生个性与能力的多样化特点。“和而不同”，才能生动活泼地繁荣与发展。脱离市场实际的、脱离学生实际的一刀切的质量不仅不是“万应灵丹”，而是“千篇一律”的桎梏。正因为如此，为了真正确保高等教育大众化时代的教学质量，教育主管部门正在对高校进行教学质量评估，各高校正在积极进行教材建设，特别是精品课程、精品教材建设。也因为如此，华中科技大学出版社组织出版普通高等院校应用型机械学科的精品教材，可谓正得其时。

我感谢参与这批精品教材编写的专家们！我感谢出版这批精品教材的华中科技大学出版社的有关同志！我感谢关心、支持与帮助这批精品教材编写与出版的单位与同志们！我深信编写者与出版者一定会同使用者沟通，听取他们的意见与建议，不断提高教材的水平！

特为之序。

中国科学院院士

教育部高等学校机械学科指导委员会主任

杨叔子

2006.1

第三版前言

作为教学环境工程氛围最浓厚，教学内容涉及知识、技能范围最广，教学组织形式与一般理论课程迥然相异的实践教学环节之一，金工实习在“卓越工程师培养计划”中自然负有义不容辞的责任，理应积极响应和参与。

基于此种理念，近年来我们在金工实习教学内容方面进行了一些改革，而作为教学过程中最重要的教学文件，金工实习教材改版也是这次课程改革的重点内容之一。在继续保持前两版教材整体风格的前提下，第三版教材在内容和形式上又做了一定补充和修改，最终形成了以下鲜明特色。

1.明确目标读者，教材体系创新

（1）针对大一、大二低年级学生的特点（缺乏相关专业基础知识）和教学本身的特点（以实践训练为主），遵循“必须、够用”的原则，不刻意追求知识的“完整性”、“系统性”；讲解深入浅出，力求“一语中的”。以漫画形式演绎原本抽象难懂的技术原理，最大限度地避免满篇文字，令人观之生畏，而对其失去耐心的长篇大论。

（2）相对于传统的“去除型”教材（编入的内容很多，而在实训中涉及的却较少），本书秉持的是“生长型”的理念（对于想继续深入了解相关知识的学生，可登录相关国家级精品课程网站，或参阅其他优秀参考书），照顾了绝大部分普通学生的需求。

2.遵循认知规律，创作风格优化

（1）从实际生活中观察、提炼出恰当的问题，并引入到与之同理的专业知识，使学生产生“似曾相识”的熟识感、亲切感，进而豁然理解专业术语和原理。

（2）语言风格是针对目标成功的一大因素。本版教材的编写采用通俗的语言、活泼的语气、简练的叙述来介绍金工实训的专业知识，使学生读起来亲切、愉快。最大限度地减少大段文字出现，将操作步骤的文字解说融入到图片中，使学生阅读时能够按图索骥，避免了文字与图片分离而来回翻页，节省了阅读时间。

（3）更加注重实用性。部分章节采用案例教学，以零件加工的步骤为主线，将每个加工步骤中用到的加工方法、切削刀具等机械加工工艺知识贯穿其中，将各种加工方法化整为零，让学生阅读起来领会每种加工方法的应用场合，不单单是传统教材的加工方法的程序罗列。

（4）以“图解”风格统领全书。全书力求以图说话，以图来介绍金工实训的内容、设备用途、操作方法、加工步骤等，使全书内容直观、感性、阅读省力，增加趣味性，将加工知识化解在图片中。

3.内容编排设置多样，原创因素明显

（1）用通俗、活泼、生动的漫画形式演绎一些原本难以理解的概念，并辅以最简练的文字说明，学生的阅读兴趣就可想而知。教材中漫画全部由编者绘成，皆属原创。

（2）结合金工实训强度大、易使人疲劳、设备种类多、危险因素多、作息考勤严、实践性突出等特点，在教材内容处理上，每一章节后面增加了各种安全操作规定和人文素质培养的内容，并且也以漫画的形式加以体现。每一篇（章）结尾处的警言警句更是对前述内容起到了凝练和升华作用。

（3）为了使学生明白各篇（章）之间的联系，及其加工方法的应用场合，各篇（章）之间及文中转折过渡部分采用卡通精灵一问一答的形式，使转折过渡生动、活泼、有趣，让学生很容易就弄懂各加工方法之间的区别，明白了实习重点，也是对各加工原理、加工特点的总结。

(4) 目录、章节标题以成语点题，概括了各部分内容的特征、特点，仅看目录标题，就足以吊起学生的胃口，激发起欲识“庐山真面目”的好奇心。

本书由张力重、杜新宇主编，参加编写人员（均为南阳理工学院教师）为：张力重（前言、第一篇、第三篇、第四篇），杜新宇（第二篇课题二~课题六、课题八），魏飞、孙新国（第二篇课题一、课题七、课题九、课题十）。全书由杜新宇统稿，由南阳理工学院王林鸿教授主审。

在本书编写过程中，参考了一些优秀教材，在此向原作者表示诚挚的感谢！

由于水平有限，编写时间仓促，书中难免存在缺点甚至错误，恳请读者批评指正。

编　　者

2014年9月

第二版前言

百闻不如一见，百见不如一干。这句话可以说形象地道出了实践教学的重要性。

作为教学环境工程氛围最浓厚，教学内容涉及知识、技能范围最广，教学时间最长且集中进行的实践教学环节之一，金工实训越来越受到国内外各类高等院校重视，无论是教学内容的拓展及教学手段的更新，还是参与实训学生的专业构成，都与以往不可同日而语。当年清华大学、上海交通大学以及四川大学等率先尝试的在文史哲类专业学生中开展金工实训的“吃螃蟹”之举，如今在国内高等教育界已形成普遍共识，在很多大学几已成教学常态。

然而编者也不无遗憾地看到，与上述教学改革新形势不相适应的是，作为教学过程中最重要的教学文件之一的金工实训教材，却依然是“千书一面”，即使有所谓“机械类”、“近机类”和“非机类”之分，也不过仅仅是在内容的广度和深度上有所区别而已，既未考虑到两大类专业教学对象的基础以及教学目的有何异同，也未真正考虑到大一、大二新生的特点（缺乏相关专业基础知识）和教学本身的特点（以实践训练为主）。本就令人望而生畏的内容，再配上一副枯燥的外表，就像一盘食物，因为色、香、味不佳而无法吸引人品尝，再有营养也起不到作用。

基于以上认识，本书力改此类教材《工程材料与成形工艺》和《机械制造技术》缩写本的传统面目，以全新的风格呈献给读者。

和其他同类教材相比，本书具备以下几个特色。

(1) 形式活泼　以图为主、图文并茂，除了传统插图外，还增加了一些漫画。

(2) 内容精练　遵循“必需”、“够用”的原则，不刻意追求知识的完整性、系统性；讲解深入浅出，力求一语中的。相对于传统的“去除型”教材（编入的内容很多，而在实训中涉及的却较少），本书秉持的是“生长型”的理念（对于想继续深入了解相关知识的学生，可登录相关国家级精品课程网站，或参阅其他优秀参考书）。

（3）实用性强　既有各工种加工工艺实例，又有从企业生产实践中提炼出的一些实用经验和技术；既有传统的金工基础训练内容，又有适应新形势下高等工程训练教学改革的创新设计内容，全书还贯穿着素质教育的理念。所以对指导教师在金工实训中指导教学也将会有较大帮助。

（4）通用性高　基于以上几点，本书将模糊本科与高职高专，以及机械类与近机类、非机类专业之间的界限，适用性空前提高。

本书由张力重、杜新宇主编，参加编写人员为：张力重（前言、第一篇、第二篇课题一、第三篇、第四篇，书中部分插画、插图），杜新宇（第二篇课题二、课题五、课题九），孙新国（第二篇课题四、课题六、课题十），魏飞（第二篇课题三、课题七、课题八）。全书由张力重统稿，由南阳理工学院王林鸿教授主审。

在本书编写过程中，多少参考了一些优秀教材，在此一并向原作者表示诚挚的感谢！

由于水平有限，编写时间仓促，书中难免存在错误和疏漏之处，恳请读者批评指正。

编　者

2011年4月

前　言

能否真正站在教材的使用者——学生的角度去看待一本教材的适用性，应是教材的编写者——教师所应该认真思考的问题。

作为面向大一、大二学生的金工实训教材，因其使用对象的特点（缺乏相关专业基础知识）和教学本身的特点（以实践训练为主），应在激发学生兴趣，帮助其尽快建立起机械制造感性认识方面下大工夫。作一个形象的比喻，金工实训及其教材要像一座新奇的花园那样，能使学生流连忘返，产生深入探究其地下宝藏的浓厚兴趣，至于如何才能真正发掘到这些宝藏，则是后续相关课程要解决的问题。

基于以上认识，本书力改此类教材《工程材料与成形工艺》和《机械制造技术》缩写本的传统面目，以全新的风格呈献给读者。

和其他同类教材相比，本书具备以下几个特色。

(1) 形式活泼　以图为主，图文并茂，除了传统插图外，还增加了一些漫画。

(2) 内容精练　遵循“必需”、“够用”的原则，不刻意追求知识的完整性、系统性；讲解深入浅出，力求一语中的。相对于传统的“去除型”教材（编入的内容很多，而在实训中涉及的却较少），本书秉持的是“生长型”的理念（对于想继续深入了解相关知识的学生，可登录相关国家级精品课程网站，或参阅其他优秀参考书）。

(3) 实用性强　既有各工种加工工艺实例，又有从企业生产实践中提炼出的一些实用经验和技术；既有传统的金工基础训练内容，又有适应新形势下高等工程训练教学改革的创新设计内容。全书还贯穿着素质教育的理念，所以对指导教师在金工实训中指导教学也将会有较大帮助。

(4) 通用性高　基于以上几点，本书将模糊本科与高职高专，以及机械类与近机类、非机类专业之间的界限，适用性空前提高。

本书由张力重、王志奎主编，参加编写人员（均为南阳理工学院教师）有：张力重（前言、第一篇、第二篇课题一、第三篇、第四篇，书中部分插画、插图），林红旗（第二篇课题二、课题四、课题五），王志奎（第二篇课题三），杜新宇（第二篇课题六、课题八、课题九），魏飞（第二篇课题七），刘品潇（第二篇课题十）。全书由张力重统稿，由南阳理工学院王林鸿教授主审。

在本书编写过程中，多少参考了一些优秀教材，在此一并向原作者表示诚挚的感谢！

由于水平有限、编写时间仓促，书中难免存在缺点甚至错误，恳请读者批评指正。

编　者

2008年1月

目 录

3 / **第一篇　疑问重重**
4 / 问题一　厉兵秣马——金工实训都干些啥
5 / 问题二　有的放矢——金工实训是为了啥
6 / 问题三　未雨绸缪——金工实训要注意啥

7 / **第二篇　拨云见日**
8 / 课题一　有备无患——机械制造基础知识
19 / 课题二　有模有样——铸造
35 / 课题三　不打不成器——锻压
47 / 课题四　钢铁裁缝——焊接与切割
63 / 课题五　脱胎换骨——热处理
75 / 课题六　做事圆滑——车工
102 / 课题七　多才多艺——铣工
117 / 课题八　精益求精——磨工
129 / 课题九　匠心巧手——钳工
162 / 课题十　按图索骥——数控加工

175 / **第三篇　奇思妙想**
176 / 课题一　标新立异——创新设计的基本概念
177 / 课题二　殊途同归——创新设计的主要方法
178 / 课题三　不同凡响——创新设计的典型实例

183 / **第四篇　任重道远**
184 / 问题一　秋后算账——金工实训到底值不值
185 / 问题二　知己知彼——社会需要什么样的人
186 / 问题三　亡羊补牢——以后的路应该怎样走
187 / **参考文献**

学会做人

学会学习

学会做事

学会生活

第一篇

·疑问重重·

一进校就见校园里许多同学穿着工作服来来往往，挺神秘的，不知道他们在干啥。一打听，说是参加什么“金工实训”，还听说全校好多系、好多专业的同学都必须参加。看来，这“金工实训”对我们是相当重要的。可这“金工实训”到底是干什么的？参加它有什么用？真是一头雾水。

问题一 厉兵秣马——金工实训都干些啥

顾名思义，金工实训就是关于金属加工的实践训练，又称为金工实习。在金工实训中，每个学生都要接受以下几个方面的严格训练（见图1.1.1）。

理论学习　　技能训练

创新设计　　习惯养成

图1.1.1　金工实训的训练内容

在金工实训中，你会感受到进入大学以来久违了的充实和激情。至于能学到什么东西，好不好玩——自己去体会吧！

问题二 有的放矢——金工实训是为了啥

第一，便于后续课程的学习，有助于提高就业竞争力。

当今社会，现代制造业的产品可以说是无处不在。而高等工科专业的学生，包括管理类的学生，毕业时最广阔的就业市场就是制造业。

有了金工实训的经历，获得了一定的有关制造业的感性认识，在以后的专业学习中，就会如虎添翼，增加就业竞争的砝码。

第二，全面检验、培养、提高综合素质，为将来的发展打下良好基础。

金工实训有以下四大特点。

严 即作息考勤严，安全操作规范严，成绩考核严。这对一个人的自律意识、诚信意识绝对是一个不小的挑战。

累 即实训强度大，容易使人疲劳。实训各个工种都有其规定的操作姿势，而且要长时间、全神贯注地进行操作，这对一个人的体能、意志都是很好的磨炼。

险 即实训场地复杂，设备种类多，危险因素多，必须时刻注意人身、设备以及产品的安全。这对一个人的安全意识、应变能力都是严峻的考验。

实 即实训的实践性突出，学到的都是实实在在的知识和技能、经验和教训。这对一个人的求实精神、技术应用能力，都是很好的培养和提高。

诚信意识、创新精神、实践能力，可以说是我国专业技术人员综合素质当中普遍最为薄弱的三个方面。金工实训作为贯穿工科学生大学生涯始终的工程训练的基础和重要一环，它营造的工程氛围是其他教学环节难以比拟的，它对一个学生综合素质的考验更为全面、严格，从而可以使学生及早发现自己的长处和不足，结合自己的职业生涯规划，有意识地采取针对性措施，弥补缺陷、强化不足、巩固优势，尽快完善自己。

问题三 未雨绸缪——金工实训要注意啥

参加金工实训应注意四个方面。

第一，注意安全纪律的严肃性。必须按规定着装（长发要盘起、扎紧，戴工作帽，要扣好纽扣，不准戴手套操作机床，不准穿高跟鞋，如图1.3.1所示），严格按照安全规范操作。

看看能找出几处着装错误。

着装错误　　着装正确

图1.3.1　正确着装和错误着装

第二，注意学习方法的多样性。切记：听了会忘记，看了能记住，做了才会理解。

第三，注意团结协作的重要性。一个篱笆三个桩，一个好汉三个帮。

第四，注意饮食起居的合理性。作息要有规律，饮食讲究卫生，力求保持充沛精力。

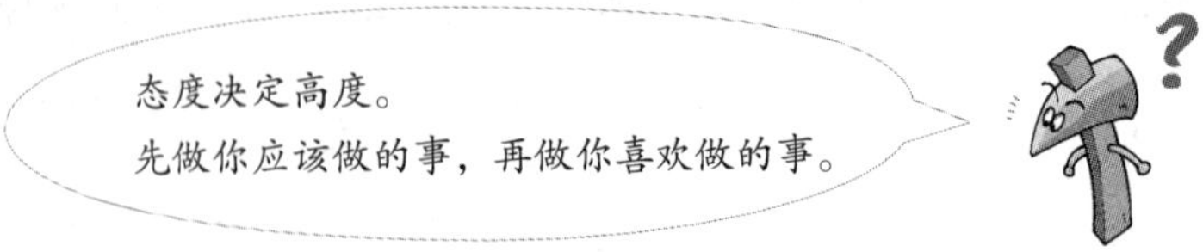

态度决定高度。
先做你应该做的事，再做你喜欢做的事。

第二篇

·拨云见日·

金工实训开始了。在实训中，可以围绕一个简单产品的加工(机制类专业学生可加工台虎钳，如图 2.0.1 所示，其他专业学生可加工钉锤，如图 2.0.2 所示)，来有机地安排各工种的实训内容。

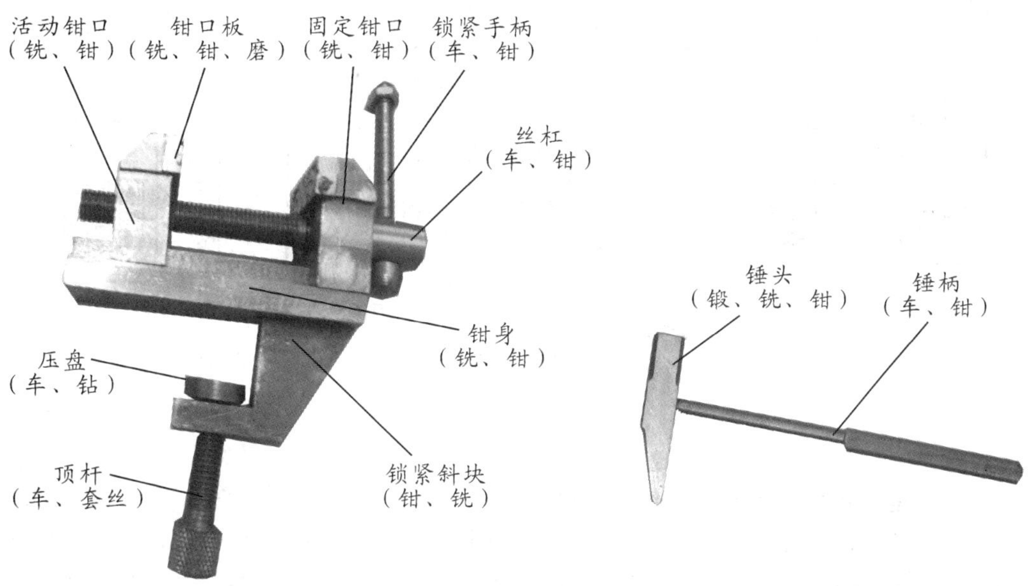

图2.0.1　台虎钳装配图

图2.0.2　钉锤装配图

上面给出了台虎钳和钉锤的装配图，并标示出其主要零件的名称以及主要加工方法。“麻雀虽小，五脏俱全”，从图中就可以看出，这两种简单产品的每一个零件，都需要几种不同的加工方法。

可到底需要怎样去做呢？那些“铸”、“锻”、“车”、“铣”都是什么意思呢？

课题一 有备无患——机械制造基础知识

磨刀不误砍柴工，我们先来了解一下机械制造的大概情况。

在图2.1.1所示机械制造过程中，铸造、锻压和焊接等几个工序主要是为了制造出符合某种形状的毛坯，所以称为材料成形工艺，又因为这些工艺通常需要对材料进行加热，故俗称热加工；而利用机械设备对毛坯进行去除性加工，以获得预定精度零件的加工工艺，称为切削加工，又因为加削加工通常是在冷态下进行的，故俗称冷加工。在后面的章节，会分别介绍这两类工艺的有关知识和操作技能。

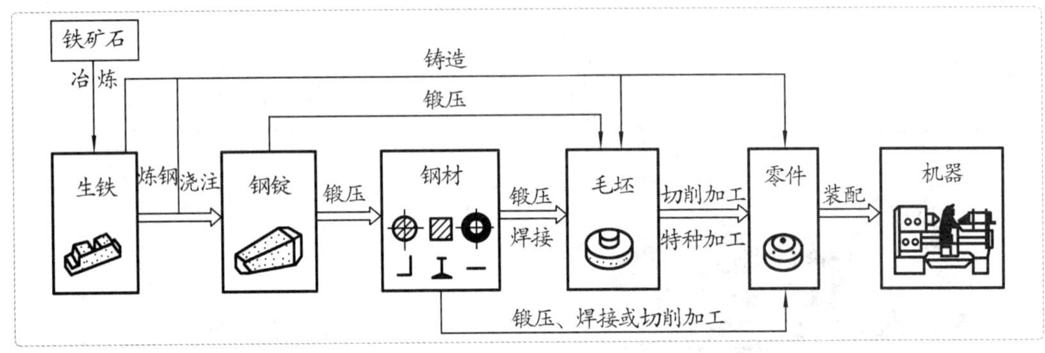

图2.1.1 机械制造过程示意图

一 工程材料简介

世界是由物质构成的。物质既有微观形态（原子、分子、离子），也有宏观形态，也就是各种各样的材料，比如金属、塑料、木材、石材、纸张、布匹、谷物、蔬菜、肉类等（见图2.1.2）。虽然它们都是材料，但其固有的一些性能（物理、化学、力学）却大不一样，所以其用途也迥然有异。

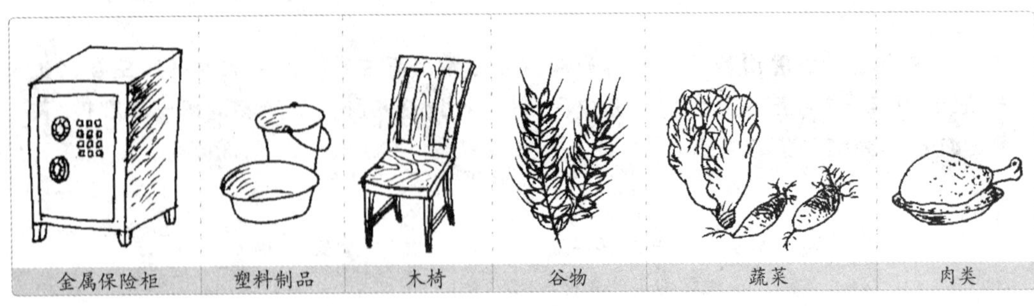

图2.1.2 材料的示例

像金属、塑料、木材等，其各种性能相对稳定，经过一定程序的加工处理后，可以较长期地使用在某些工程（设备、装置、空间结构）中，称为工程材料；而像谷物、蔬菜、肉类等，则无法满足上述工程的要求，就不能称为工程材料。当然，随着科技的发展，以及“工程”这一概念内涵、外延的变化，这一界限也许会随之发生改变。

1. 工程材料的主要力学性能指标

工程材料在外力作用下表现出来的特性称为力学性能，分为强度、弹性、塑性、硬度、韧度、刚度等（见图2.1.3）。

强度是指材料抵抗变形和断裂的能力。抗拉强度为工程上最常用的强度指标。

弹性是指材料受外力作用产生变形，当外力去除时，材料能够恢复到原来形状的性能。

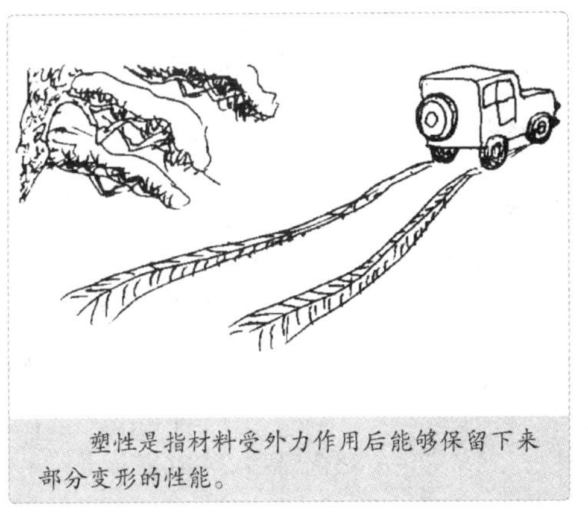

塑性是指材料受外力作用后能够保留下来部分变形的性能。

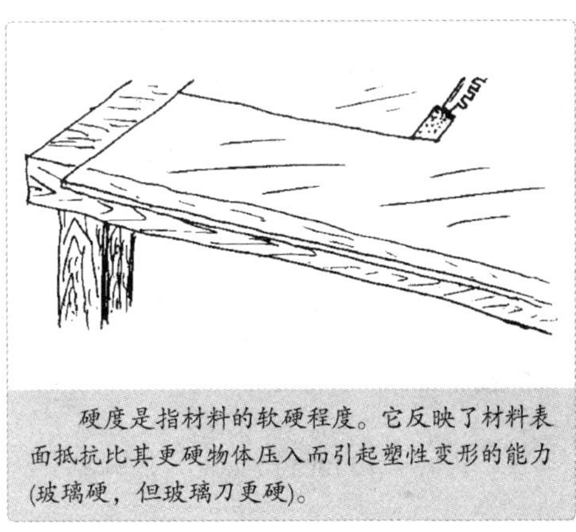

硬度是指材料的软硬程度。它反映了材料表面抵抗比其更硬物体压入而引起塑性变形的能力(玻璃硬，但玻璃刀更硬)。

图2.1.3　力学性能示例

韧度是指材料在外力作用下断裂前吸收的能量。它反映了材料抵抗冲击破坏的能力。

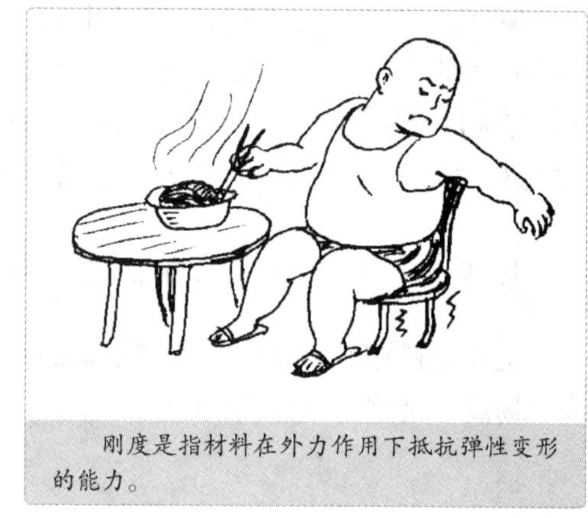

刚度是指材料在外力作用下抵抗弹性变形的能力。

续图2.1.3

工程材料的力学性能指标可通过各种试验测出。常用的试验有拉伸试验、硬度试验和冲击试验等。

2. 常用金属材料简介

金属材料是机械工程中应用最普遍的材料，包括钢铁金属（各种钢材、铸铁）、非铁金属（铜、铝、锌、镁等及其合金）两大类。其来源丰富，使用性能优良，容易加工，所以常用来制造机械设备、工具、模具，以及各种工程结构件。

常用金属材料的名称、牌号、力学性能特点、常用热处理方法及应用如表2.1.1所示。

表2.1.1　常用金属材料的名称、牌号、力学性能特点、常用热处理方法及应用

材料名称	牌　号	力学性能特点	常用最终热处理方法	应用举例
普通碳素结构钢	Q235	韧度好	一般不进行热处理	金属结构件、钢板、钢筋、型钢、标准件、重要焊接结构件
优质碳素结构钢	45	综合力学性能优良	正火、调质（淬火＋高温回火）	受力较大的零件，如主轴、曲轴、齿轮、连杆、活塞销等
低合金结构钢	20CrMnTi	强韧	渗碳＋淬火＋低温回火	承受冲击载荷的齿轮、销轴
碳素工具钢	T10（T10A）	强硬、耐磨	淬火＋低温回火	刨刀、拉丝模、丝锥、手用锯条、钻头、车刀等
高速钢	W18Cr4V	强硬、红硬性较好	一到二次预热后高温淬火＋三次高温回火	红硬性要求不是很高（刃部温度低于600℃）的整体式车刀

续表

材料名称	牌号	力学性能特点	常用最终热处理方法	应用举例
硬质合金	YG6	硬而耐磨	不进行热处理	切削铸铁的刀片
	YT15	硬而耐冲击	不进行热处理	切削钢件的刀片
不锈钢	1Cr18Ni9Ti	强韧、无磁性、耐腐蚀	固溶处理(水淬)	制作耐酸、碱、盐腐蚀的设备零件、医疗器械、食品器具
灰铸铁	HT200	耐磨、减振性好、缺口敏感性小、易切削	时效处理	汽缸体、缸套、活塞、床身、机座、齿轮箱、飞轮、液压缸、齿轮、联轴器、轴承座等
锡青铜	QSn4-3	塑性好、耐磨	退火	弹簧、化工机械零件
铸铝	ZL102	铸造工艺性好	变质处理	形状复杂但强度要求不高的铸件，如仪表、水泵壳体等
硬铝	LY11	塑性好	淬火 + 自然时效	中等强度的零件和构件

3. 金属材料的实用鉴别方法

在工程实践中，有时急需少量的金属材料来制造零件。如果随便找一种材料贸然加工，就可能会损伤刀具和设备，甚至会造成人身安全事故。在一般情况下，可以通过实验室里的化学分析仪器、光谱分析仪器、硬度计来准确鉴别金属材料的化学成分和硬度，但在很多场合下，没有这种条件，或者没有这个必要。这里介绍几种简单易行的经验鉴别方法：一看、二掂、三敲、四锉、五吸。

一看。看外观色泽和生锈的状况。铸铁颜色发暗，钢材发亮。锈斑厚而发黄、呈褐色的，是碳钢或铸铁；锈斑呈褐红色而薄的，则是高合金钢。

二掂。掂分量，适用于材料外表面经过处理、难以直观判断的场合。铝很轻，钢铁较重。

三敲。敲击金属材料，听声音。越清脆，硬度越高；越沉闷，硬度越低。

四锉。用锉刀稍用力锉削，能锉动，则可直接车、铣、锯；锉不动，说明淬过火，太硬，要加工的话，得用磨床或用砂轮。

五吸。用磁铁靠近金属材料，完全没有磁性的，是奥氏体不锈钢、铁素体不锈钢或铝、铜；有磁性但较弱的，是马氏体不锈钢；磁性较强的，则是其他种类的钢。

链接 欲了解更为详细的工程材料知识，可参考普通高等教育“十一五”国家级规划教材《材料成形与机械制造技术基础——材料成形分册》（沈其文、赵敖生主编，华中科技大学出版社）。

二 金属切削加工基础知识

1. 切削及刀具的概念

柔软的纸张能割破人的手；锋利的“刀山”，却能让人赤脚踩着上上下下（见图2.1.4）。为什么？因为纸张和手指有相对运动，形成了“切削”；而钢刀却和赤脚相对静止，没有形成“切削”。

图2.1.4　切削的示例

从上面两个实例可以得出结论，只有拿尖锐的、相对较硬的物体，以一定的角度、足够的速度去挤压相对较软的物体，才能将其切开，也就是形成了切削。较硬的物体就称为刀具（如上例中的纸张就是刀具）。

2. 刀具的分类及必备条件

机械加工中的车削、铣削、刨削、磨削、钻削、锯削、锉削自然都是切削，而我们生活中也经常能遇到切削的实例，如削果皮、切菜等。可见，切削所使用的刀具是多种多样的，图2.1.5所示的仅仅是其中的一小部分。

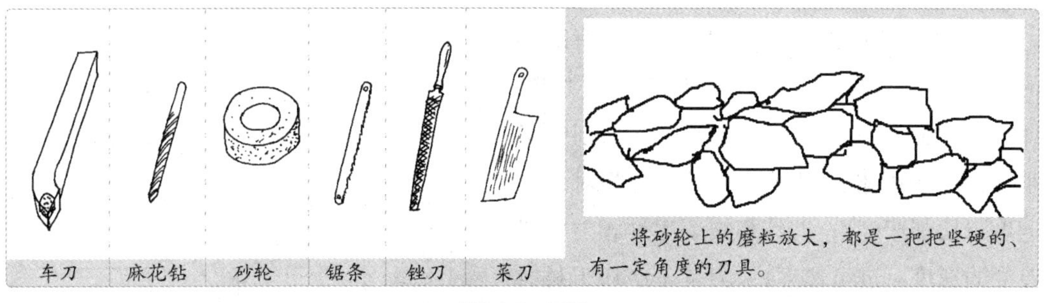

图2.1.5 刀具

但不管刀具的形状怎样，都必须符合以下这些条件，才具有实用价值：

① 要有足够的硬度、强度，才能不易损坏；

② 刀刃要有适当的角度，才能在刀刃与材料的接触位置产生足够大的压强，将材料切下来；

③ 要有高的耐磨性和红硬性，才能长时间地连续工作。

3. 材料状况对刀具的要求

利刀和钝刀的用途如图2.1.6所示。

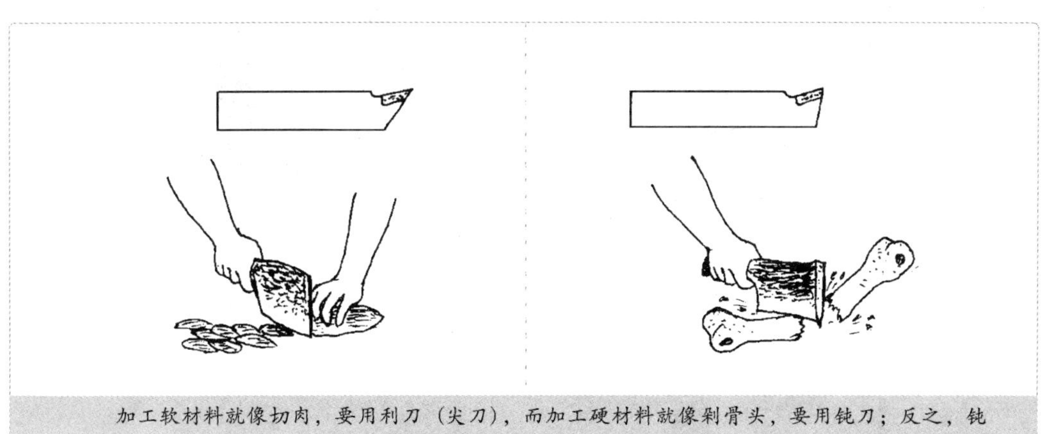

图2.1.6 利刀和钝刀的用途

可见，切削较软材料（如低碳钢、非铁金属、工程塑料、木头等），刀具应该“尖”一些；反之，切削较硬材料（如中碳钢、高碳钢、合金钢、铸铁等），刀具则应该“钝”一些。原因是，软材料变形抗力小，易“黏刀”，而硬材料变形抗力大，易“伤刀”。

4. 切削三要素

在工程实际中，加工工件除了要有准确的形状、光滑的表面以外，还有时间要求，即除了“好”，还得“快”。所以，切削中必须注意三个因素：刀具切向工件的相对运动速度（切削速度）；刀具和被切工件相对位置改变的速度（进给速度）；刀具一次切下材料的厚薄程度（吃刀量）。这三个因素就是“切削三要素”（见图2.1.7）。

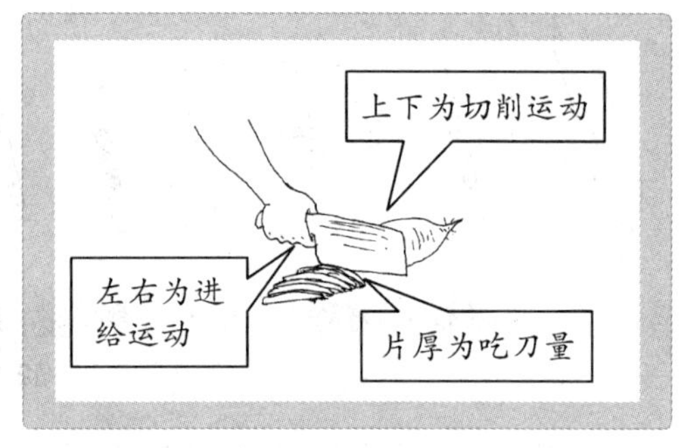

图2.1.7　切削三要素

5. 粗加工与精加工

粗加工与精加工的示例如图2.1.8所示。

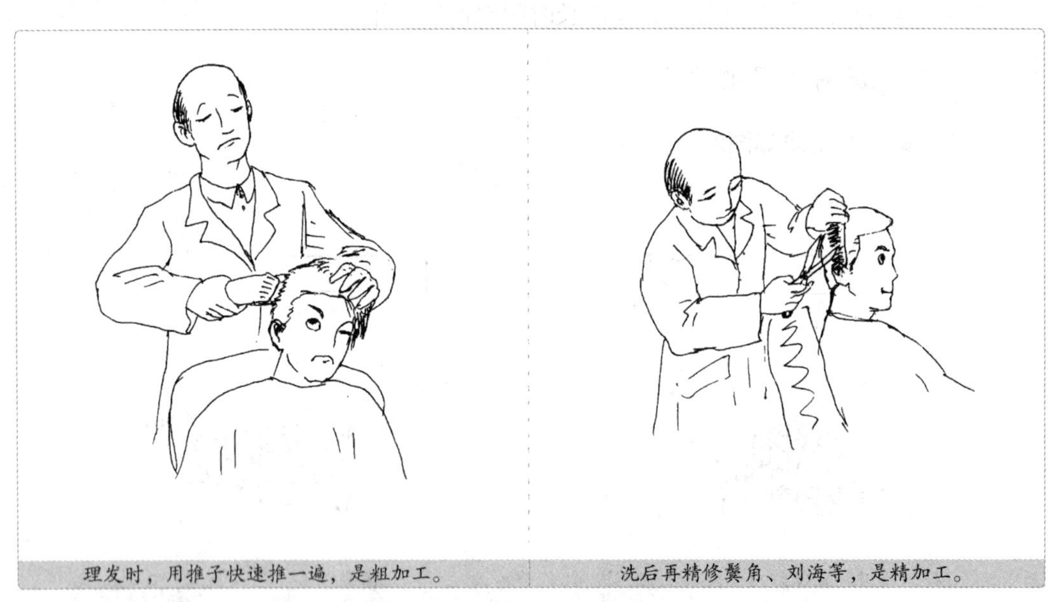

图2.1.8　粗加工与精加工的示例

可见，粗加工用于零件毛坯（如铸件、锻件、焊接组合件、热处理件等）的最初加工阶段，其关键是要“快”；而精加工用于零件加工的最后阶段，其关键是要“精”。“快”的要诀是：吃刀深，走刀快。“精”的要诀是：切削速度高，吃刀浅，走刀慢。

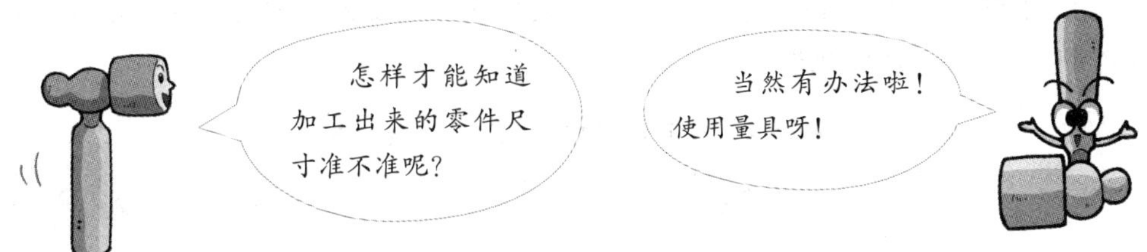

三 常用量具及其使用方法

1. 游标卡尺

游标卡尺是一种常用的中等精度的量具，可以用来直接测量工件的内、外表面和深度方向（带深度尺时）的尺寸精度。它可分为高度游标卡尺和深度游标卡尺等几种。

图2.1.9所示为应用最普遍的带深度尺的游标卡尺。它由尺身、游标和深度尺组成。尺身刻线格距为1 mm，其刻线全长称为卡尺的规格，如125 mm、200 mm和300 mm等。游标连同活动卡脚能在尺身上滑动（可由制动螺钉固定）。读数时，先由尺身读出整数，再借助游标读出小数。游标卡尺的测量精度（刻度值）有0.1 mm、0.05 mm和0.02 mm三种。

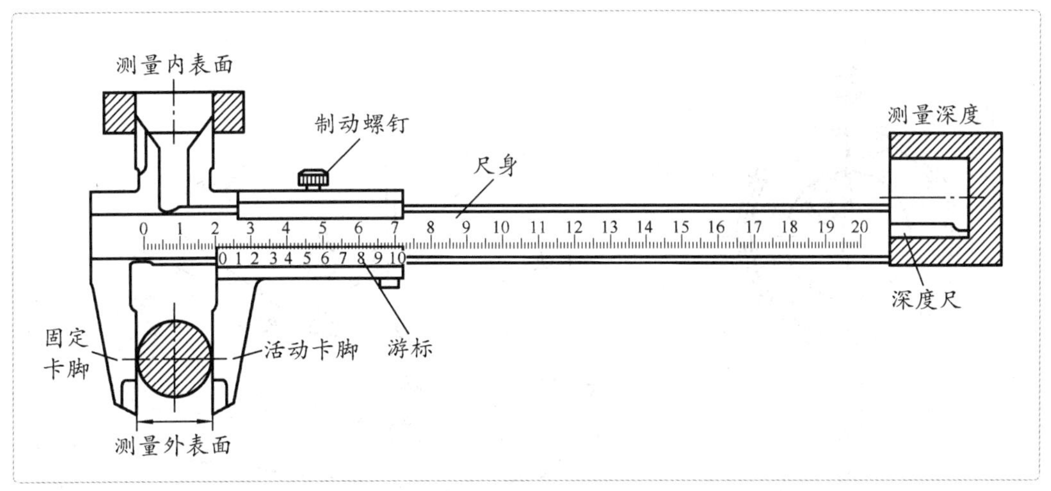

图2.1.9 带深度尺的游标卡尺结构示意图

使用游标卡尺测量工件时，卡脚必须与工件被测部位对正，测量者的视线要垂直于卡尺侧面尺身、游标的重合线，否则易导致读数不准。

以测量精度为0.02 mm的游标卡尺为例，其刻线原理及读数方法如表2.1.2所示（其他测量精度的游标卡尺以此类推）。

表2.1.2 游标卡尺的刻线原理及读数方法

刻度值	刻线原理	读数方法及示例
0.02	尺身 1 格＝1 mm　游标 50 格＝尺身 49 格 游标 1 格＝0.98 mm 主、副尺每格之差＝（1－0.98）mm＝0.02 mm 尺身 0 1 2 3 4 游标 0 1 2 3 4 5 6 7 8 9	读数＝游标 0 线所指示的尺身整数＋游标上与尺身重合的线数×0.02 示例： 9格重合 整数22格 0 1 2 3 4 读数＝（22＋9×0.02）mm＝22.18 mm

2. 百分表

百分表是一种精度较高的比较量具（其测量精度为0.01 mm），主要用来检验工件的形状误差、位置误差，以及在安装工件与刀具时进行精密找正。百分表的外形、结构如图2.1.10（a）所示。表盘圆周均布100格刻线，转数指示盘圆周均布10格刻线，当测量杆向上移动时，就带动大指针和小指针同时转动。

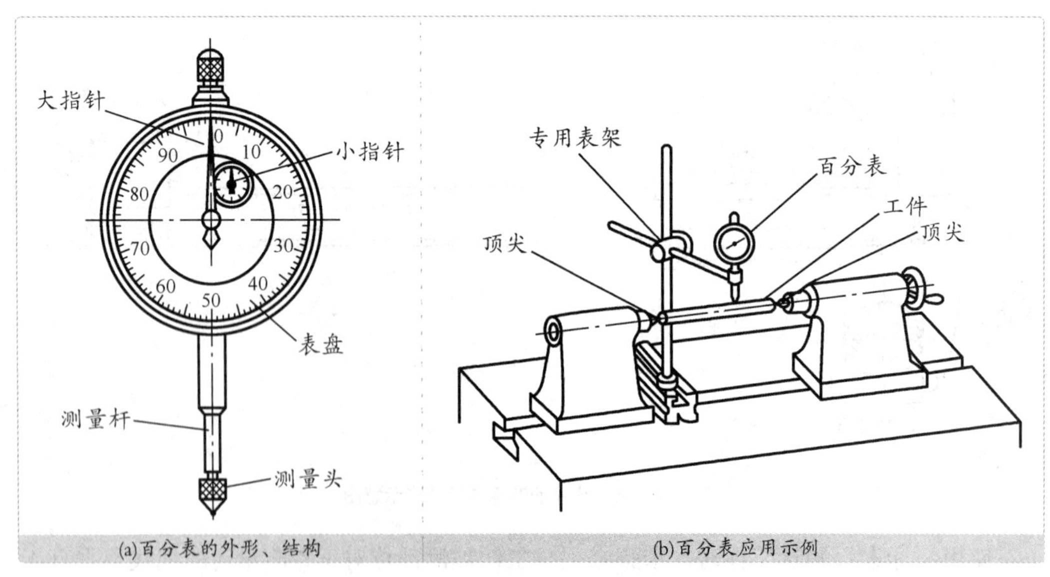

图2.1.10 百分表结构和应用举例

百分表测量杆的移动量与指针转动的关系是：测量杆移动1 mm，则大指针转一周，而小指针转一格。因此，大指针每转一格表示测量杆移动0.01 mm，而小指针每转一格则表示测量杆移动1 mm。

图2.1.10(b)所示的是用百分表检验工件径向跳动的测量方法。检验时，左右两顶尖与工件之间不准有间隙，测量杆应垂直于被测表面，用手转动工件，同时观察指针的偏摆值。使用百分表时，需将它装在专用表架或磁力表座上。

3. 量规

量规是专用的界限量具，它主要用于检验工件尺寸公差是否在合格范围之内，不需要得出具体数值的情况，所以不能通用。量规只在大批量生产中使用，以简化操作过程，提高检验效率，降低生产成本。与游标卡尺等通用量具相比，量规结构简单、检测方便、造价较低。量规主要有光滑轴量规和孔用量规、圆锥量规、螺纹量规和花键量规等几种。

每个量规都有两个测量面，其尺寸分别按零件的最小极限尺寸（下限）和最大极限尺寸（上限）制造，分别称为通端和止端。检验时要轻轻塞入或卡入量规，只要通端通过、止端不通过，就表示零件合格。

检验光滑孔和轴的量规分别称为塞规和卡规，其外观及用法如图2.1.11所示。

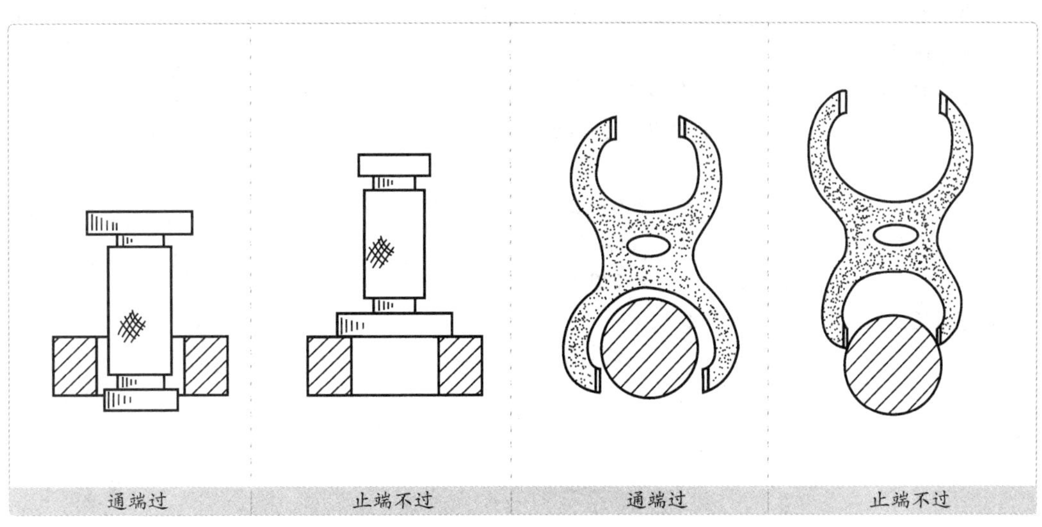

图2.1.11　塞规、卡规的外观及用法

4. 量具使用、保管时的注意事项

① 要根据测量对象的表面状况（是粗糙毛坯还是已加工表面）和尺寸精度选择适当量具。

② 量具要轻拿轻放，不用时要平放在垫有海绵衬垫的盒子里，不得架空放置，以免变形。

③ 严禁将量具随意放置在脏污的地方，以免腐蚀、磨损；严禁用量具敲打工件。

④ 严禁用量具测量运动中的工件。

⑤ 量具在平时使用中应经常检查，对松动螺钉要及时加以紧固，长期不用时，应擦拭干净并涂油防护。

复习与思考

1.试以身边一自行车为例，分析其结构和主要零件的材料种类及制造方法。

2.电视上看到的轻功表演者，经常以赤脚踩在生鸡蛋上，而鸡蛋不破。试分析，若是他们穿着鞋底很平又很硬的鞋子踩鸡蛋，会有什么后果？为什么？

3.金属、塑料和木材、石材都是工程材料，那么，当具备一定条件后，水和空气能否作为工程材料使用呢？试举例分析。

4.试一试，用一张纸能否裁开另一张一模一样的纸？分析这其中所包含的材料状况会影响刀具角度的概念。

5.切削三要素指的是什么？它们对零件加工的精度和效率各有什么影响？

6.游标卡尺发生弯曲变形是何原因造成的？弯曲变形后还能否继续使用？为什么？

课题二 有模有样——铸造

铸造是一种充分利用流体性质使金属成形的工艺方法，又称液态成形。

一 铸造工艺概述

1. 原理

把金属液体浇注到与零件形状相适应的铸型空腔（型腔）中，待其冷却凝固后，获得铸件（毛坯或零件，见图2.2.1）。

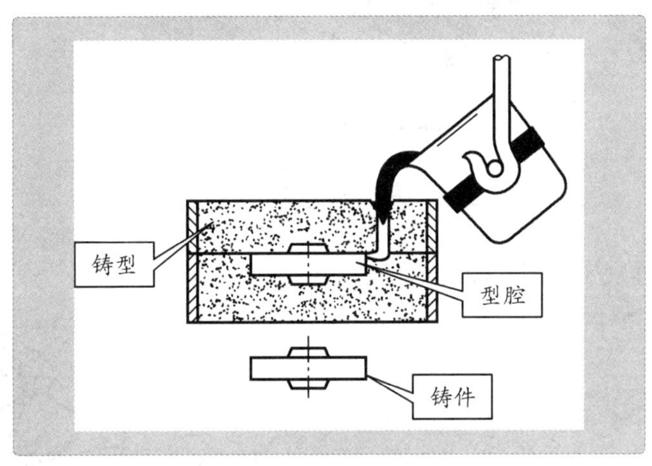

图2.2.1 铸造基本过程

2. 特点

1）优点

① 能够一次成形形状复杂的铸件。

② 工艺适应性强，铸件的质量、形状、尺寸几乎不受限制。铸件的尺寸可小至几毫米，大至十几米；质量可小至几克，大至数百吨。

③ 铸件毛坯与零件形状相近，能节省金属材料和切削加工工时，降低成本。

2）缺点

晶粒较粗大，化学成分不均匀，力学性能较低，劳动条件差。

3. 应用

铸造方法自古以来应用就很广泛。远古时期的司母戊大方鼎、曾侯乙尊盘等艺术品都是采用铸造方法成形的。对于现代工业，一般机械设备中铸件占45%～90%，汽车、摩托车中铸件占40%～60%，拖拉机中铸件约占70%（见图2.2.2）。

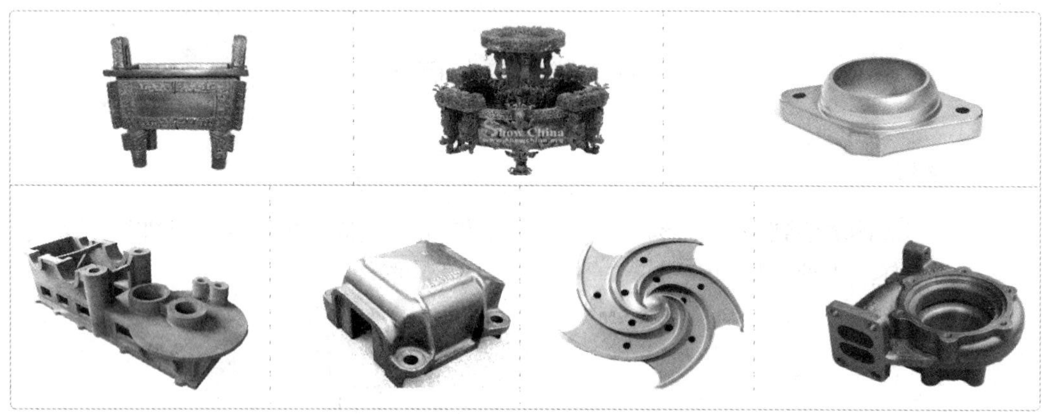

图2.2.2　铸造方法的应用

二　铸工安全操作规定

铸工安全操作规定如图2.2.3所示。

(a) 造型时严禁用嘴吹型砂，以免迷住眼睛

(c) 浇包在使用前必须烘干

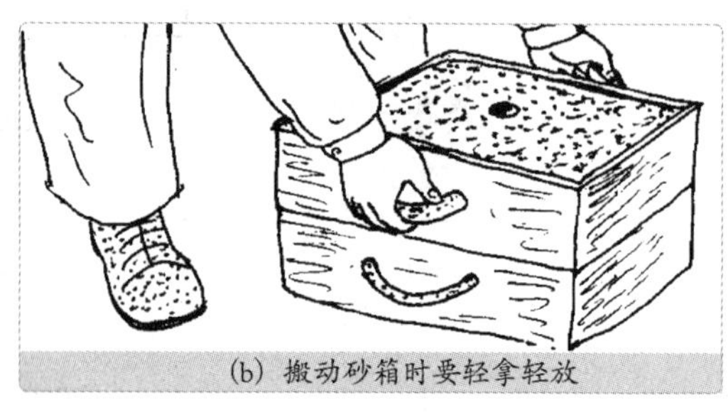

(b) 搬动砂箱时要轻拿轻放

(d) 吊包、浇注要操作稳当，以免金属液溅出伤人

图2.2.3　铸工安全操作规定

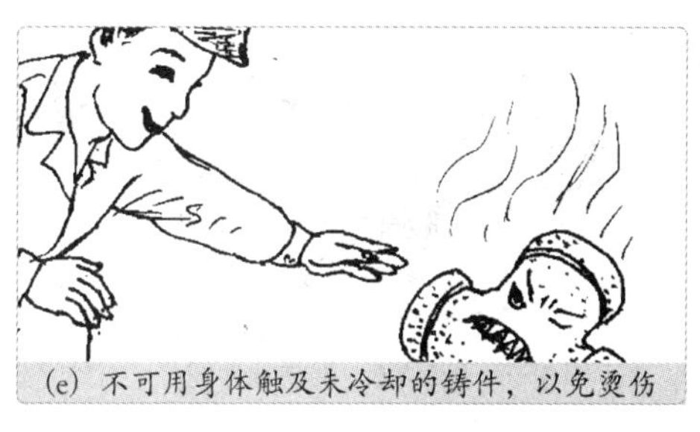
(e) 不可用身体触及未冷却的铸件，以免烫伤

(f) 清理铸件时，要注意周围环境，以免伤人

续图2.2.3

※真实案例※

案例一 一名学生在铸造车间实训时，因好奇，用手去触摸一个还没完全冷却（仍有200～300℃）的铸件，结果手被烫伤。

案例二 一位铸造熔化工在处理金属液体时，使用了还没烘干的浇包，导致金属液体产生飞溅，造成自己大面积烧伤。

案例三 某工人在吊运浇包时操作不当，浇包突然整体脱落、倾倒，钢液四溅，造成38 人伤亡。

三 砂型铸造

铸造包括砂型铸造（见图2.2.4）和特种铸造（见图2.2.5）两大类，特种铸造又分压力铸造、金属型铸造等。

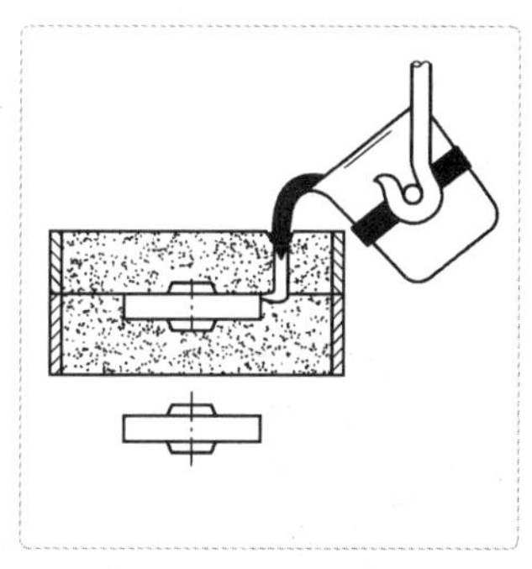
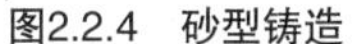

图2.2.4 砂型铸造

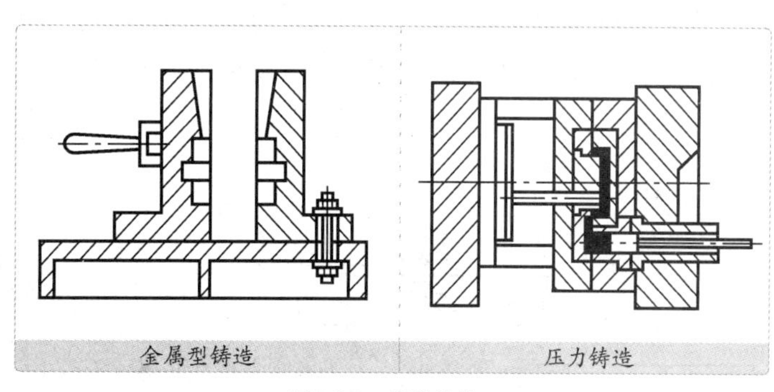
金属型铸造　压力铸造

图2.2.5 特种铸造

直接形成铸型的材料是型砂，且液态金属完全靠重力充满整个铸型型腔的铸造，称为砂型铸造。砂型铸造是铸造方法中最基本的一种，也是金工实训中铸工训练的主要内容。

下面以端盖毛坯的铸造过程为例，来讲解砂型铸造的操作方法以及工艺特点。

1. 端盖零件图

端盖零件如图2.2.6所示。

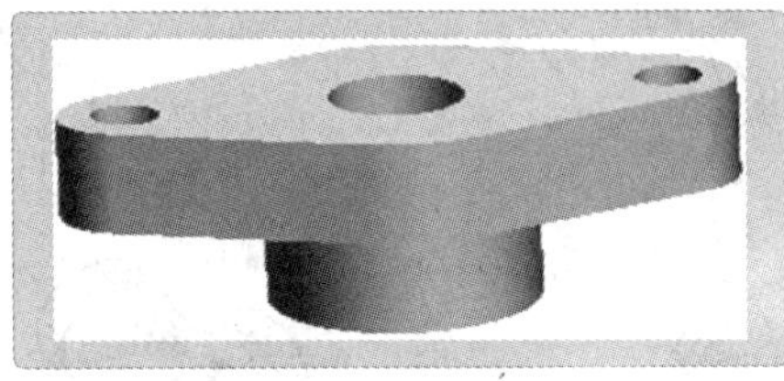

图2.2.6　端盖零件图

2. 端盖铸造工艺图

铸造工艺图（见图2.2.7）是在零件图基础上，考虑铸造工艺特点（分型面、脱模斜度、加工余量、铸造圆角、收缩率、芯头、芯座等）后绘制出来的。

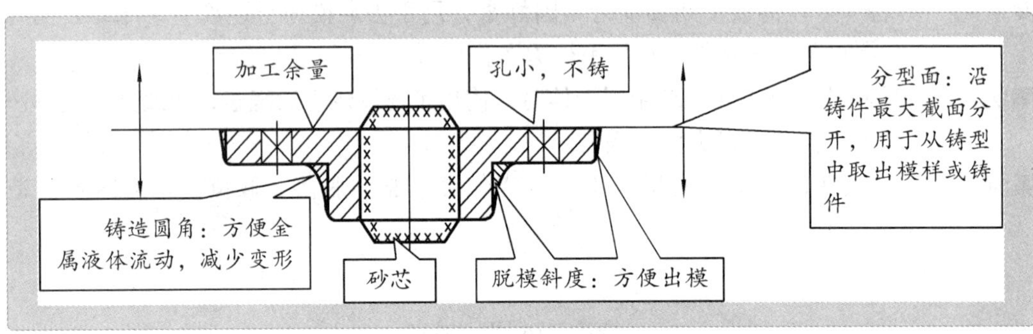

图2.2.7　端盖铸造工艺图

3. 模型和芯盒

模样（见图2.2.8），造型用，以获得铸件外形，多用木材制造。

芯盒（见图2.2.9），造芯用，以获得铸件内孔，多用铝合金、木材制造。

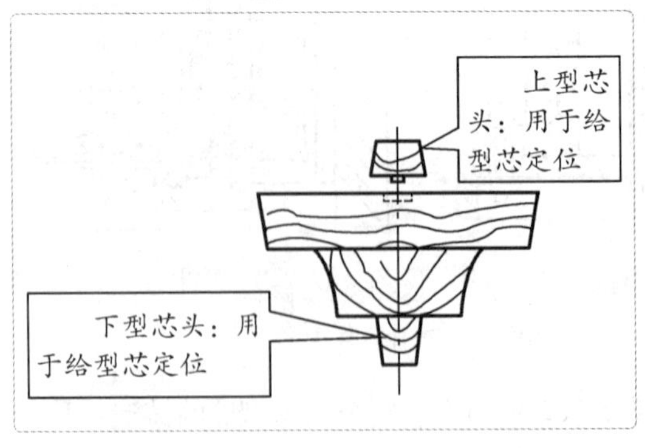

图2.2.8　模样示意图

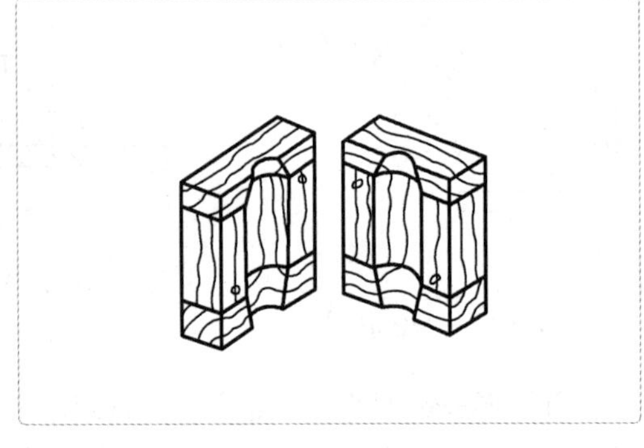

图2.2.9　芯盒示意图

4. 配制型砂

1）组成和性能

湿型砂由原砂、黏土和水按一定比例混合而成（见图2.2.10（左）），有时为改善型砂性能也加入一些附加物（如煤粉、木屑等）。型砂应具有足够的强度、透气性、耐火性和退让性，防止铸型被金属液体冲坏或产生气孔、黏砂和裂纹。

2）混砂

混砂通常在混砂机中进行（见图2.2.10（右））。

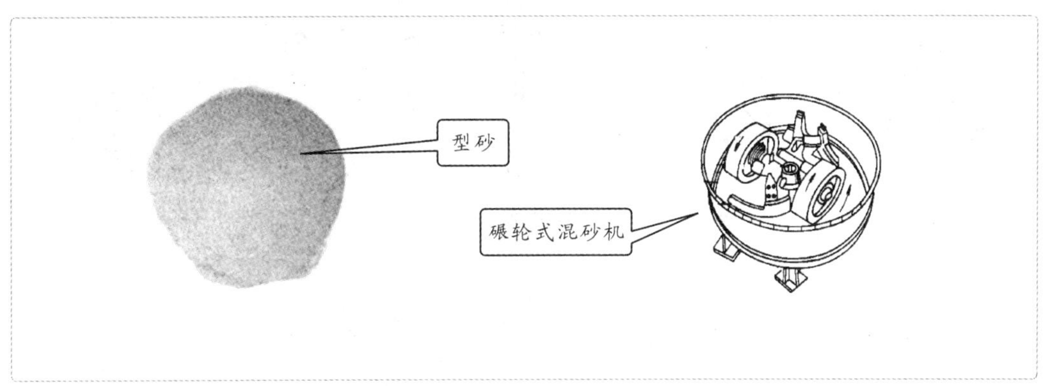

图2.2.10　混砂

3）型砂检验

用手捏法检验型砂，如图2.2.11所示。

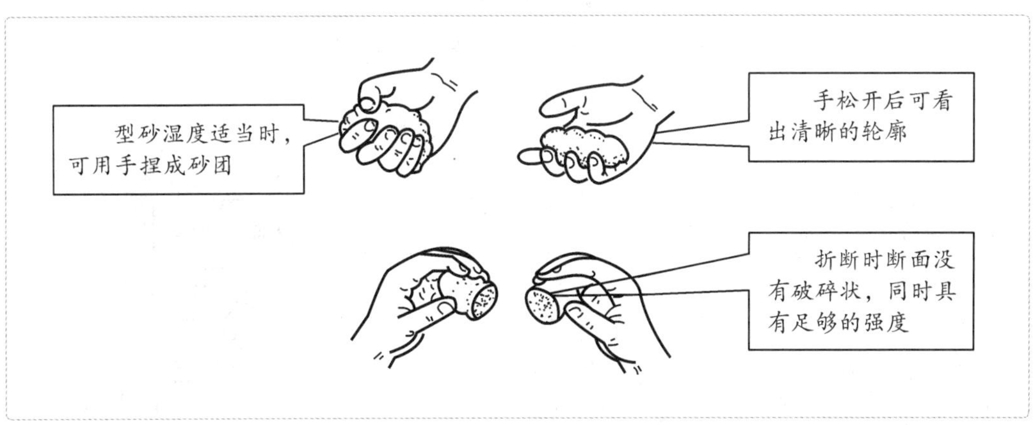

图2.2.11　手捏法检验型砂

5. 砂箱及手工造型工具、修型工具

砂箱及手工造型工具、修型工具如图2.2.12所示。

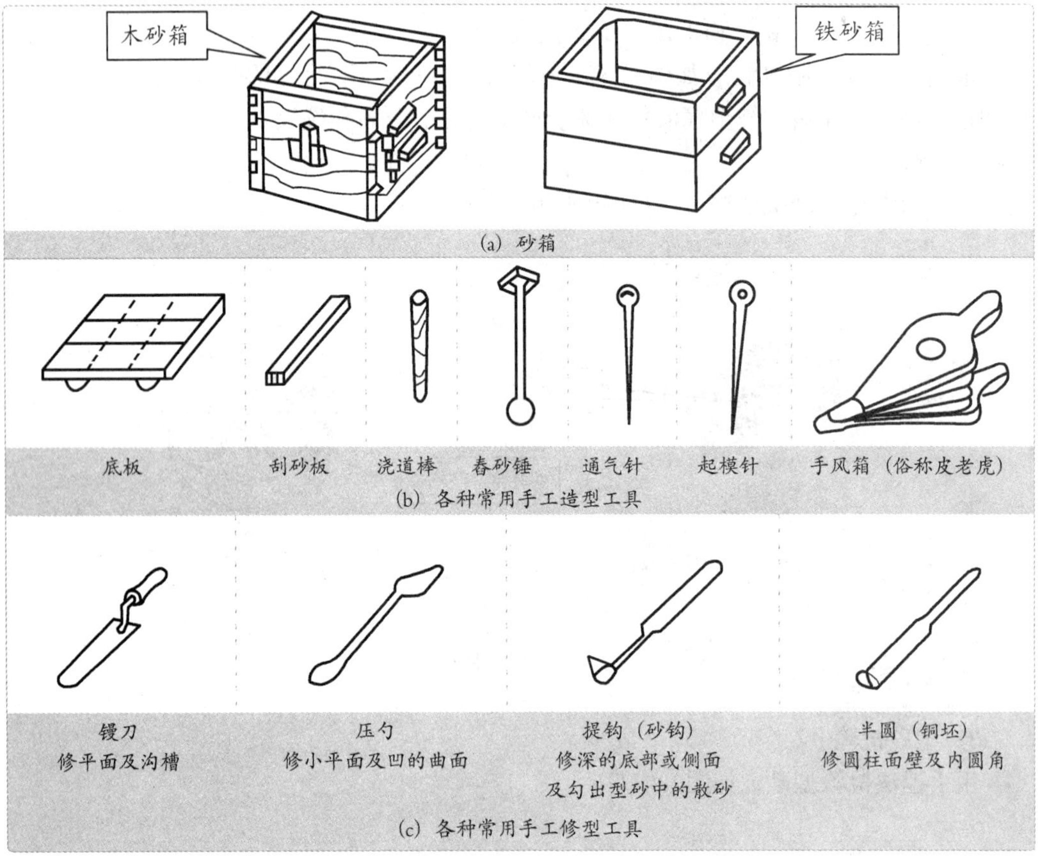

木砂箱
铁砂箱
(a) 砂箱
底板
刮砂板
浇道棒
舂砂锤
通气针
起模针
手风箱（俗称皮老虎）
(b) 各种常用手工造型工具
镘刀
修平面及沟槽
压勺
修小平面及凹的曲面
提钩（砂钩）
修深的底部或侧面
及勾出型砂中的散砂
半圆（铜坯）
修圆柱面壁及内圆角
(c) 各种常用手工修型工具

图2.2.12 砂箱及手工造型工具、修型工具

6. 造型及制芯

1）造型

用配制好的型砂、砂箱、模型、工具制造出铸型的过程称为造型。造型的步骤如下。

① 擦净模样。

② 安置模样（见图2.2.13）。保证模样与砂箱的距离（30～100 mm）。如果太小，浇注时金属液体易从分型面流出；如果太大，浪费型砂和工时。若模样容易黏附型砂，则要先撒上滑石粉。

30~100
模样
30~100
30~100
30~100

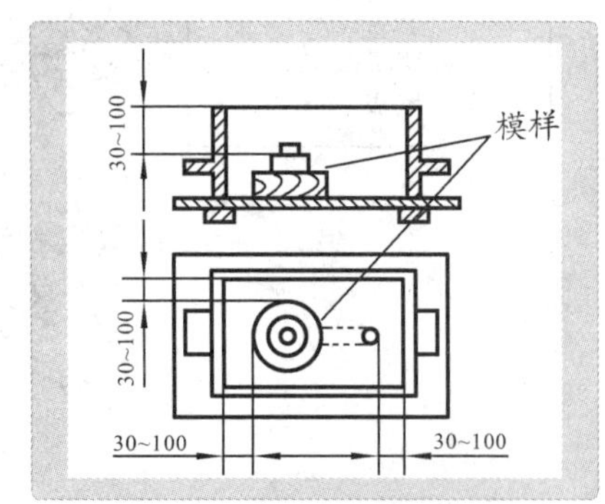

图2.2.13 模样安置示意图

③ 加砂、舂砂，如图2.2.14所示。

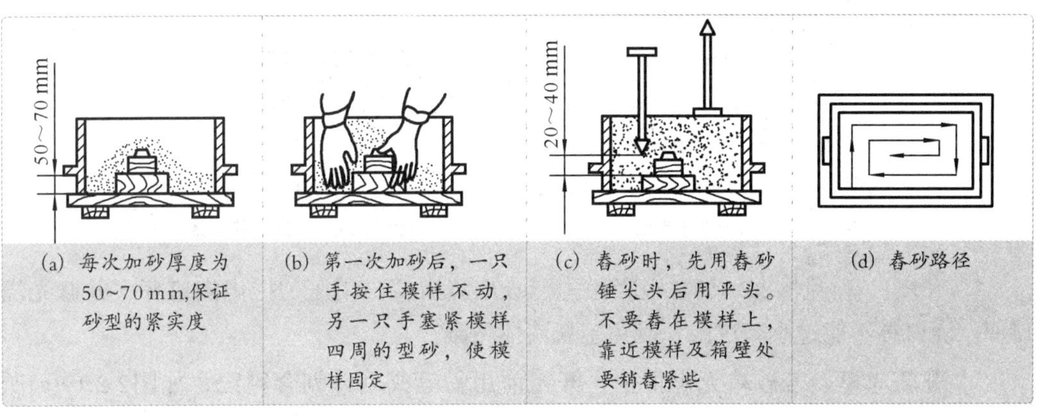

图2.2.14 加砂、舂砂示意图

④ 刮砂，如图2.2.15所示。

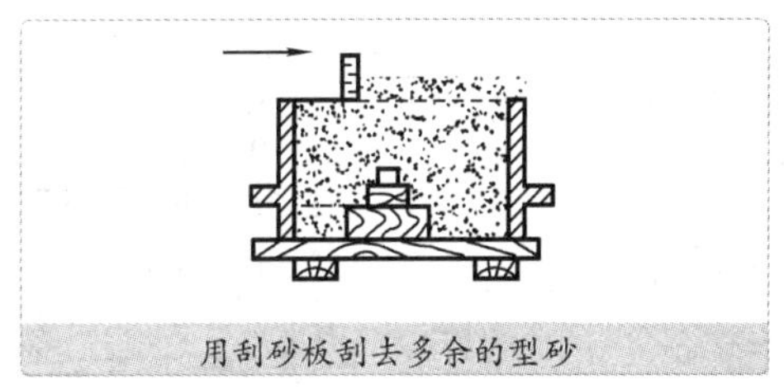

图2.2.15 刮砂示意图

⑤ 翻箱、撒分型砂。按图2.2.16(a)、(b)、(c)、(d)所示四个步骤进行。

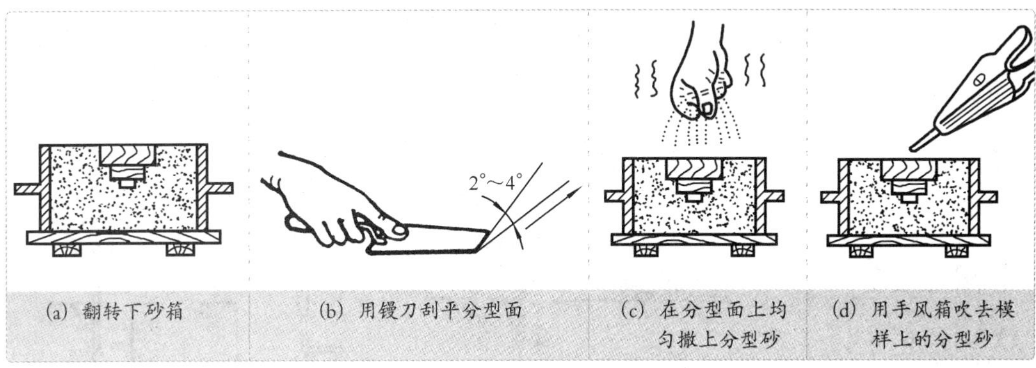

图2.2.16 翻箱、撒分型砂步骤示意图

⑥ 造上型(见图2.2.17)。放好上半模、上箱和浇道棒，加砂造上型。用通气针均匀扎出通气孔。

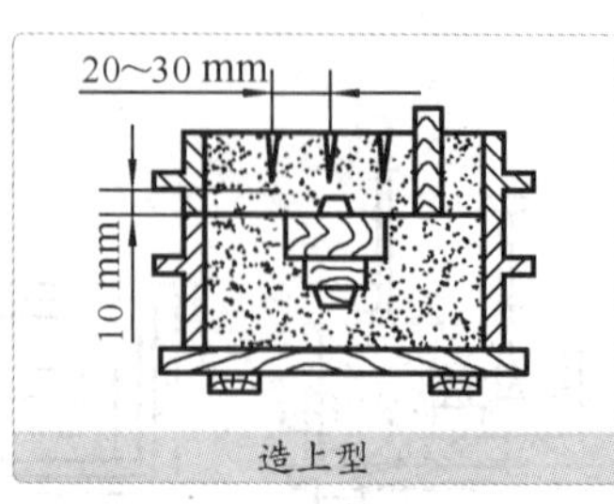

图2.2.17　造上型示意图

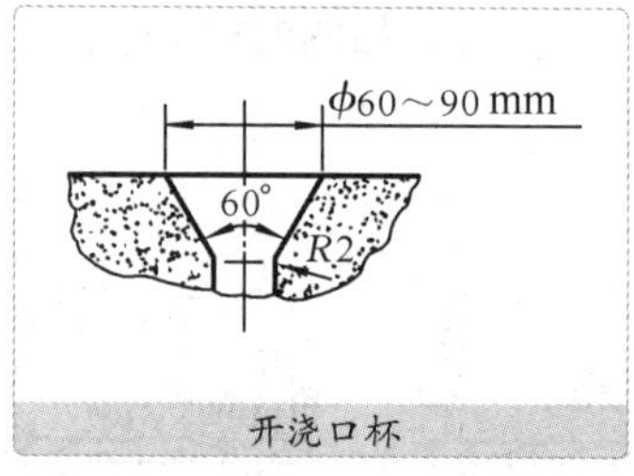

图2.2.18　开浇口杯示意图

⑦ 开浇口杯(见图2.2.18)。轻轻敲击、拔出浇道棒。用压勺挖出浇口杯，并修光浇口面。浇口杯不能过小、过浅，以免金属液体飞溅。

⑧ 开箱起模。若砂箱无定位销，开箱前用粉笔或划针划合箱线，如图2.2.19(a)所示，以防合箱时错位。开箱后，上箱旋转180°，放稳。起模前，用毛笔蘸少许水，刷模型四周，如图2.2.19(b)所示。起模针插入模样重心位置，用小锤沿前、后、左、右轻敲起模针下部，轻轻地、平稳地提起模样，如图2.2.19(c)所示。

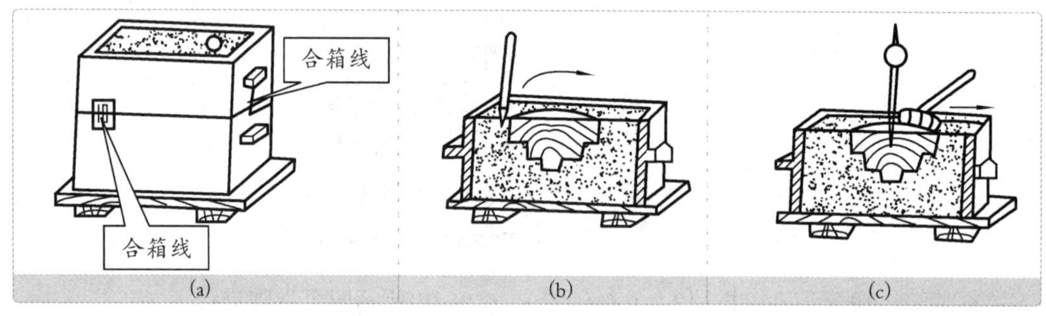

图2.2.19　开箱起模示意图

⑨ 修型、开内浇道。

修型、开内浇道的步骤如图2.2.20所示。

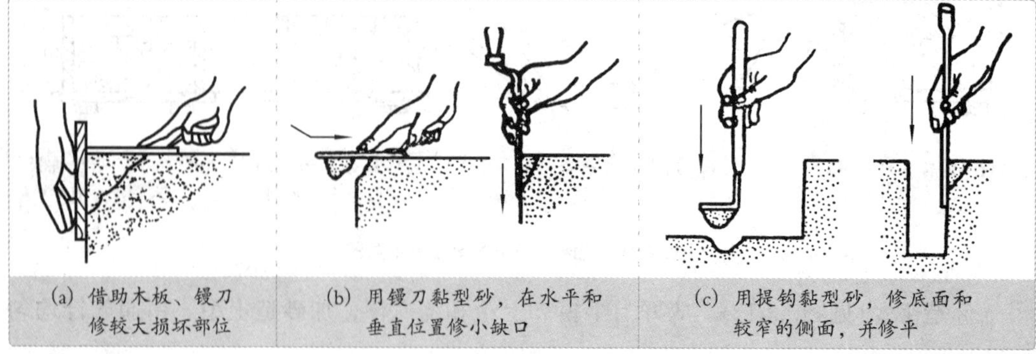

图2.2.20　修型、开内浇道的步骤示意图

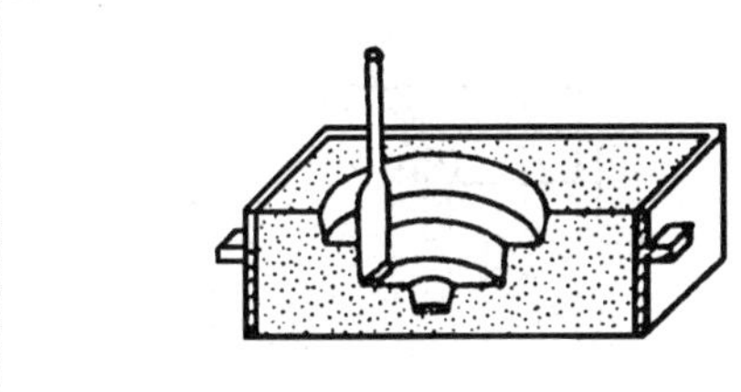

(d) 用半圆修光曲面或圆角

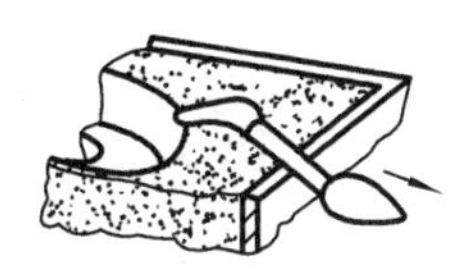

(e) 用压勺在分型面开出内浇道

续图2.2.20

2）制芯

制芯的步骤如图2.2.21所示。

(a) 在半个芯盒内填砂，埋芯骨，舂砂，刮平

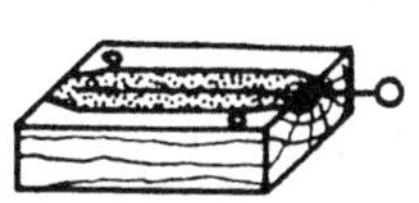

(b) 在另半个芯盒内填砂，放通气针，舂紧，刮平

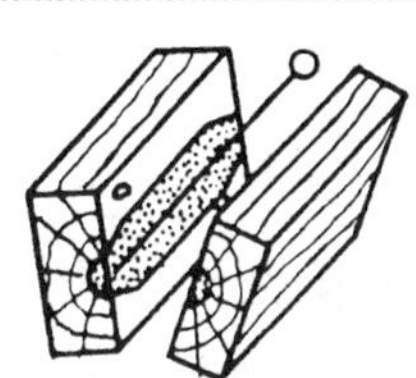

(c) 将两半型芯涂泥浆，合芯盒，刮平两端头

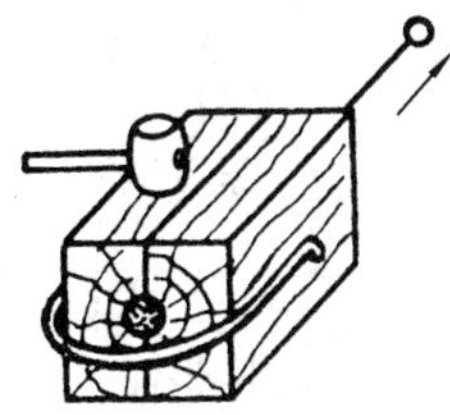

(d) 轻敲芯盒，拔出通气针

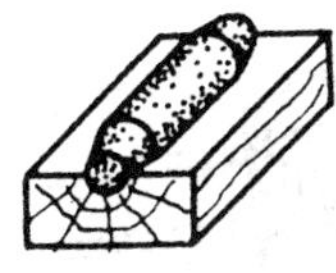

(e) 打开芯盒

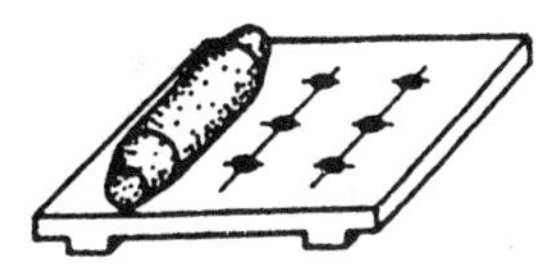

(f) 取出型芯，刷涂料，烘干，提高其强度和透气性

图2.2.21 制芯的步骤示意图

7. 合型

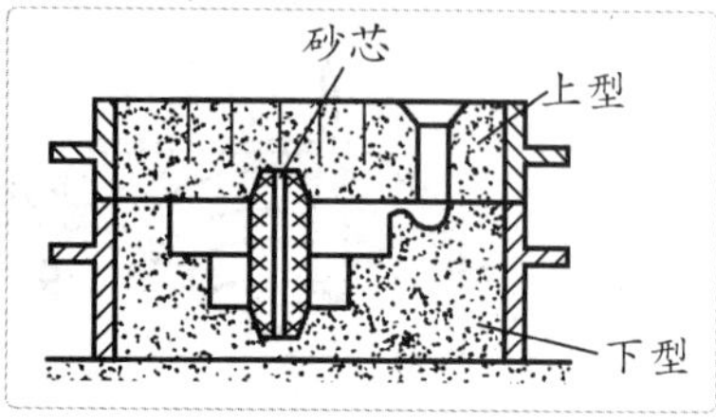

将上型、下型、砂芯等组合成一个完整铸型的操作过程称为合型，又称合箱。将上箱保持水平，对准定位销或合箱线，慢慢放在下箱上(见图2.2.22)。

砂芯
上型
下型

图2.2.22　合型示意图

8. 压箱

合箱后在上箱框上放压铁(见图2.2.23)，以防浇注时金属液体将上箱顶起。

9. 熔炼

在加热炉中将金属原料熔化，并调整其化学成分直至合格，满足铸造生产要求的过程称为熔炼(见图2.2.24)。

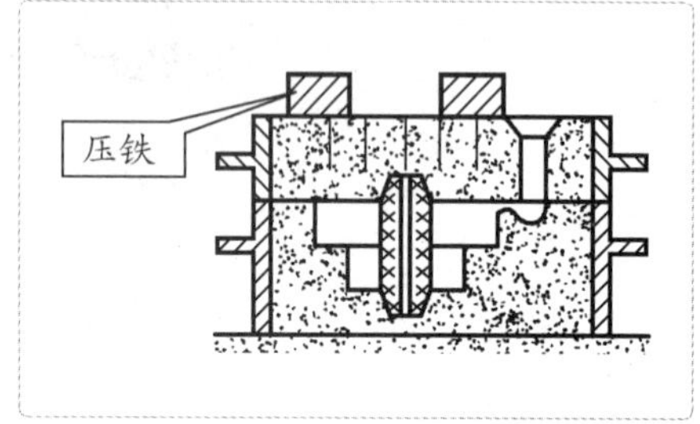

图2.2.23　压箱示意图

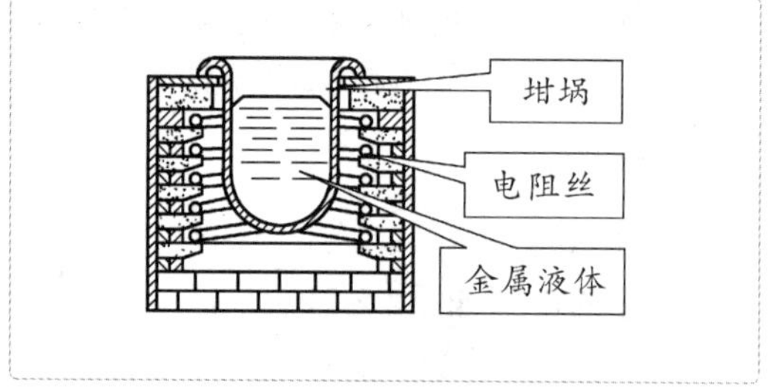

图2.2.24　熔炼示意图

10. 浇注

把金属液体浇入铸型的操作过程称为浇注。

1）浇注前的准备工作

应根据铸件大小准备浇包(见图2.2.25)，并烘干相关用具，以免带入水分，引起金属液体飞溅。

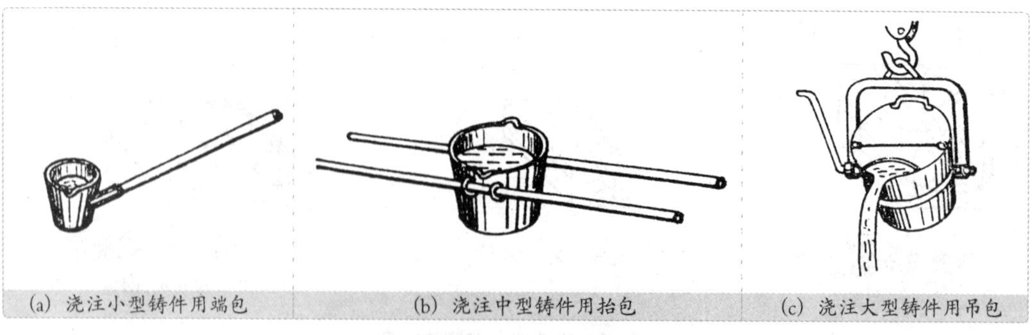

(a) 浇注小型铸件用端包　(b) 浇注中型铸件用抬包　(c) 浇注大型铸件用吊包

图2.2.25　浇包的选择

2）浇注过程注意事项

① 浇包内的金属液体不能太满。

② 浇注时应先慢、后快、再慢，浇注过程不要断流(见图2.2.26)。

③ 浇注时为了便于挡渣和扒渣，可在浇包表面撒稻草灰和珍珠岩粉等。

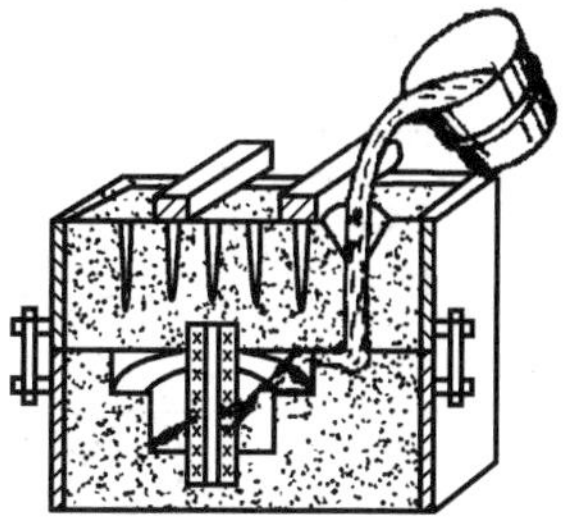

图2.2.26　浇注示意图

11. 落砂、清理

从砂型中取出铸件的过程称为落砂。将落砂后的铸件(见图2.2.27)上的浇冒口切除，型芯清除，飞边、毛刺和表面黏砂去掉的过程称为清理(见图2.2.28)。

(1) 切除浇冒口　铸铁件的浇冒口用铁锤敲掉，铸钢件的浇冒口用气割方式切除，非铁合金铸件的浇冒口用锯割方式切除。

(2) 清除型芯和飞边、毛刺　用钢丝刷、錾子、风动砂轮(见图2.2.29)等手工工具清除。

(3) 清除表面黏砂　单件、小批量生产时用钢丝刷、錾子等手工工具进行清除；大批量生产时常用清理机械进行清除，常用的清理工艺有喷丸清理和滚筒(见图2.2.30)清理。

图2.2.27　落砂后的铸件

图2.2.28　清理后的铸件

图2.2.29　风动砂轮

图2.2.30　清理滚筒

12. 检验

对清理后的铸件进行质量检验，并根据检验结果做出相应处理。

(1) 对合格铸件（尺寸精度、表面质量、化学成分及力学性能均符合技术要求）进行退火处理，以消除铸造应力。

(2) 对次品（存在可以修复的缺陷）酌情修补，一般用补焊的方法。

(3) 对废品（存在不可修复的缺陷）进行分析，查找原因并提出预防措施。

砂型铸造几种常见缺陷如图2.2.31所示。

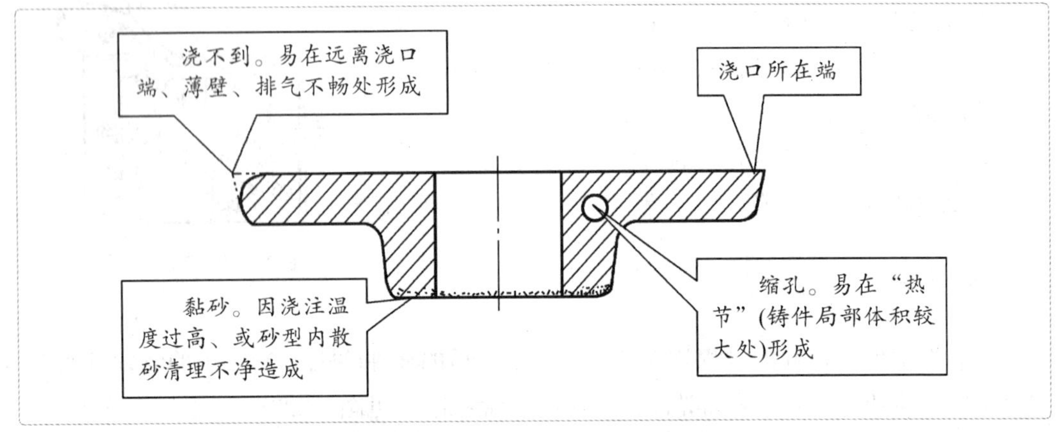

图2.2.31　砂型铸造几种常见缺陷示意图

链接　**欲了解更为详细的液态成形知识，可参考普通高等教育“十一五”国家级规划教材《材料成形与机械制造技术基础——材料成形分册》（沈其文、赵敖生主编，华中科技大学出版社）。**

砂型铸件表面太粗糙、尺寸精度差、造型效率太低，怎么办呢？

用金属型铸造呀！可实现一型多铸，生产效率高；铸件精度高，表面质量好；铸件冷却快，组织致密，力学性能好，劳动条件也比砂型铸造有所改善。

四　其他铸造工艺简介

1. 金属型铸造

将金属液体浇注到用金属材料制成的铸型中，获得铸件的成形方法称为金属型铸造，又称永久型铸造。

1）生产工艺过程

（1）对铸件进行工艺分析，设计浇注系统，如图2.2.32所示。

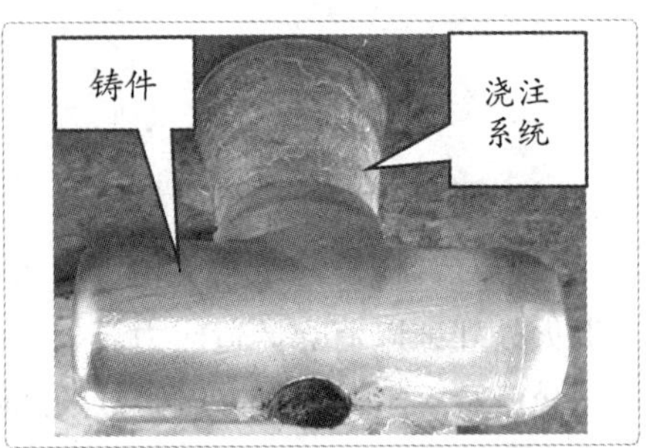

图2.2.32　对铸件进行工艺分析，设计浇注系统

(2) 设计、制造金属型如图2.2.33所示。

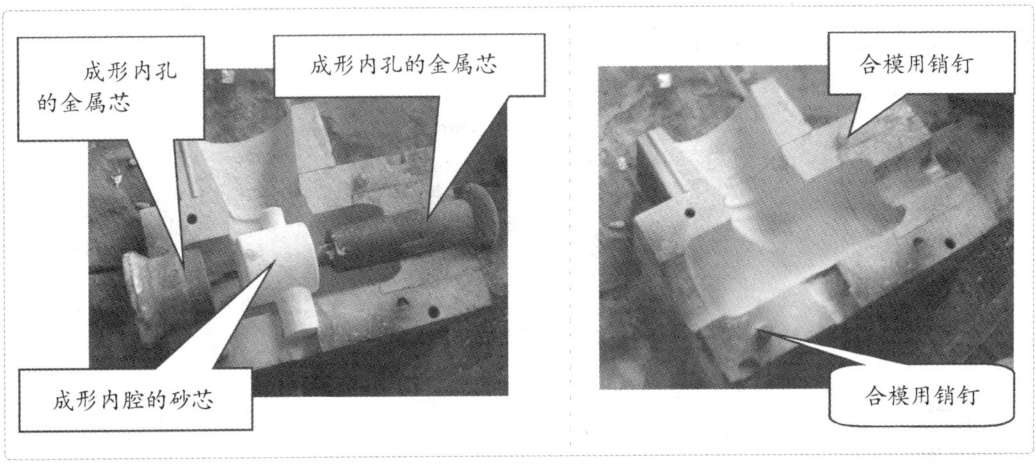

图2.2.33 金属型结构示意图

(3) 合箱，锁紧分型面，浇注，冷却，凝固后开模，如图2.2.34所示。

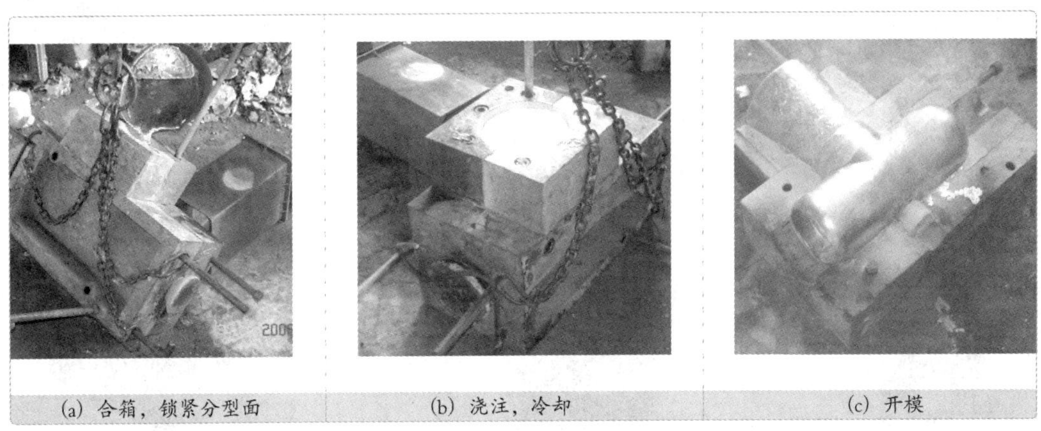

(a) 合箱，锁紧分型面 (b) 浇注，冷却 (c) 开模

图2.2.34 合箱、浇注、开模

2）特点

(1) 优点 一型多铸，生产效率高；铸件尺寸精度高，表面质量好(IT12 ~ 14，*Ra* 6.3 ~ 12.5 μm)；铸件冷却快，组织致密，力学性能好，劳动条件较砂型铸造有所改善。

(2) 缺点 模具制造成本较高，周期较长；对铸件的形状和尺寸有一定的限制；浇注薄壁、复杂铸件时，容易有“浇不到”的地方。

3）应用

金属型铸造主要适用于非铁合金铸件的大批量生产，如铝活塞、汽缸盖、液压泵壳体、铜瓦、衬套、轻工业品等（见图2.2.35）。

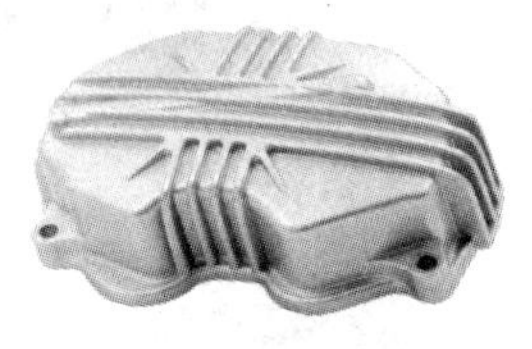

图2.2.35　金属型铸造的应用

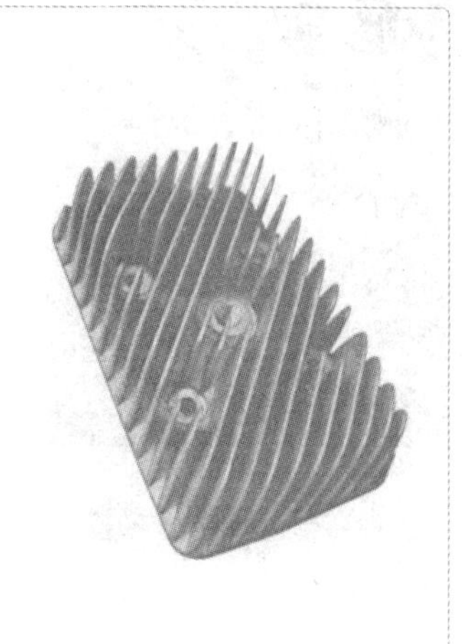

图2.2.36　复杂的铸件

2. 压力铸造

压力铸造简称压铸，是在压铸机的高压作用下使液态或半固态金属以较高的速度充填压铸模具型腔，并在压力作用下凝固而获得铸件的方法。

1）压铸生产设备及模具

压铸机和压铸模具如图2.2.37所示。压铸机有自动开合模机构、自动压射机构、自动推出系统，自动化程度很高。

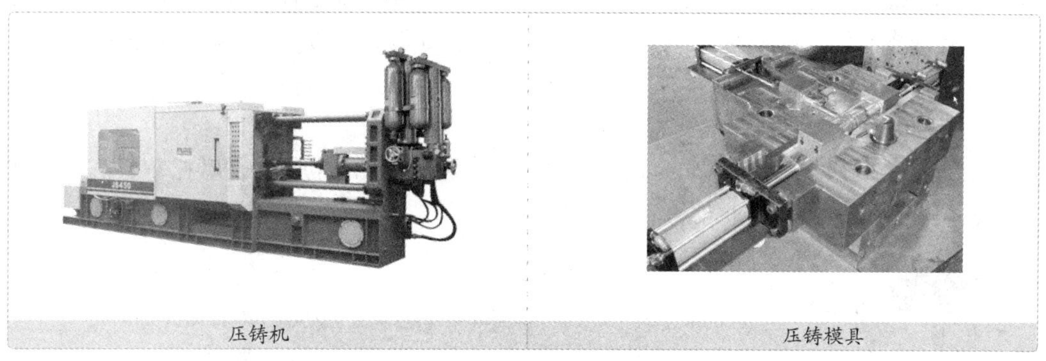

图2.2.37 压铸机和压铸模具

2）压力铸造的生产工艺过程

压力铸造生产过程如图2.2.38所示。

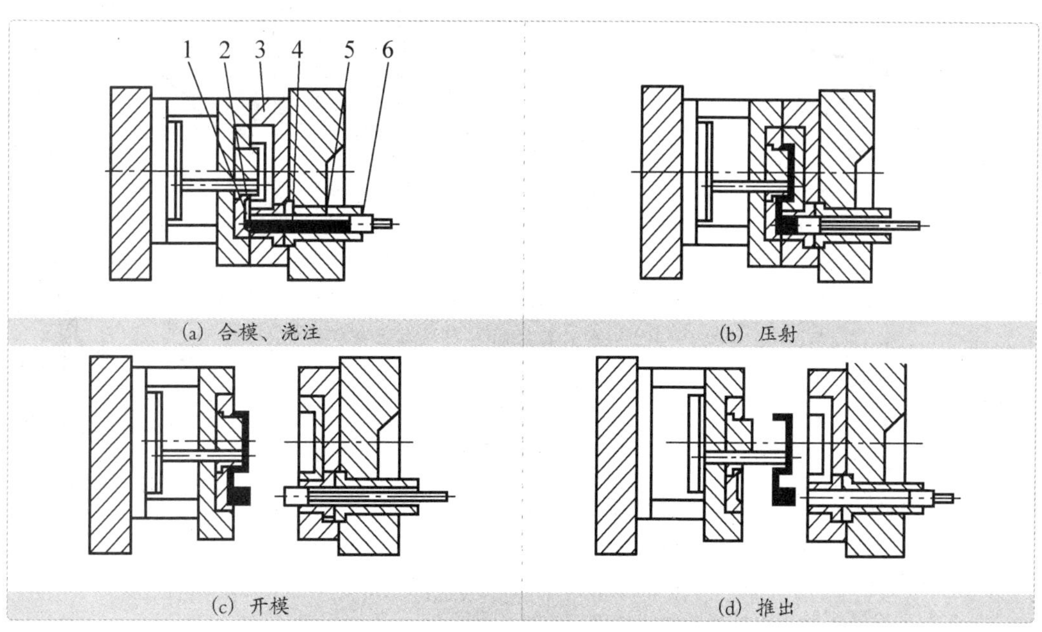

图2.2.38 压力铸造生产过程示意图

1—横浇道；2—内浇道；3—压铸模具；4—金属液体；5—压室；6—压射冲头

3）特点

（1）优点　压铸件尺寸精度和表面质量高，力学性能较好，可成形形状复杂的薄壁铸件（铸造铝合金最小壁厚为0.5 mm），生产率较高，生产能力可达50～150次/小时。

（2）缺点　压铸机一次性投资大，压铸模具费用高、制造周期长。压铸速度高，铸件内气孔较多，不宜进行较大余量的切削加工和热处理，以防孔洞外露和加热时铸件内气体膨胀而起泡。

4）应用

压力铸造适合于形状复杂、批量较大的非铁金属铸件的生产，在摩托车、汽车、拖拉机、仪器仪表、兵器行业都得到了广泛应用。

摩托车发动机汽缸头和汽车压缩机(见图2.2.39)，形状那么复杂，又要求气密性要好，不能漏油，压力铸造能满足要求吗？

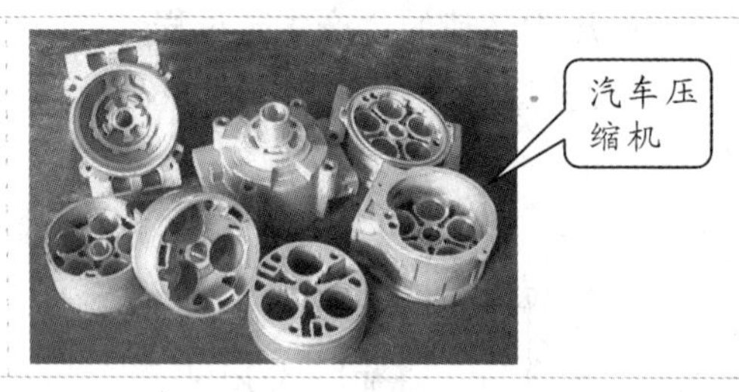

图2.2.39　摩托车发动机汽缸头和汽车压缩机

不能满足要求！因为压铸速度高，铸件内部气孔较多。但可以采用低压铸造呀！由于篇幅有限，低压铸造的有关知识就不在这里介绍了，感兴趣的同学可以自己查找资料了解。

复习与思考

1. 在机械制造业中，为什么铸造零件应用得十分广泛？试举出几种常见的铸造零件，以及不适合铸造生产的零件。

2. 简述砂型铸造的生产过程。

3. 说明金属型铸造的特点和应用范围。

4. 说明压力铸造的特点和应用范围。

5. 试比较砂型铸造、金属型铸造、压力铸造的不同点。

课题三 不打不成器——锻压

锻压是锻造和冲压的合称，属于塑性成形（又称为压力加工）的一种。

一 锻造工艺概述

1. 原理

锻造是指利用设备和工具的共同锻打作用，使原材料发生体积转移，得到所需形状的锻件的工艺（见图2.3.1）。

图2.3.1 锻造的示例

2. 特点

锻造是制造形状较为简单的、重要的机械零件毛坯的主要方法，它与铸造的优缺点正好可以互补(见图2.3.2)。

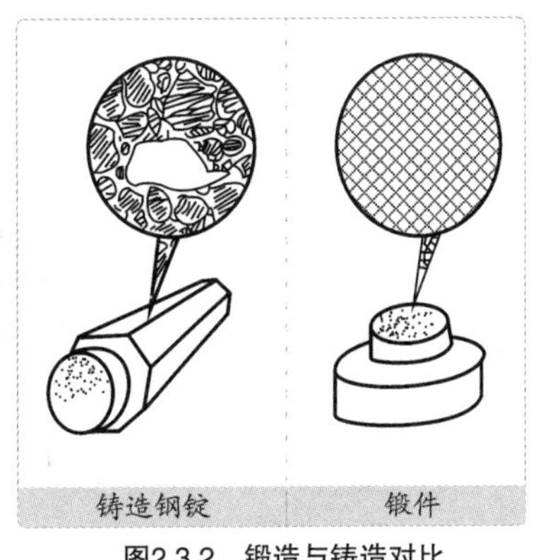

图2.3.2 锻造与铸造对比

这是因为：经过揉面一样的反复锻打(见图2.3.3)，原材料(如轧材、铸造钢锭等)内部原有的缺陷(如裂纹、疏松等)都会被有效焊合、消除，变得更加致密(质量密度稍有提高，由7.80 g/cm^{3}提高到7.85 g/cm^3)，组织晶粒得到细化，力学性能更为

图2.3.3 锻造的特点

强韧。

3. 应用

在工程实际中，只要是关键的场合，都能看到锻件的身影。比如，古代的农具、兵器，现代的飞机起落架，汽车上的万向联轴器，各种机床上的传动轴、齿轮，各种武器零件等（见图2.3.4）。

图2.3.4 锻造的应用

二 锻工安全操作规定

锻工安全操作规定如图2.3.5所示。

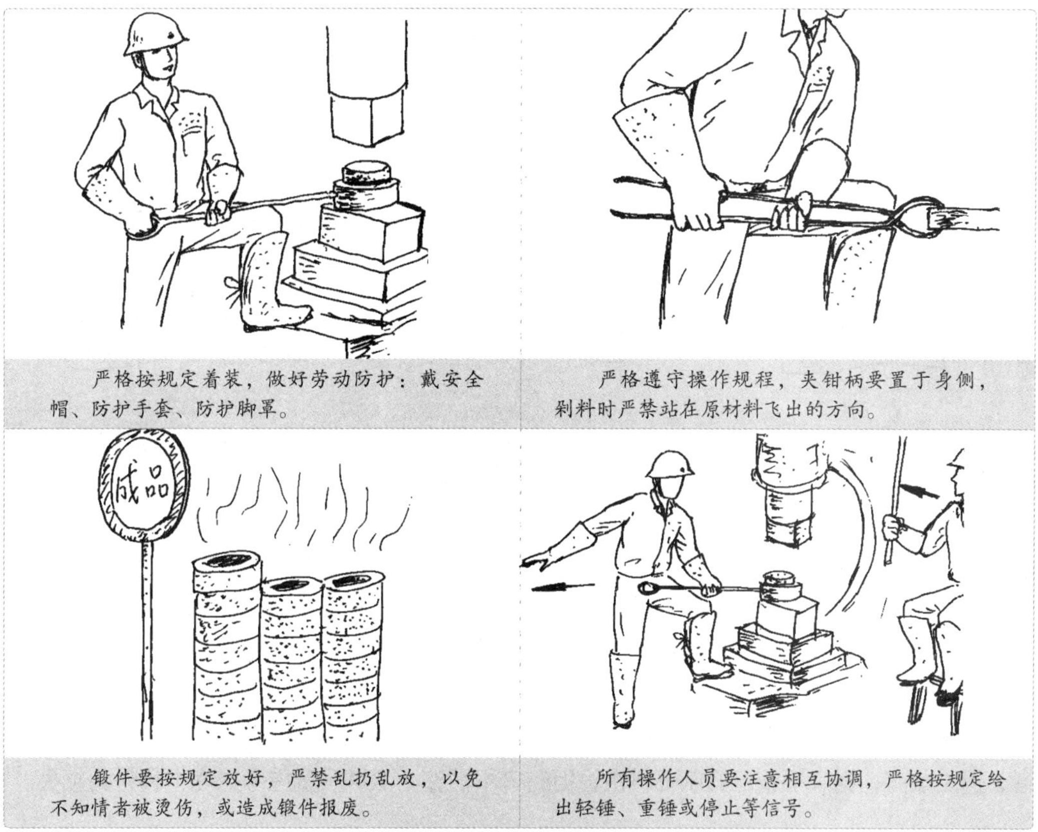

图2.3.5 锻工安全操作规定

※真实案例※

案例一 一名学生在锻造车间听指导教师讲解时，因感觉劳累就随便坐在一个还没完全冷却（仍有500 ~ 600℃）、随意乱放的锻件上，结果几层衣服被烧毁，皮肤被烧伤。

案例二 一位锻工在操作时将夹钳柄正对腹部，结果锤击时夹钳柄被震起，戳伤腹部。

案例三 一位锻工在操作时因和旁人聊天分心，导致锻锤打到辅助工具上，一小块崩裂的碎片飞出，从锻工腰部打进肝脏，不治身亡。

三 锻造工艺简介

锻造俗称打铁。因为常常需要对原材料加热后才能进行，所以又称为热锻。常用的锻造工艺方法有自由锻、胎模锻和模锻三种，如图2.3.6所示，其中自由锻是最基本的一种，也是金工实训中锻工训练的主要内容。

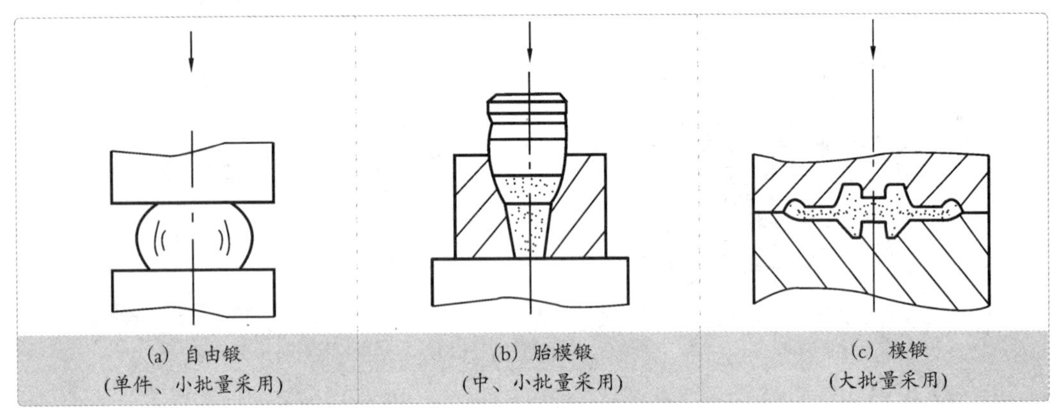

图2.3.6 各种常用锻造工艺方法示例

1. 自由锻工艺过程

下面以台虎钳钳口毛坯的锻造过程为例，来了解自由锻的操作方法以及工艺特点。

钳口毛坯的锻造工艺过程为：毛坯下料→加热→锻造(拔长)→检测。

1）下料

如图2.3.7所示，使用锯床、剪床等下料设备，将长的原材料截成合适的长度。锯床下料慢，但质量高，锯口平整；剪床下料快，但断口不平整。下料质量应考虑烧损和料头损失。

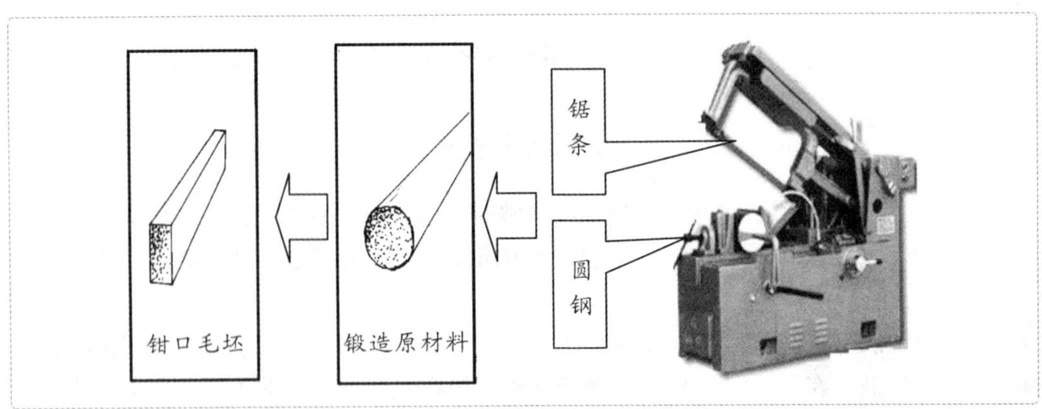

图2.3.7 下料示意图

2）加热

(1) 加热目的　原材料加热后，其强度降低，塑性提高，方可锻造。

(2) 加热设备　常用的加热设备有电阻加热炉(见图2.3.8)、感应加热炉、盐浴加热炉、煤气加热炉等。

(3) 加热温度　锻件开始锻造的温度称为始锻温度(A_1)，结束锻造的温度称为终锻温度(A_2)。钢材的加热温度区间为$A_1 \sim A_2$=1 200 ~800 ℃。

测温仪器有热电偶、远红外测温仪等，也可通过观察锻件火色，凭经验来大致判断加热温度。

樱红—亮红—亮黄对应的温度分别为800 ℃—1 000 ℃—1 200 ℃。

3）锻造

在常用自由锻设备——空气锤(见图2.3.9)上进行锻造。为了提高效率，同时便于操作，可以用一根较大的原材料同时锻出几个零件毛坯，然后再分别切开，如图2.3.10所示。

图2.3.8　箱式电阻加热炉

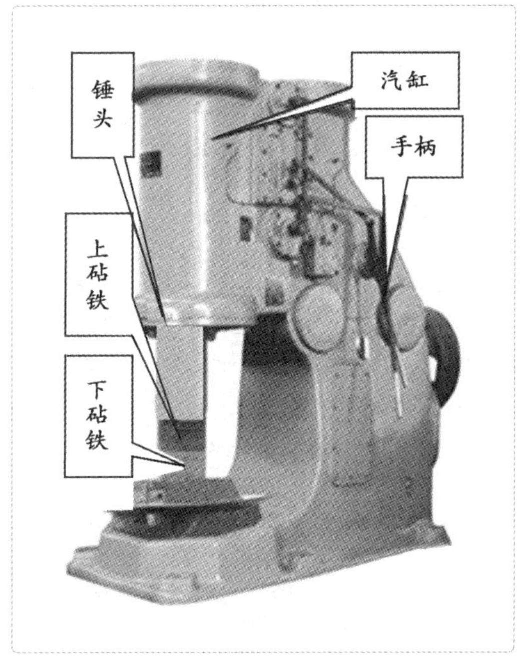

图2.3.9　空气锤

4）检测

利用卡钳(见图2.3.11)、直尺测量锻件的尺寸公差（卡钳开度可按照锻件的尺寸公差界限预先调好，用法就像卡规的通规和止规那样），目测表面各种宏观缺陷(见图2.3.12)。

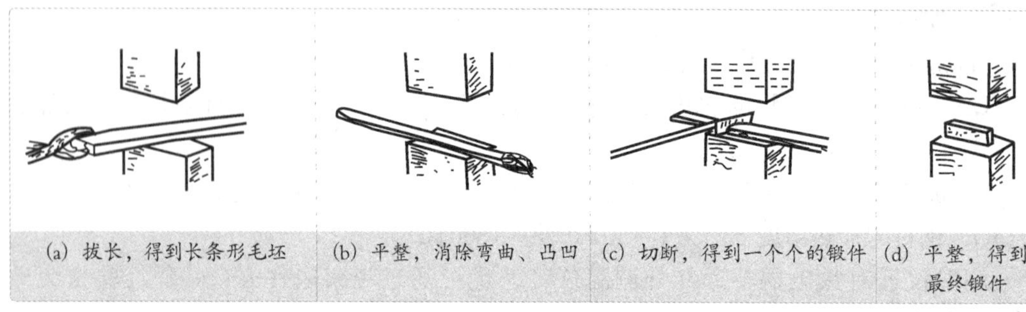

(a) 拔长，得到长条形毛坯　(b) 平整，消除弯曲、凸凹　(c) 切断，得到一个个的锻件　(d) 平整，得到最终锻件

图2.3.10　锻造步骤

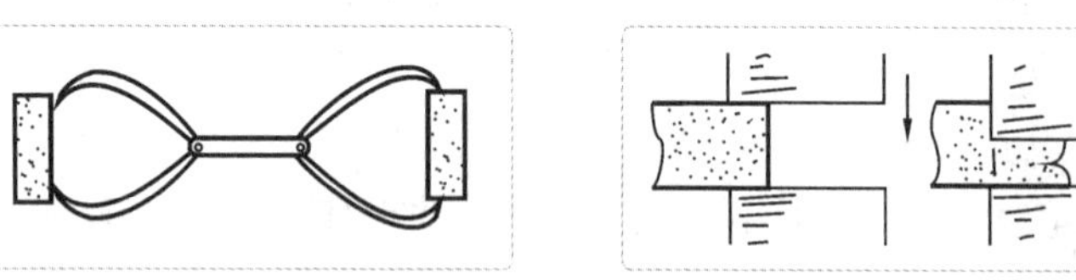

图2.3.11　用卡钳测量锻件尺寸

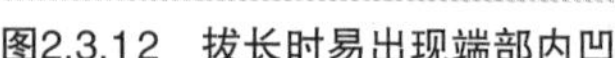

图2.3.12　拔长时易出现端部内凹

哦，明白了。前面所说的自由锻工序称为拔长、切断、平整。那像下面这些饼形锻件、带孔锻件和复杂锻件又怎么锻呢（见图2.3.13）？

(a) 饼形锻件　(b) 带孔锻件　(c) 复杂锻件

图2.3.13　其他锻件

采用别的办法呀！比如其他的自由锻、模锻等。

2. 其他自由锻基本工序

自由锻的工序很多，除了前述钳口锻造中的拔长、切断和平整以外，主要还有镦粗、冲孔、扭转、弯曲等。其中，镦粗、拔长和冲孔为自由锻的基本工序，锻件成形主要依靠这些工序，其他工序称为辅助工序。

1）饼形锻件的锻造

饼形锻件的锻造工艺过程为镦粗→滚圆→平整(见图2.3.14)。

镦粗时原材料高度与直径之比应在1.5～2.5之间。比值过低，则锻造程度不够，起不到细化组织晶粒、改善力学性能的作用；比值过高，则容易镦弯或出现双鼓形。

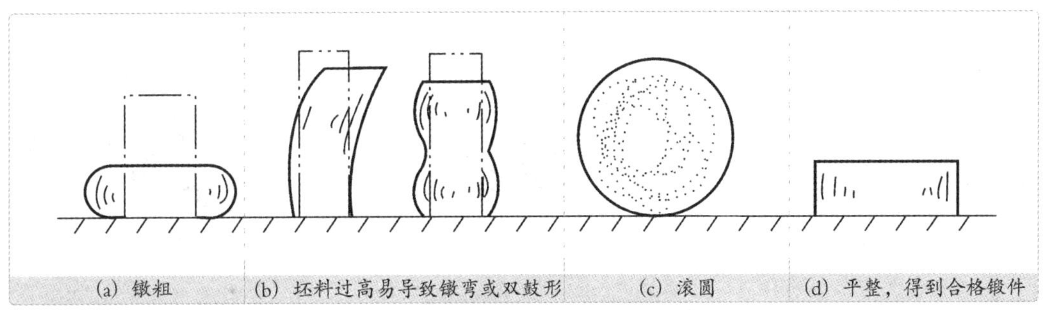

图2.3.14 饼形件的锻造工艺

2）带孔锻件的锻造

带孔锻件的锻造分几种情况处理：小孔直接冲出；稍大孔还要再用大冲头扩孔(图略)；大孔需用马架扩孔；长孔则需用带锥度的芯轴延伸。如图2.3.15所示。

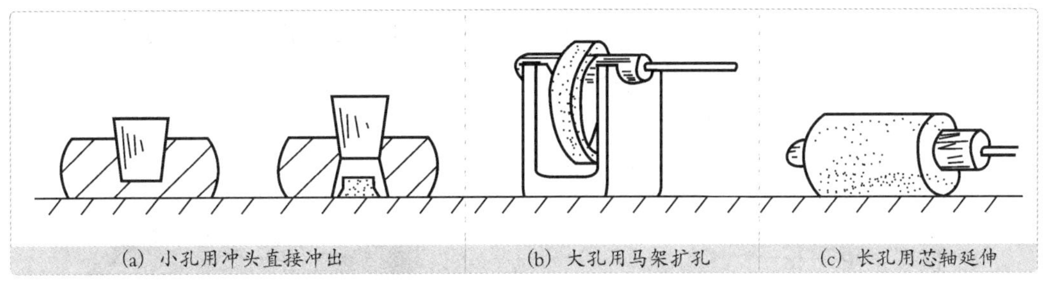

图2.3.15 带孔锻件的锻造处理

3. 胎模锻简介

胎模锻是在自由锻锤上使用不固定的胎模生产锻件的方法，通常是用自由锻方法使坯料初步成形，然后在胎模中终锻成形。

1）胎模锻工艺特点

(1) 优点　与自由锻相比，其生产率要高，锻件质量较好，能锻造形状较复杂的锻件，节约金属材料；与模锻相比，它不需要昂贵的模锻设备，模具制造简单、成本低。

(2) 缺点　胎模锻件的加工余量比模锻件大，且精度比模锻件差，工人劳动强度大；另外，它不像自由锻能够锻造大型锻件。因此，胎模锻造一般用于小型锻件的中、小批量生产，在没有模锻设备的中、小型工厂中应用较广泛。

2）胎模锻工艺分类

胎模锻工艺主要分为扣模、套筒模、对合模三类(见图2.3.16)。

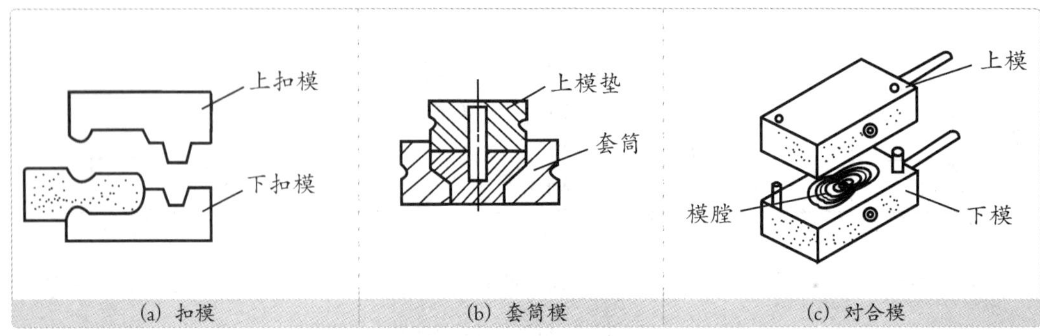

图2.3.16 胎模锻工艺分类

4. 模锻简介

1）模锻工艺特点

和自由锻、胎模锻相比，模锻具有以下特点。

（1）优点　锻件形状、尺寸精确，加工余量小，材料利用率高；操作简单，生产效率高，工人劳动条件较好；易实现自动化生产。

（2）缺点　模具制造周期长，制造费用高，只适合大批量生产；锻件大小、形状受限制。

2）模锻常用设备

模锻常用设备主要有两大类：一类是依靠速度较慢的静压力来打击毛坯的压力机，主要有曲柄压力机(见图2.3.17)、摩擦压力机、液压机等；另一类是依靠冲击力来打击毛坯的模锻锤。

3）工艺过程

（1）简单模锻件　下料→加热→终锻→切边、冲孔→校正。

（2）复杂模锻件　下料→加热→制坯→预锻→终锻→切边、冲孔→校正。

图2.3.17 曲柄压力机

四 冲压工艺简介

冲压是一种加工板料的加工工艺。因为大多在常温下进行，所以又称冷冲。

1. 原理

通过使板料局部产生分离或发生塑性变形的方式，获得具有一定形状、尺寸和力学性能的制件。

2. 特点

制品精度高，材料利用率高，生产效率高，节约能源，但因必须使用冲压模具，所以只适合较大批量的生产。对于单件、小批量生产，可以利用钣金工艺进行。

3. 应用

冲压制品在生活中随处可见：大到汽车上的车身板，机床上的机身板；中到计算机主机箱，家里用的锅碗瓢盆；小到螺栓上配的垫片，钟表里面的齿轮、指针等。它们基本上都是冲压件(见图2.3.18)。

图2.3.18 冲压的应用

4. 冲压工安全操作规定

(1) 明确并严格遵守所使用设备的安全操作规程。

(2) 做好劳动防护，轻拿轻放原材料和制品，防止手被划伤。

(3) 严禁在照明条件不合要求的环境下工作；严禁带病、疲劳上岗。

※真实案例※

案例一 一位实习学生不带手套搬运钢板，且用力过猛，导致一根手指肌腱被严重划伤。

案例二 一位冲压工在冲裁钢板时，注意力不集中，在踩下离合开关时，把左手误伸进冲裁模中，导致四根手指被冲掉。

5. 冲压工艺过程

冲压工艺过程：选择冲压设备→设计制造冲模→安装调试冲模→冲压→检测。

(1) 选择冲压设备　冲孔、落料可用速度快的冲床(即曲柄压力机)，如图2.3.19所示；弯曲、成形可用速度慢的压床(即液压机)，如图2.3.20所示。实际中，应根据冲裁力的大小选择设备的吨位。

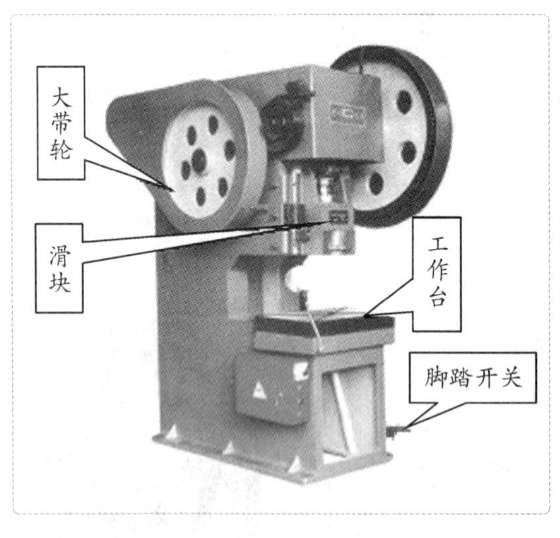

图2.3.19　冲床

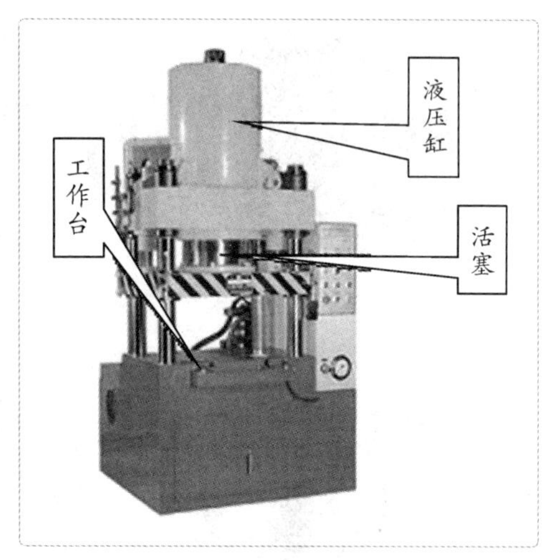

图2.3.20　压床

(2) 设计制造冲模　包括选择合适的材料、确定合理的结构，进行适当的机械加工、热处理及表面处理，冲模如图2.3.21所示。

(3) 安装调试冲模　保证模具工作部分间隙均匀(可使用厚度与凸、凹模间隙相等的铜箔、铝箔来调节)，调好冲床的封闭高度，以免发生闷车(即卡死)。

(4) 冲压　主要工序有冲孔、落料(合称冲裁)，(拉深) 成形，弯曲。其示意图如图2.3.22所示。

图2.3.21　冲模

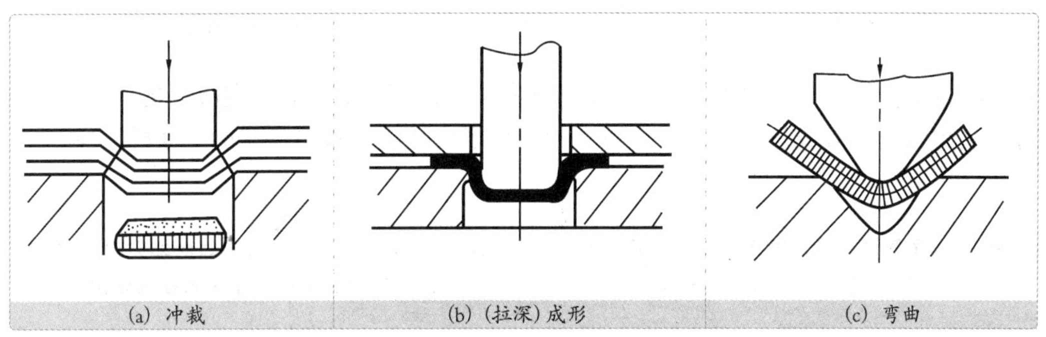
(a) 冲裁　(b) (拉深) 成形　(c) 弯曲

图2.3.22　冲裁、(拉深) 成形、弯曲示意图

(5) 检测　使用通用和专用量具测量冲压件的尺寸和形状公差；目测是否有起皱、拉裂、回弹等冲压缺陷(见图2.3.23)。

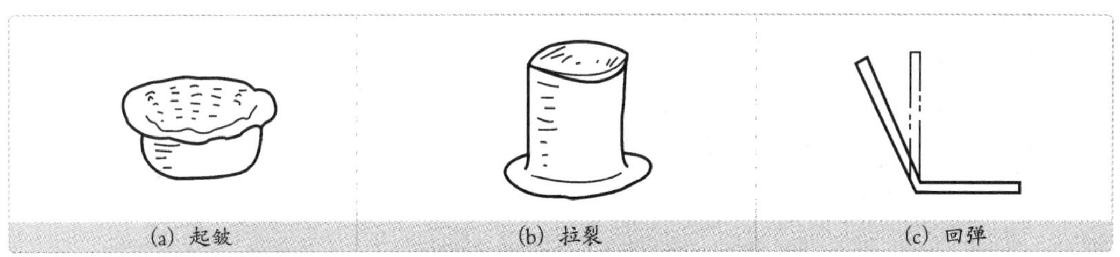
(a) 起皱　(b) 拉裂　(c) 回弹

图2.3.23　冲压件主要缺陷

6. 钣金工艺简介

(1) 剪板　较厚板(1 mm以上)、批量较大的薄板(0.8 mm以下)，可利用剪板机(见图2.3.24)进行剪板；单件、小批量的薄板，可用铁皮剪刀进行剪板，或者夹在台虎钳上用扁錾錾断。

(2) 折弯　较粗钢管、批量较大的细管，可利用折弯机(见图2.3.25)进行折弯；单

图2.3.24　剪板机

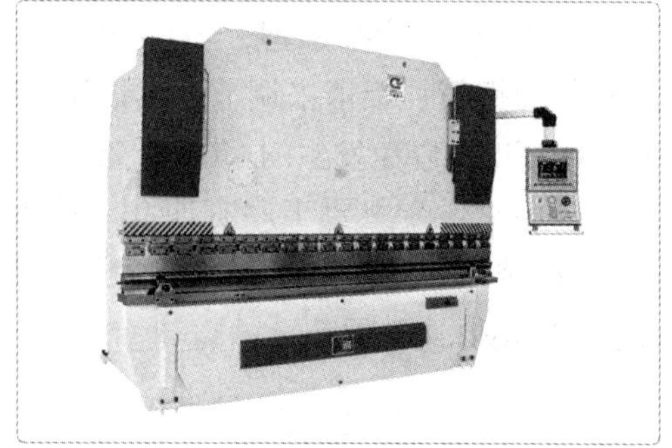

图2.3.25　折弯机

件、小批量的细管，可利用自制简易装置进行折弯。折弯时，管壁越薄，越容易在弯角处发生起皱、压扁或拉裂现象，可以采用向管子内灌满干燥热沙子的方法(管子两端要封死)加以预防。

链接　欲了解更为详细的塑性成形知识，可参考普通高等教育“十一五”国家级规划教材《材料成形与机械制造技术基础——材料成形分册》（沈其文、赵敖生主编，华中科技大学出版社）。

复习与思考

1. 锻工、冲压工操作时要注意哪些安全问题？
2. 试述锻压工艺方法的分类及生产特点、适用范围。
3. 自由锻主要有哪些基本生产工序？
4. 冲压主要有哪些基本生产工序？
5. 试述锻件、冲压件的常见缺陷及其产生原因。
6. 试找出一辆自行车上的锻压件，并说明理由。

课题四 钢铁裁缝——焊接与切割

一 焊接工艺概述

1. 原理

焊接是通过加热或加压，使两个及两个以上分离的金属零件通过原子结合而形成永久性连接的方法(见图2.4.1)。

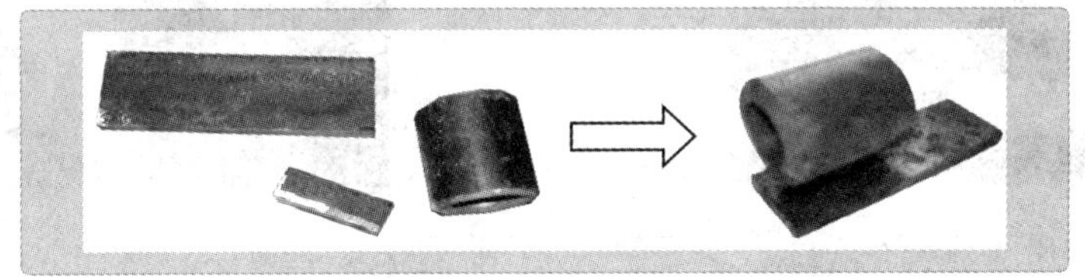

图2.4.1 焊接示意图

2. 特点

(1) 优点 连接性能好、省工省料、成本低、工件质量小、简化工艺(见图2.4.2)。

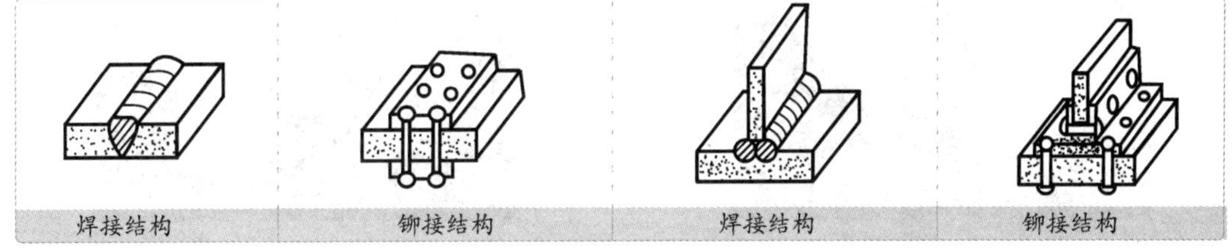

图2.4.2 焊接结构和铆接结构对比示意图

(2) 缺点 结构不可拆卸、会存在残余应力和易产生工件变形（见图2.4.3）等焊接缺陷。

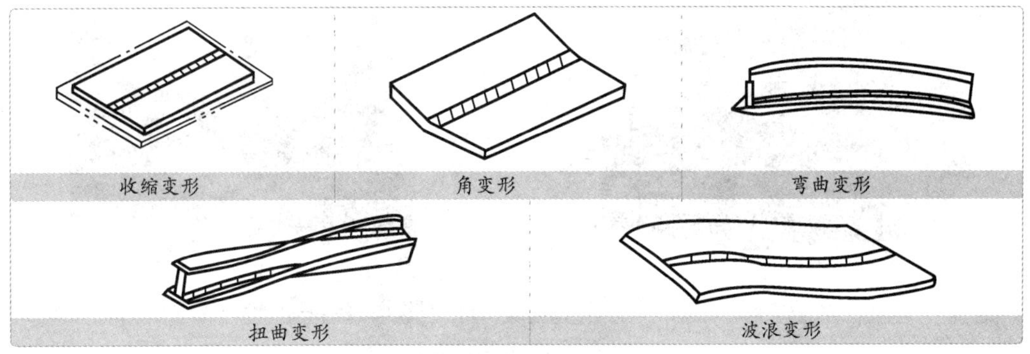

图2.4.3 焊接件易产生的各种变形

3. 应用

焊接的应用如图2.4.4所示。

神舟飞船返回舱全焊接的铝合金结构

天宫一号的铝合金外罩为焊接而成

辽宁舰

深圳湾大桥

压力容器

焊接的长江三峡水电站水轮机转轮(重 440 t)

图2.4.4　焊接的应用

二 焊工安全操作规定

焊工安全操作规定如图2.4.5所示。

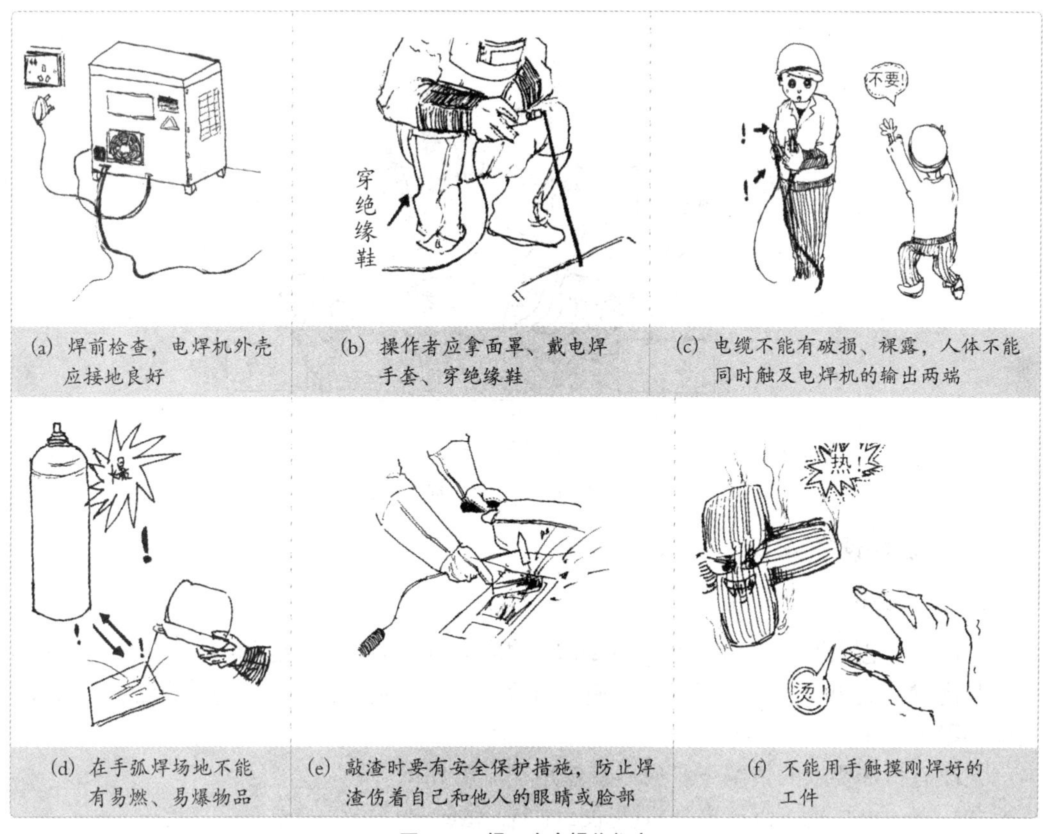

(a) 焊前检查，电焊机外壳应接地良好

(b) 操作者应拿面罩、戴电焊手套、穿绝缘鞋

(c) 电缆不能有破损、裸露，人体不能同时触及电焊机的输出两端

(d) 在手弧焊场地不能有易燃、易爆物品

(e) 敲渣时要有安全保护措施，防止焊渣伤着自己和他人的眼睛或脸部

(f) 不能用手触摸刚焊好的工件

图2.4.5 焊工安全操作规定

※真实案例※

案例一 一名学生在焊接车间实训时，不听指导教师讲解，随手拿起一个刚焊完还没冷却的焊件，导致手部皮肤被烫伤。

案例二 2000年12月25日，河南省洛阳市东都商厦娱乐城，一电焊工在焊接负一、负二层间的楼梯遮盖钢板时，违章操作，引起火灾，造成309人死亡，7人受伤。

案例三 某电厂修配工打完球洗澡后，脚穿布底鞋，来到焊接操作场地，拿起电焊面罩和接头处已漏电的焊钳就干活，一拿起焊钳就倒在了平台上，脸朝上，右手拿着的焊钳贴在左胸，急送医院抢救，发现左胸有灼伤痕迹，系电流击穿心脏，抢救无效死亡。

三 手工电弧焊

手工电弧焊是利用焊条与焊件之间产生的电弧热将两者同时加热熔化来实现焊接的手工焊接方法，简称手弧焊。

其原理如图2.4.6所示。

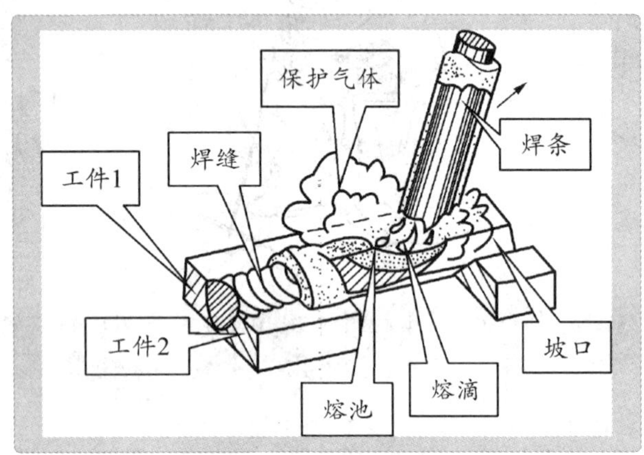

图2.4.6 手工电弧焊原理图

1. 手弧焊设备及工具

1）电弧焊机

(1) 交流电焊机 交流电焊机(见图2.4.7)，供给焊接电弧的电源是交流电。

其优点是结构简单，价格便宜，使用可靠，维修方便，工作噪声小；缺点是焊接时电弧不稳定。

在没有特殊要求的情况下，应尽量选用交流电焊机。

(2) 直流电焊机 直流电焊机(见图2.4.8)，供给焊接电弧的电源是直流电。

其优点是能够得到稳定的直流电，引弧容易，电弧稳定，焊接质量较好；缺点是结

图2.4.7 交流电焊机

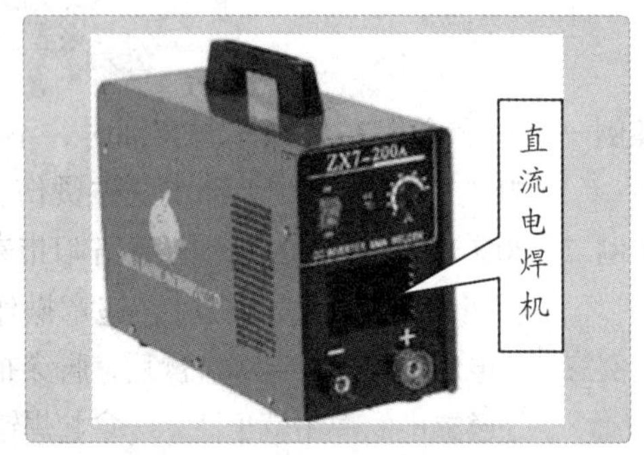

图2.4.8 直流电焊机

构复杂，价格比交流电焊机高，维修困难，使用时噪声较大。

一般应用在对焊接质量要求高或薄板、非铁金属、铸铁、特殊钢件的焊接场合中。

(3) 直流电焊机的接法　正接法：焊件接正极，焊条接负极(接法如图2.4.9所示)。反接法：焊件接负极，焊条接正极(图略)。反接时焊件温度较低，适用于薄板和非铁金属的焊接。

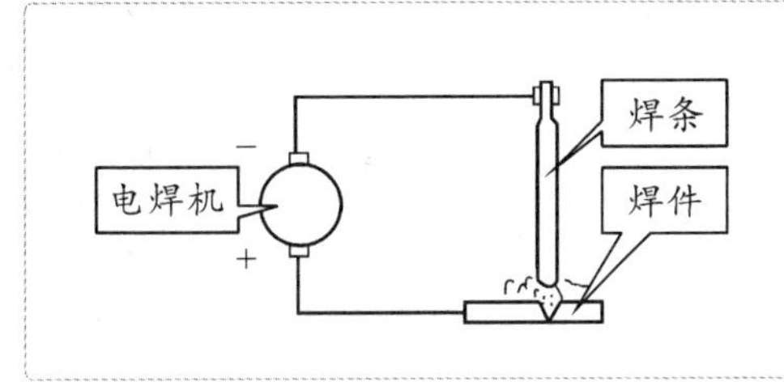

图2.4.9　正接法

2) 手弧焊工具

手弧焊工具如图2.4.10所示。

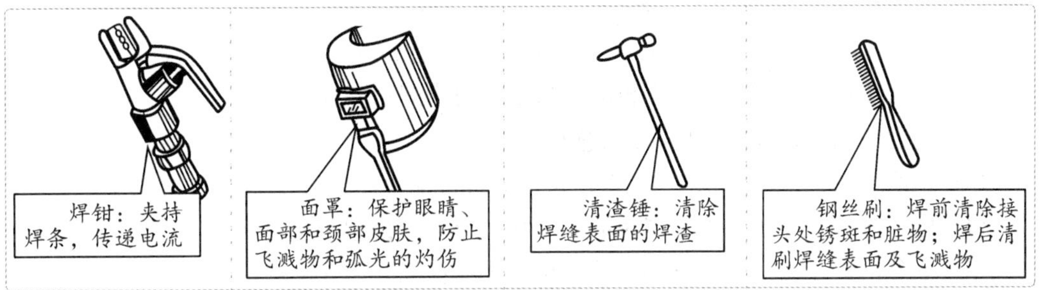

图2.4.10　手弧焊工具

2. 焊条

焊条由焊芯和药皮组成，如图2.4.11所示。焊芯是一根具有一定直径和长度、经过特殊冶炼的专用金属丝。压涂在焊芯表面上的涂料层称为药皮。

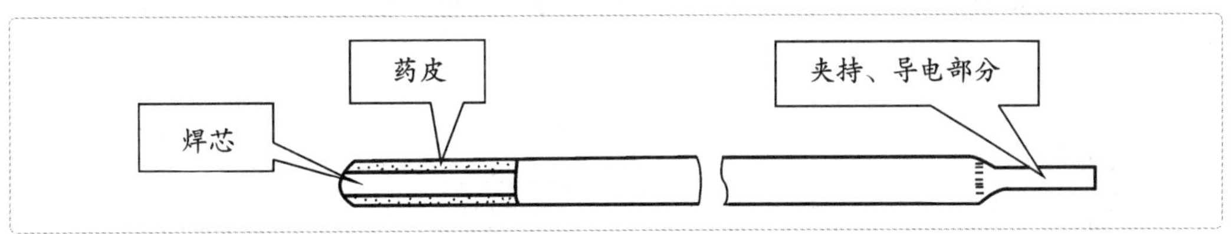

图2.4.11　焊条的组成

1) 焊芯的作用

(1) 导电，产生电弧。

(2) 熔化后作为填充金属进入熔池，与熔化的母材一起形成焊缝。

2) 药皮的作用

(1) 容易引弧，稳定电弧，减少飞溅，容易脱渣。

(2) 利用药皮熔化产生的熔渣和同时产生的气体隔绝空气，保护焊缝。

(3) 脱硫、氧、磷等有害杂质，补偿烧损的合金元素，提高焊缝的力学性能。

3. 焊接过程

手工电弧焊焊接过程如图2.4.12所示。

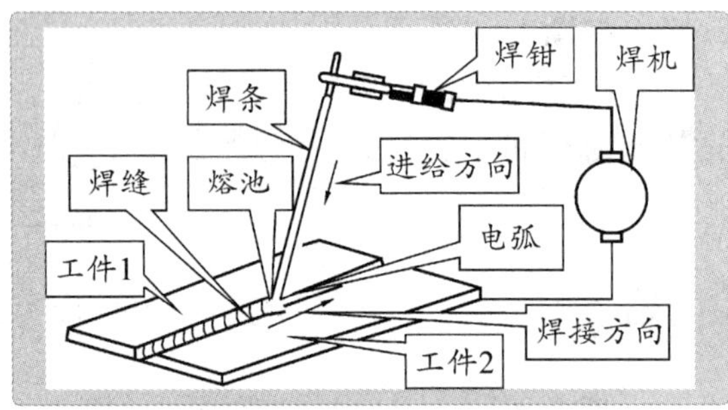

图2.4.12 手工电弧焊焊接过程示意图

（1）先将工件和焊钳接到电焊机的两极上，再用焊钳夹持焊条。

（2）将焊条与工件瞬时接触，造成短路。

（3）迅速提起焊条，使焊条与工件保持约4 mm的距离，在焊条与工件之间产生电弧。

（4）电弧热将工件接头处和焊条同时熔化，形成一个微小的熔池。

（5）焊条沿焊接方向向前移动，新的熔池不断产生，原先的熔池不断地冷却、凝固，形成的焊缝使分离的工件连接成为一体。

4. 焊接工艺

1）焊接接头形式

焊接接头如图2.4.13所示，其中，对接接头是各种焊接接头中应用最多的一种接头形式。

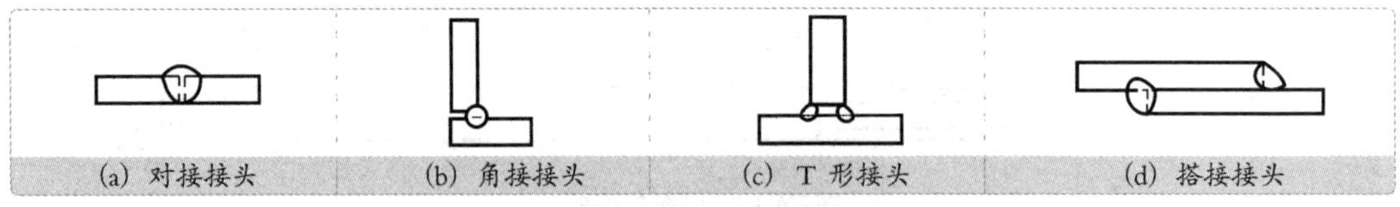

图2.4.13 焊接接头形式

2）坡口形状

为保证焊透，厚工件焊前需把接头边缘加工成一定形状，称为坡口。对接接头坡口形式如图2.4.14所示。

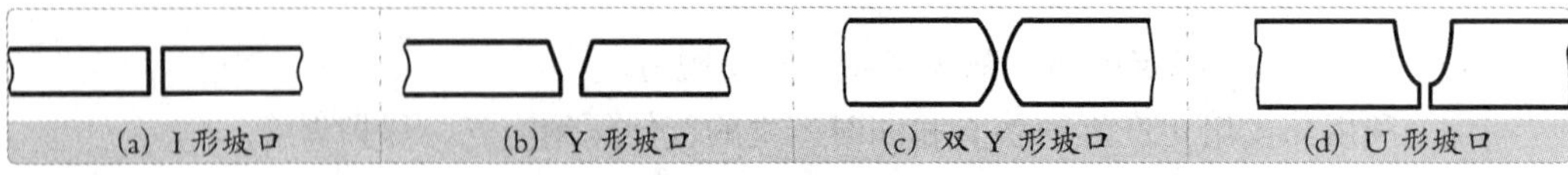

图2.4.14 对接接头坡口形式

3）焊缝的空间位置

根据实际需要，工件的焊接位置会有所不同。按焊缝在空间位置的不同，焊接可分为平焊、横焊、立焊和仰焊，如图2.4.15所示。

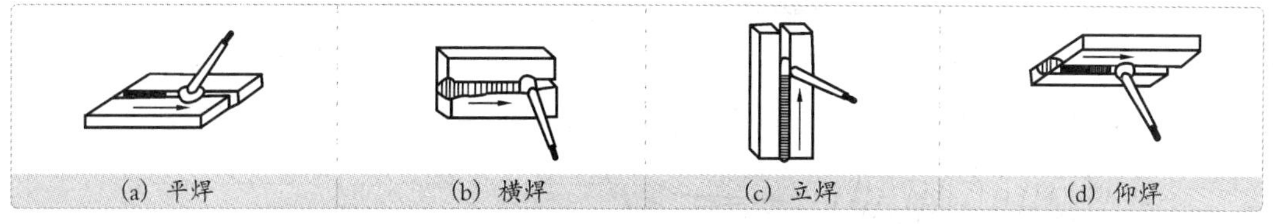
(a) 平焊　(b) 横焊　(c) 立焊　(d) 仰焊

图2.4.15　焊缝的空间位置

4）操作技术

（1）引弧　引弧时，焊条提起动作要快，否则容易粘在工件上。如发生粘条，可将焊条左右晃动后拉开。若拉不开，则应松开焊钳，切断焊接电路。

引弧的方法有敲击法和划擦法两种，如图2.4.16所示。划擦法不易粘条，适合于初学者使用。

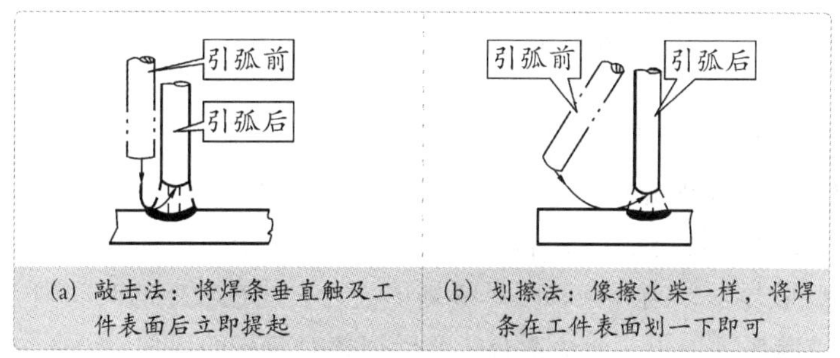

(a) 敲击法：将焊条垂直触及工件表面后立即提起　(b) 划擦法：像擦火柴一样，将焊条在工件表面划一下即可

图2.4.16　引弧方法

（2）运条　运条有三个基本动作，包括向下运动、向前运动、横向摆动，如图2.4.17所示。

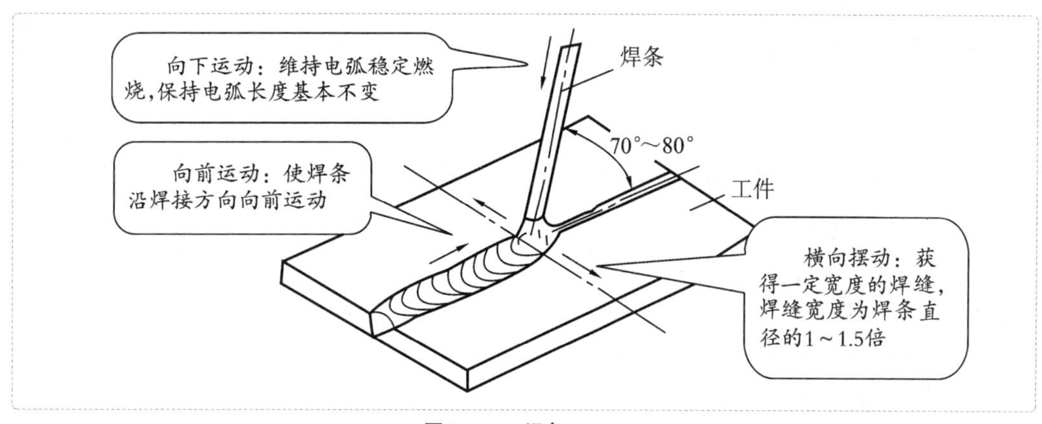

图2.4.17　运条

焊条横向摆动动作形式及用途，如图2.4.18所示。

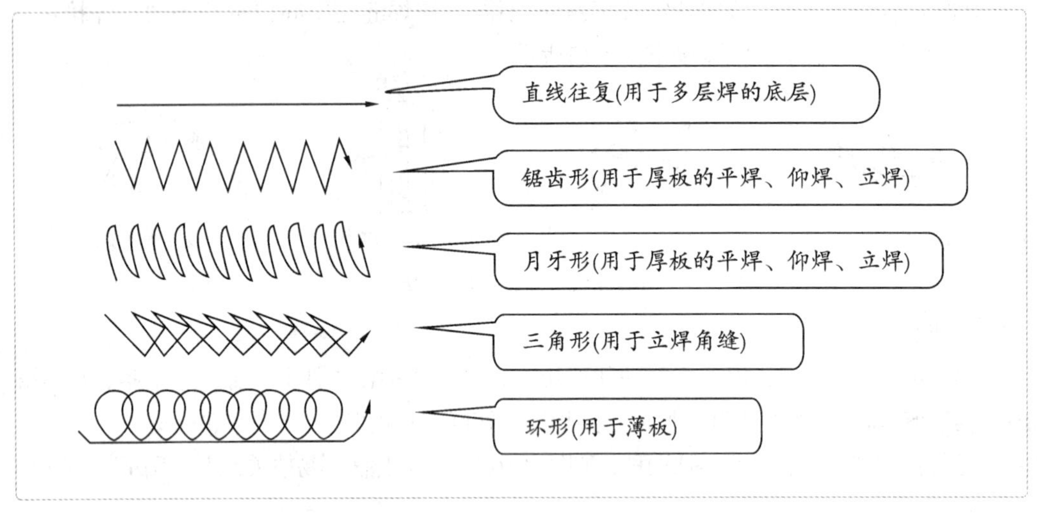

图2.4.18　焊条横向摆动形式及用途

(3) 焊缝收尾方法有以下两种。

① 划圈收尾法，在焊缝结尾处，焊条停止向前移动，同时划圈，直到填满弧坑时，再慢慢提起焊条熄弧。此方法仅适用于厚板焊接，若用于薄板焊接，则容易烧穿焊件。

② 反复断弧收尾法，当焊条移至焊缝结尾处时，应在较短的时间内，熄灭和点燃电弧数次，直到填满弧坑为止。此法适合于酸性焊条对薄板的焊接。

5) 焊前点固

为固定两工件的相对位置，焊前需进行定位焊，称为点固(见图2.4.19)。

6) 焊后清理

用清渣锤、钢丝刷把焊渣和飞溅物等清理干净。

5. 操作示例

有两块150 mm × 400 mm × (4 ~ 6) mm的钢板，要求沿长边进行对接平焊。

1) 备料

划线，用剪板机下料，校正。

2) 选择及加工坡口

此钢板较薄，不用加工坡口即能焊透。

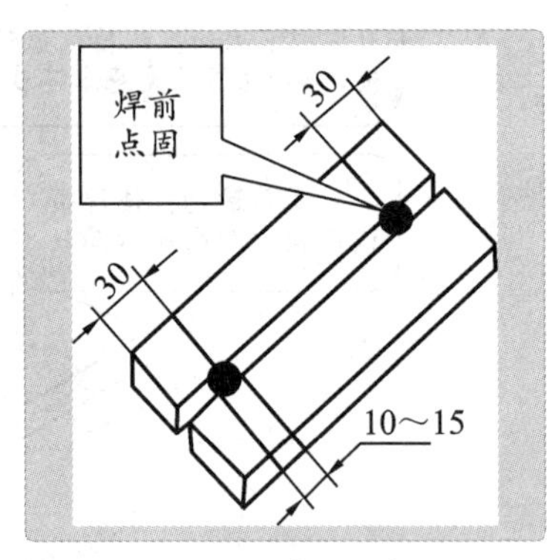

图2.4.19　点固示意图

3）焊前清理

清除焊缝周围的铁锈和油污、水分。

4）确定焊接工艺参数

(1) 选择直径为4 mm的焊条。

(2) 选择焊接电流为200 A左右。

5）装配、点固

将两板放平、对齐，留缝隙1～2 mm；点固，焊后除渣。装配与点固如图2.4.20所示。

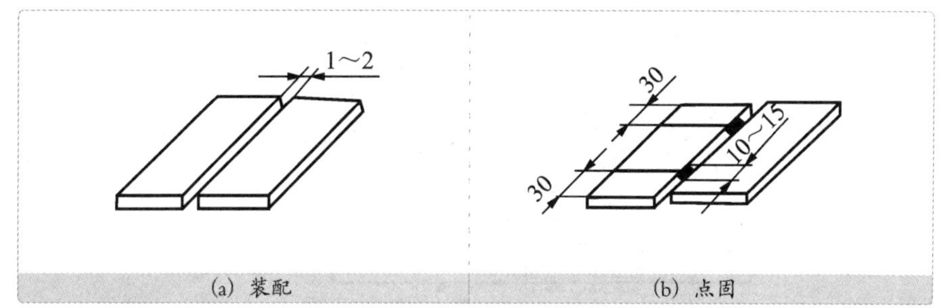

图2.4.20 装配与点固

6）焊接

(1) 先焊点固面的反面，使熔深大于板厚的一半，焊后除渣。

(2) 翻转180°，焊另一面，熔深也大于板厚的一半，焊后除渣(见图2.4.21)。

7）焊后清理

用清渣锤和钢丝刷清理熔渣和飞溅物，清理后的焊件如图2.4.22所示。

8）检验

按图样要求进行外观或探伤检验。

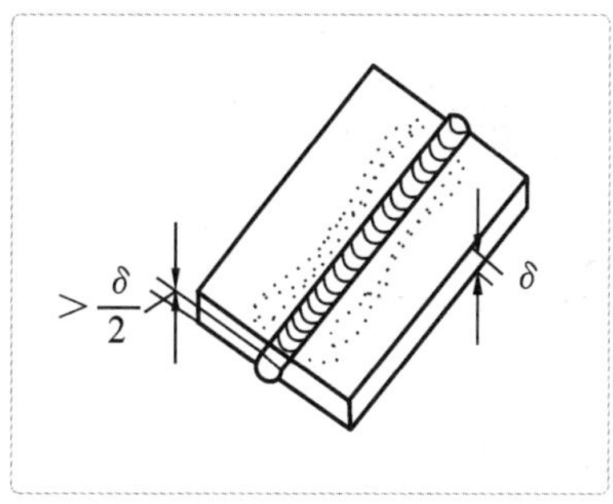

图2.4.21 两面焊接

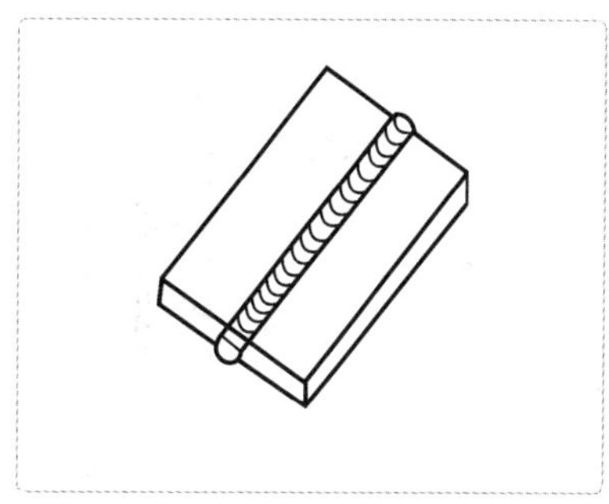

图2.4.22 清理后的焊件

四 其他焊接方法介绍

1. 气焊（氧-乙炔焊接）

气焊是利用乙炔(C_2H_2)和氧气(O_2)混合燃烧时的高温火焰将焊件和焊丝熔化，进行焊接的一种方法，如图2.4.23所示。

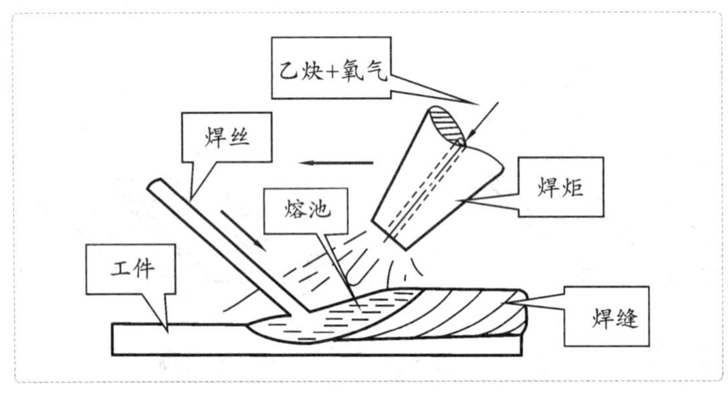

图2.4.23 气焊示意图

气焊与气割有本质的不同：气焊是熔化金属，气割是金属在纯氧中燃烧。

1）气焊设备

气焊设备由乙炔瓶(白色表面，喷红字“乙炔”)、氧气瓶(蓝色表面，喷黑字“氧气”，起助燃作用)、氧气减压器、乙炔减压器和焊炬等组成，如图2.4.24所示。

减压器是将氧气瓶和乙炔瓶中的高压气体降低到焊炬所需要的工作压力的装置。

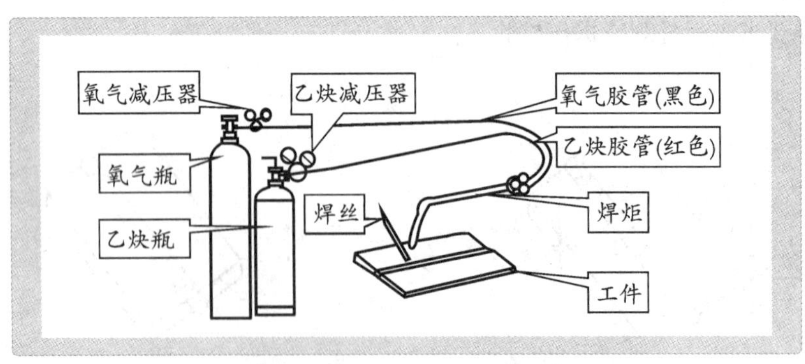

图2.4.24 气焊设备连接图

焊炬的作用是将氧气和乙炔均匀混合，并调节混合气的比例和流量，形成适合焊接要求的稳定火焰，其工作原理如图2.4.25所示。

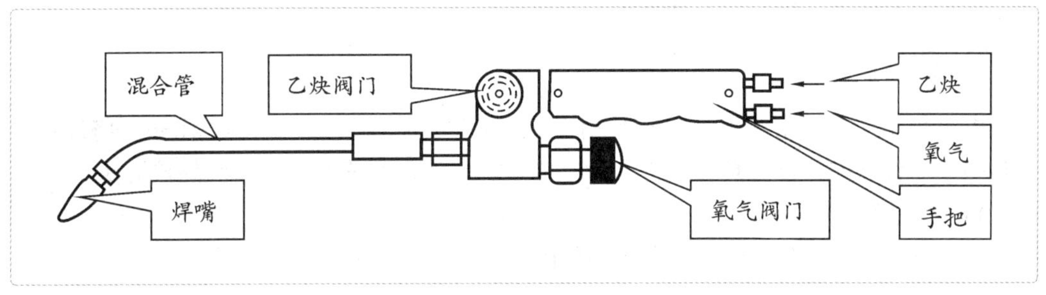

图2.4.25 焊炬工作原理图

2）气焊操作过程

气焊操作过程如图2.4.26所示。

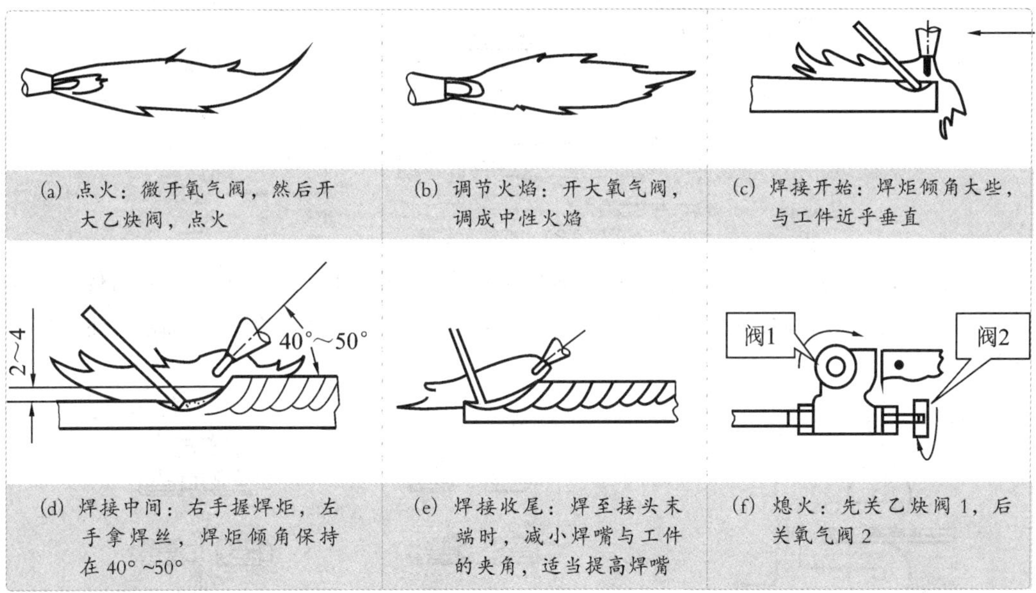

(a) 点火：微开氧气阀，然后开大乙炔阀，点火

(b) 调节火焰：开大氧气阀，调成中性火焰

(c) 焊接开始：焊炬倾角大些，与工件近乎垂直

(d) 焊接中间：右手握焊炬，左手拿焊丝，焊炬倾角保持在40°~50°

(e) 焊接收尾：焊至接头末端时，减小焊嘴与工件的夹角，适当提高焊嘴

(f) 熄火：先关乙炔阀1，后关氧气阀2

图2.4.26 气焊操作过程

3）特点

（1）优点　设备简单，操作灵活，适应性强。

（2）缺点　火焰温度低，热量不集中，加热缓慢，焊件受热范围大，变形严重，火焰对熔池的保护性差，焊缝质量不高，生产率低。

4）应用

气焊主要用于厚度在3 mm以下的薄钢板，铜、铝等非铁金属及其合金和铸铁的补焊等，特别是在没有电源的野外作业中常常使用。

2. 电阻焊

电阻焊不使用焊条或焊丝。它是利用电流通过焊件接触处产生的电阻热，将焊件局部加热至塑性状态或部分熔化状态，然后断电加压使焊件连接在一起的焊接方法。

1）工艺分类及应用

（1）点焊　点焊如图2.4.27所示，适用于4 mm以下的薄板搭接焊接。

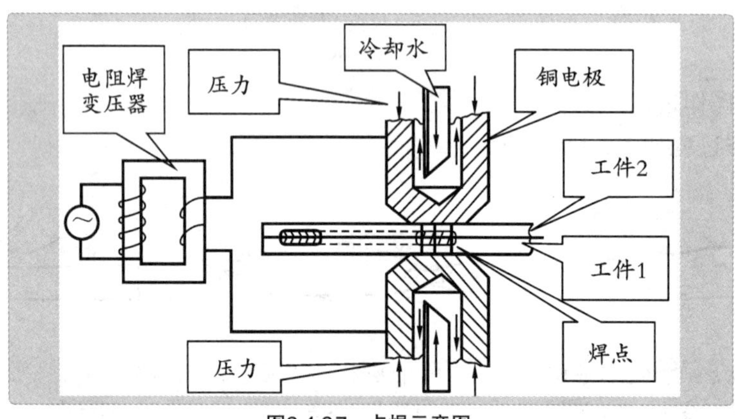

图2.4.27　点焊示意图

（2）缝焊　缝焊如图2.4.28所示，适用于板厚3 mm以下、焊缝规则的密封件焊接。

（3）对焊　对焊如图2.4.29所示，对焊主要用于刀具、钢肋、管子、锚链、钢轨等的焊接。

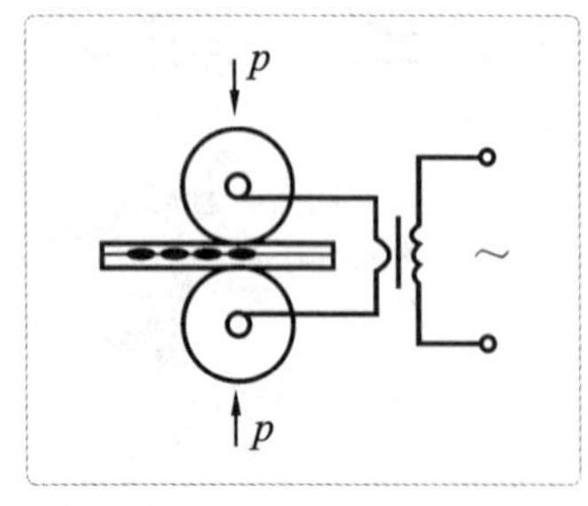

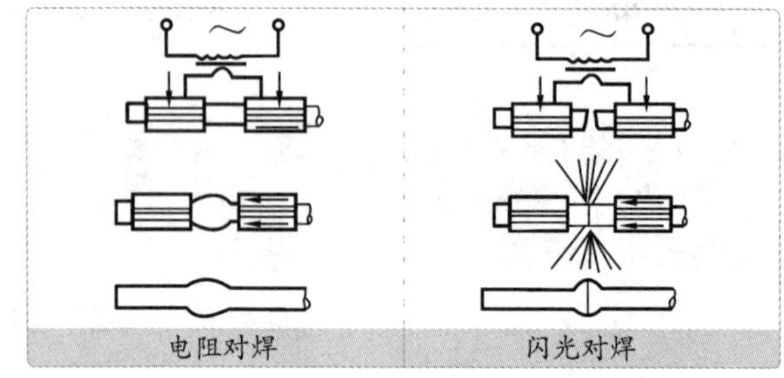

图2.4.28　缝焊示意图

图2.4.29　对焊示意图

2）特点

生产率高，焊件变形小，焊接过程简单，劳动条件好，不需添加焊接材料，易实现机械化。

3. 气体保护焊

用外加气体作为电弧介质来保护电弧区和焊接区的弧焊方法，称为气体保护焊。

1）CO_2气体保护焊

CO_2气体保护焊是以CO_2作为保护气体的电弧焊方法。用焊丝作为电极，靠焊丝和焊件之间产生的电弧来熔化母材金属和焊丝，如图2.4.30所示。

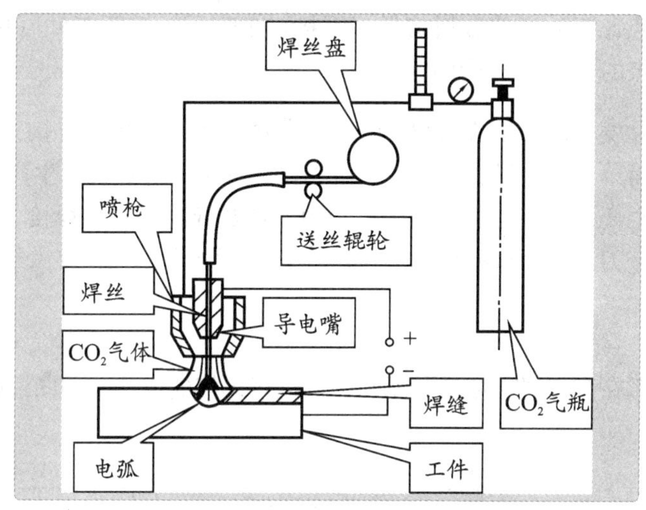

图2.4.30　CO_2气体保护焊示意图

（1）特点　生产率高，比手弧焊快1～4倍；焊接质量好；操作性能好，明弧便于观察；成本低。但CO_2在高温下易分解为CO和O_2，形成气孔，导致飞溅。

（2）应用　适用于低碳钢和强度级别不高的低合金结构钢材料，主要用于薄板焊接。

2）氩弧焊

用氩气（Ar_2）作为保护气体的电弧焊方法，称为氩弧焊。按电极不同氩弧焊可分为非熔化极氩弧焊和熔化极氩弧焊，如图2.4.31所示。

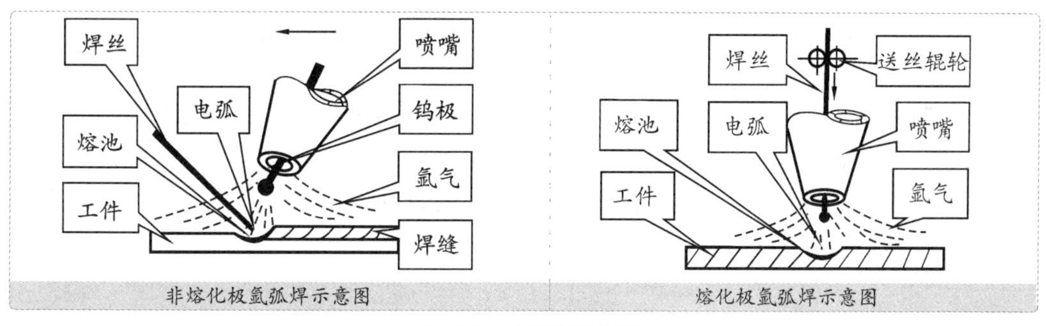

图2.4.31　氩弧焊示意图

(1) 特点　优点是明弧焊接，易于观察，可全位置施焊；电弧稳定，焊后无渣，保护效果好；焊缝金属纯净，焊缝成形美观，焊接质量优良。缺点是氩气昂贵，设备造价高，且氩气无脱氧去氢作用，焊前清理要求严格。

(2) 应用　适用于铝、铜等非铁金属及其合金，不锈钢和部分合金钢等材料的焊接。

4. 钎焊

钎焊是用熔点比工件低的金属材料（钎料）熔化后，把两工件（材质相同或不同）在固态下连接起来的方法（见图2.4.32）。

(1) 特点　温度较低，接头组织、性能变化小，焊件变形小，接头光滑平整，工件尺寸精确，设备简单，生产投资费用少，可焊接异种金属等材料，生产率高。

(2) 应用　主要用于精密、微型、复杂的工件及异种材料的焊接，如电子、电器仪表和制造硬质合金刀具、钻探钻头、换热器等。

5. 埋弧焊

埋弧焊是电弧在焊剂层下燃烧（无明弧）进行焊接的方法，如图2.4.33所示。

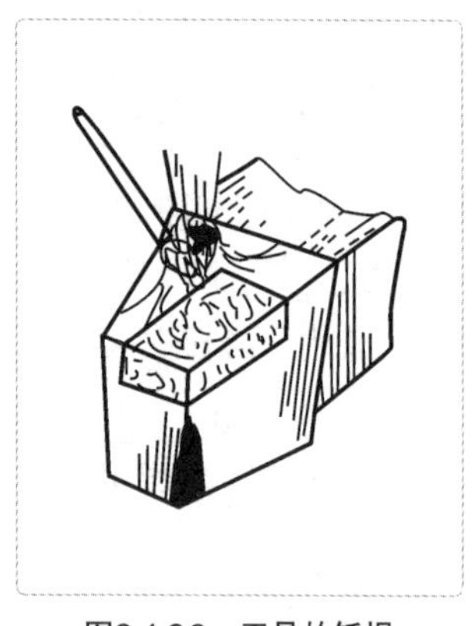

图2.4.32　刀具的钎焊

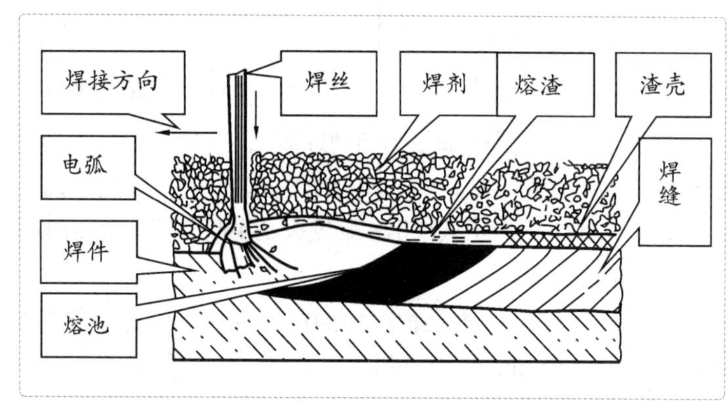

图2.4.33　埋弧焊示意图

(1) 特点　生产率高，节省金属材料，焊缝接头质量高，工人劳动条件较好，但需机械化操作，设备复杂。

(2) 应用　主要用于大批量生产、水平位置、长直焊缝或直径较大的环形焊缝的焊接，可焊钢板的厚度为6～60 mm。

五 热 切 割

1. 气割

(1) 原理　气割是根据高温下金属在纯氧中剧烈燃烧的原理进行的热切割方法。

气割时，先用氧–乙炔焰将金属预热至燃点，然后喷射高压氧气流使金属燃烧，形成氧化熔渣后被氧气流吹走，形成切口（见图2.4.34、图2.4.35）。

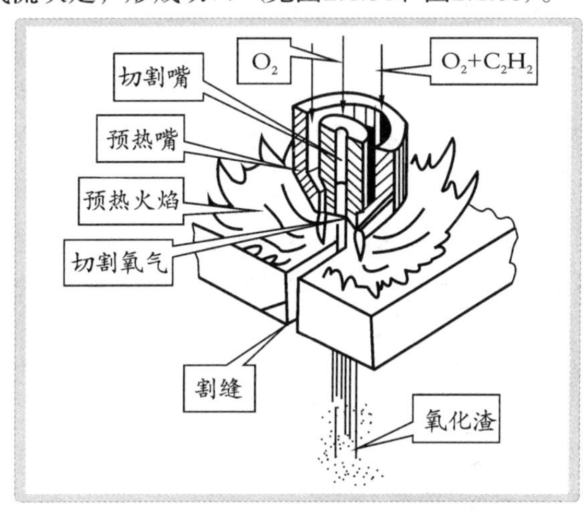

图2.4.34　气割原理示意图

(2) 特点　操作灵活方便，设备简单，适应性强，生产率高，可切割形状复杂、壁厚的工件。

(3) 应用　用于低碳钢、中碳钢和普通低合金钢的钢板下料，以及铸钢件浇冒口的切除。

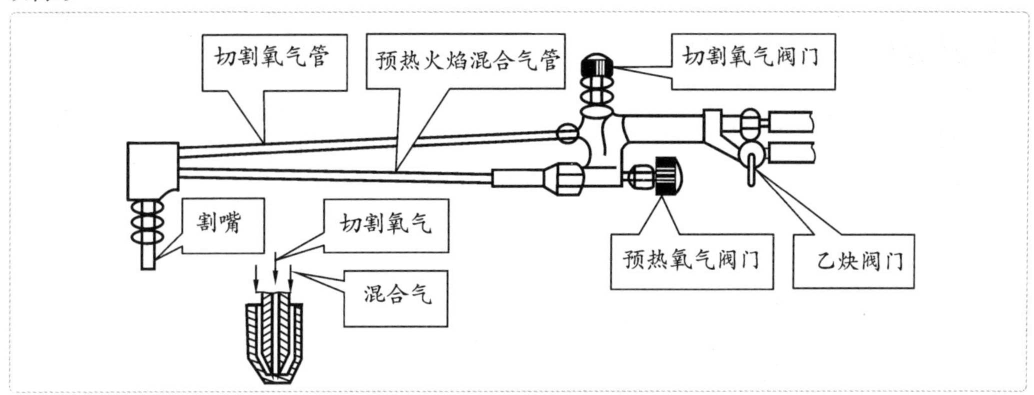

图2.4.35　割炬结构、功能示意图

2. 等离子弧切割

（1）原理　以高能量、高密度、高温的等离子弧作为热源加热和熔化材料，将割件穿透，熔化的材料又被喷嘴喷出的气流吹掉，从而切开割件的过程称为等离子弧切割（简称等离子切割），如图2.4.36所示。

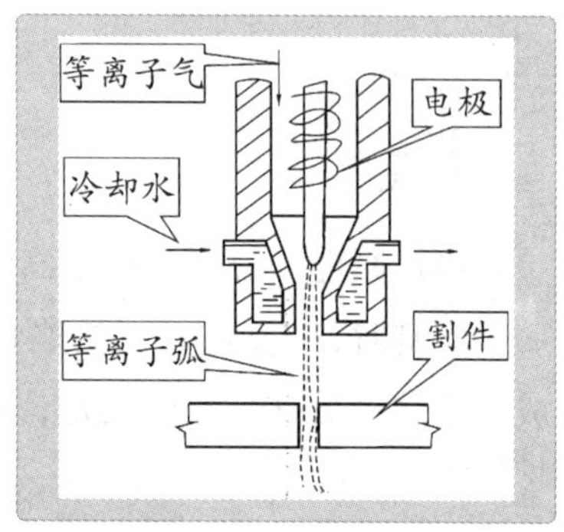

图2.4.36　等离子切割原理示意图

（2）特点　切口平整，质量高，操作灵活方便，设备简单，适应性强，生产率高，可切割形状复杂的工件和厚壁件。

（3）应用　广泛应用于切割质量要求高的场合，可切割不锈钢、铝及铝合金、碳钢及低合金钢。

链接　**欲了解更为详细的焊接知识，可参考普通高等教育“十一五”国家级规划教材《材料成形与机械制造技术基础——材料成形分册》（沈其文、赵敖生主编，华中科技大学出版社）。**

复习与思考

1. 试述手工电弧焊常用的设备、工具及其作用。
2. 试述焊条的组成及其各部分的作用。
3. 怎样选择手工电弧焊的焊接规范？如何引弧、运条和收尾？
4. 试述气焊与手工电弧焊的特点及应用。
5. 试述氧气切割的过程、原理及应用。
6. 常见的焊接缺陷有哪些？产生的原因是什么？

前面介绍的铸、锻、焊，都是说怎么样来“成形”的，那是不是只要工件的形状符合要求就行了呢？

问得好！一个工件，光是外部形状符合要求是不够的，它的内部质量也得满足使用要求才行。当然，这项任务要靠热处理来完成了。

课题五 脱胎换骨——热处理

一 热处理工艺概述

1. 原理

由图2.5.1可以看出，剁骨头的砍刀之所以卷刃，就是因为太软。经过高温、一定时间的加热，再浸入水中急速冷却一下，同样的一把刀，前后效果就表现得大不一样。

图2.5.1

因此就可以得出结论，热处理就是通过将金属材料在固态下进行加热、保温、冷却等手段，来改变金属材料性能的一种方法(见图2.5.2)。

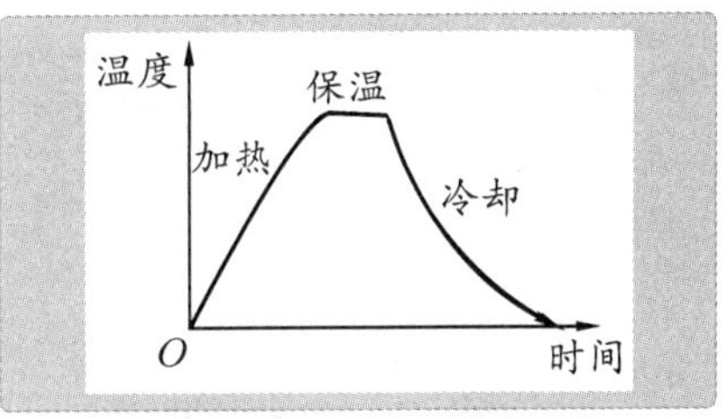

图2.5.2 热处理工艺曲线

2. 特点

在固态下，只改变工件的内部组织，而不改变其形状和尺寸。

3. 分类

(1) 普通热处理 退火、正火、淬火、回火等。

(2) 表面热处理 表面淬火、化学热处理等。

4. 热处理设备

(1) 加热设备 常用的热处理加热炉有箱式电阻炉、台车式电阻炉、井式电阻炉、盐浴炉等(见图2.5.3)。

图2.5.3 加热设备

（2）冷却设备　常用的冷却设备有水槽、油槽、缓冷坑等。

（3）质量检验设备　常用的质量检验设备有各种硬度计、金相显微镜等(见图2.5.4)。

洛氏硬度计　　布氏硬度计　　金相显微镜

图2.5.4　质量检验设备

5. 应用

热处理的应用如图2.5.5所示。

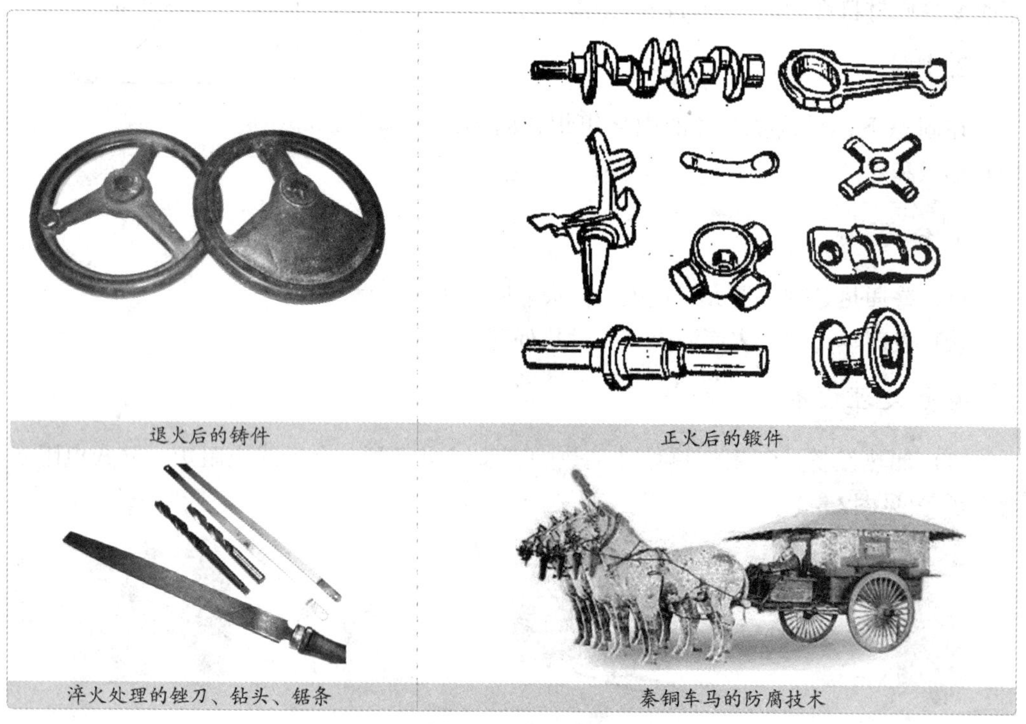

退火后的铸件　　正火后的锻件

淬火处理的锉刀、钻头、锯条　　秦铜车马的防腐技术

图2.5.5　热处理的应用

二 热处理工的安全操作规定

热处理操作如图2.5.6所示。

(1) 用电阻炉加热零件时，工件进炉、出炉时应先切断电源，防止触电。

(2) 注意劳动保护，要用夹钳夹持刚出炉的工件，不要用手触摸，以防烫伤。

(3) 将工件放入盐浴炉加热前一定要烘干。

(4) 明确工件的技术要求，严格按照热处理规范进行操作。

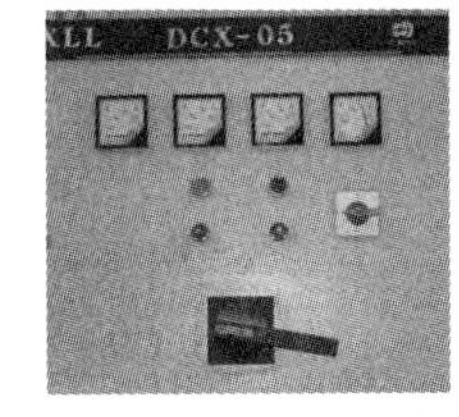

图2.5.6 热处理操作

※真实案例※

案例一 一位热处理操作工将没完全烘干的工件放入盐浴炉中，结果盐浆飞溅，造成皮肤大面积烧伤。

案例二 一位热处理操作工没有完全按操作规程执行，用水激冷工件时间太长，工件在水淬时开裂，导致工件报废。

三 普通热处理

普通热处理共有“四把火”——退火、正火、淬火、回火(见图2.5.7)，其区别主要在于金属加热后冷却的方式(实质是冷却速度)不同，得到的结果也就不同。

图2.5.7 退火、正火、淬火、回火

1. 退火

(1) 原理　将金属材料加热到适当温度，保温一定时间后，再随炉缓慢冷却，即得到较软的金相组织，称为退火。

(2) 特点　退火是软化金属材料的唯一途径，工艺周期长，耗费能源多。

(3) 应用　退火主要有以下两方面的应用。

① 铸造零件内部有内应力时，使用中易变形，需用退火消除内应力(见图2.5.8)。

② 冲压成形材料硬度高、容易裂时，用退火处理可软化组织，降低硬度，保证正常塑性成形(见图2.5.9)。

(4) 工艺过程　加热→保温→随炉缓慢冷却。

图2.5.8　铸造手轮

图2.5.9　拉深的不锈钢水杯

哦，明白了，退火的目的就是软化材料啊！

2. 正火

(1) 原理　正火又称常化(正常化的意思)。它与退火的不同之处在于工件加热后是在空气中冷却的，冷却速度比退火要快。

(2) 特点　正火组织较细，强度、硬度稍高，冷却速度较退火快，生产周期短，操作简便，生产成本低。

(3) 应用　一是代替淬火，用于提高一些不太重要的受力零件（如销轴、螺栓、螺母、受力不大的传动轴、刀杆等，如图2.5.10所示）的综合力学性能；二是改善钢铁材料的切削性能；三是消除网状碳化物，细化晶粒，为淬火作组织准备。

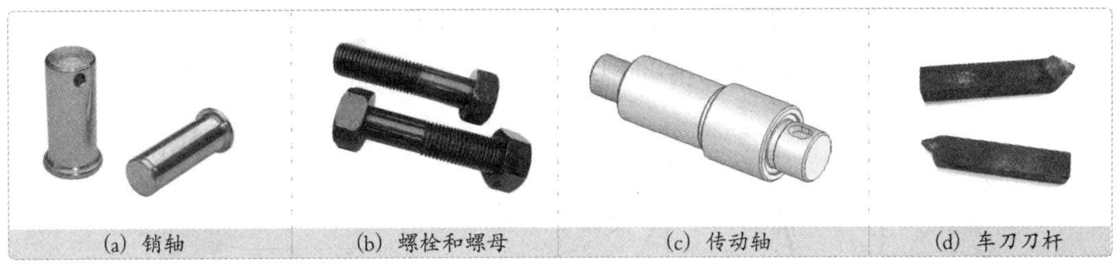

图2.5.10 零件

(4) 工艺过程 加热→保温→出炉空冷。如果工件较大，或环境气温较高，还需强制风冷或喷雾。

(5) 检验 用布氏硬度计。

3. 淬火与回火

(1) 原理 工件加热到预定温度后，保温预定时间，然后进行激冷（冷却介质有纯水、盐水、油等），就是淬火。不同的工件，浸入淬火介质方式也不同，如图2.5.11所示。将淬火后的工件，再重新加热到较第一次低一些的温度，保温后空冷，就是回火。

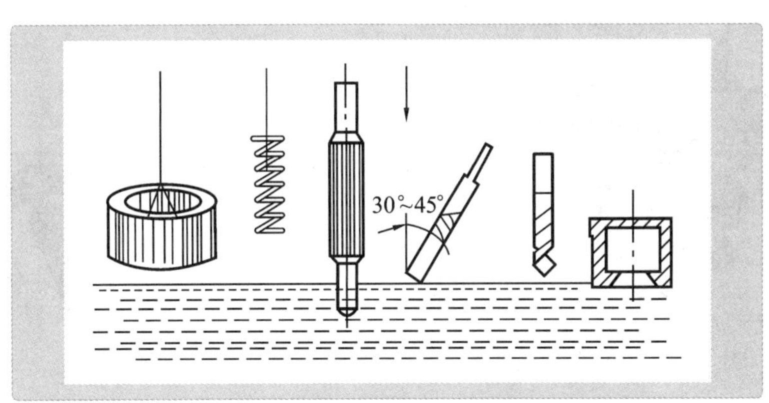

图2.5.11 工件浸入淬火介质方式示意图

(2) 特点 淬火加回火是强化钢铁材料的主要手段。经过淬火，材料的强度、硬度、耐磨性明显提高，但塑性、韧度下降，伴随有内应力产生，再经过不同温度的回火处理，即可消除内应力，防止零件变形开裂，获得各种不同的优良性能。

(3) 应用 各种重要受力零件（如轴类、连杆、齿轮等）、刃具、量具、弹簧等。

(4) 工艺过程 淬火(加热→保温→快速冷却)+回火（加热→空冷）。

① 淬火＋高温回火，又称为调质。回火加热温度为500 ~ 650 ℃，得到硬度为20 ~ 30 HRC、具有良好的综合力学性能的回火索氏体。

调质用于受力复杂的重要零件，如齿轮、轴类、连杆等。

各种热处理工艺曲线示意图如图2.5.12所示。

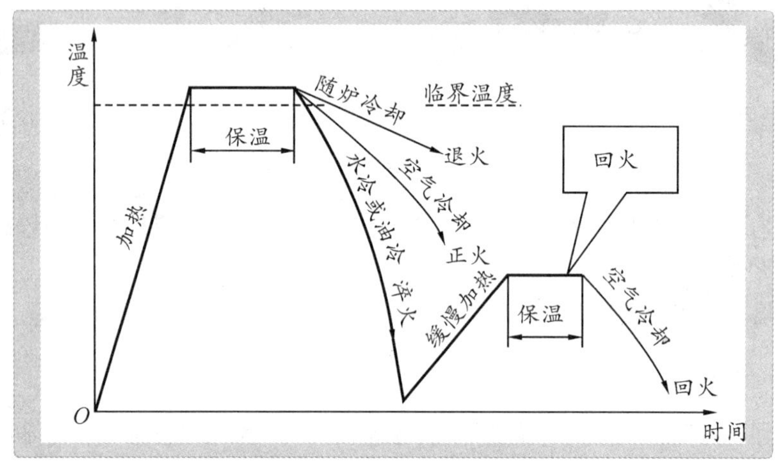

图2.5.12 各种热处理工艺曲线示意图

图2.5.13 经过调质处理的齿轮

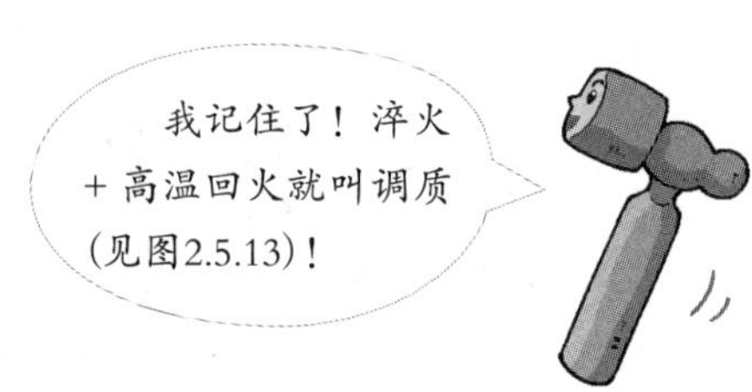

② 淬火+中温回火，回火温度为350 ~ 450 ℃，得到硬度为35 ~ 50 HRC，具有高的弹性、韧度的回火屈氏体。

这种工艺主要用于各种弹簧的热处理(见图2.5.14)。

③ 淬火+低温回火，回火温度为150 ~ 250 ℃，得到硬度为58 ~ 64 HRC，具有高的硬度、耐磨性和尺寸稳定性的回火马氏体。

这种工艺主要用于各类高碳钢制作的刀具、模具、量具等的热处理(见图2.5.15)。

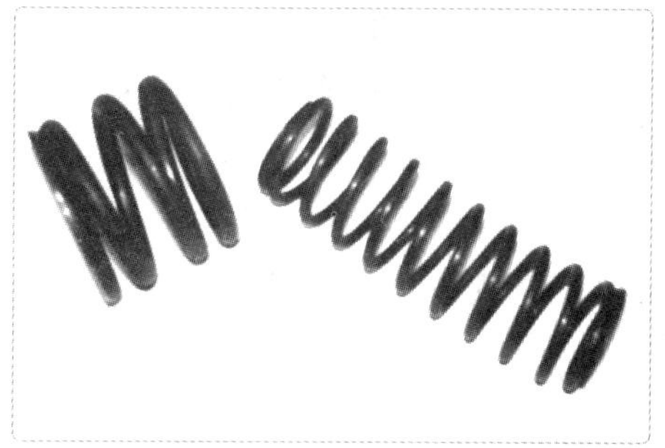

图2.5.14 经过淬火+中温回火处理后的弹簧

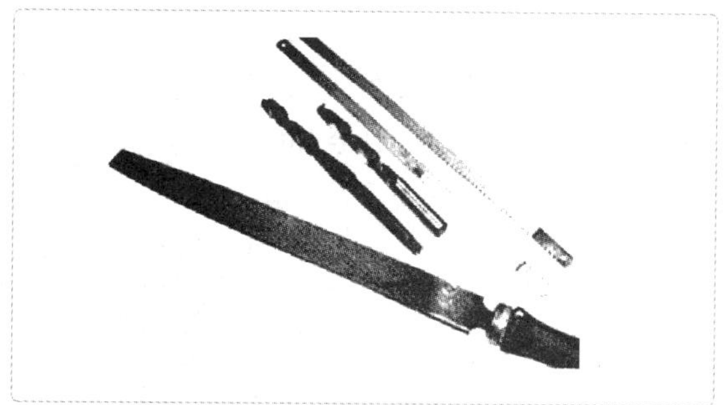

图2.5.15 经过淬火+低温回火处理后的锉刀、钻头、锯条

我看武打电影里，有的大侠的宝剑可以像蛇形一样摆动，甚至可以像腰带一样缠在腰间，如此柔韧却又那样锋利，这是为啥(见图2.5.16)?

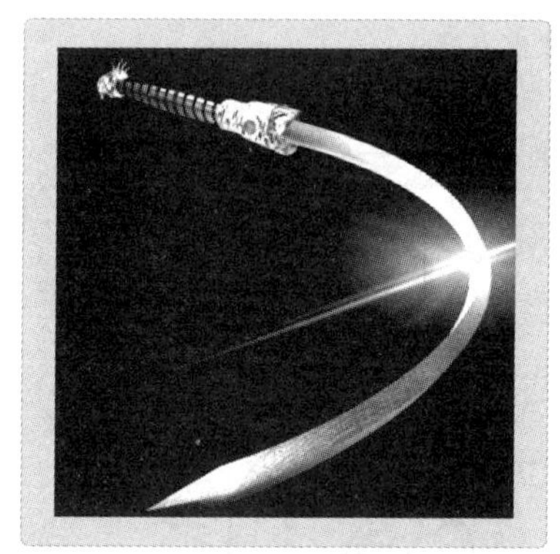

图2.5.16 宝剑

呵呵，这便是“表面渗碳+淬火”的威力所在了！

待我们学完后面的内容，答案自然就找到了。

㊃ 其他热处理工艺简介

1. 表面热处理

与前述普通热处理不同，表面热处理不涉及材料内部组织，而只做“表面文章”。

1）表面淬火

表面淬火是将工件快速加热，使其表面迅速升到淬火温度，而不等心部升温，就快速冷却，得到一定深度的强硬、耐磨的细晶马氏体的一种表面热处理方法。

其特点是面硬心韧，工件变形小，生产效率高。常与调质配合进行。

(1) 火焰加热表面淬火　用氧－乙炔火焰喷向工件表面使其迅速加热到淬火温度，然后在一定淬火介质中冷却的表面热处理方法，如图2.5.17所示。

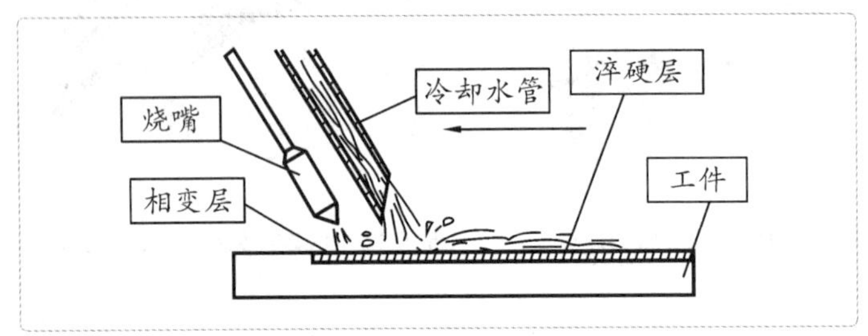

图2.5.17　火焰加热表面淬火示意图

表面热处理主要应用于单件、小批量生产及大型齿轮、轴、轧辊、导轨等的表面淬火。图2.5.18所示为几种典型零件火焰加热表面淬火的原理图。

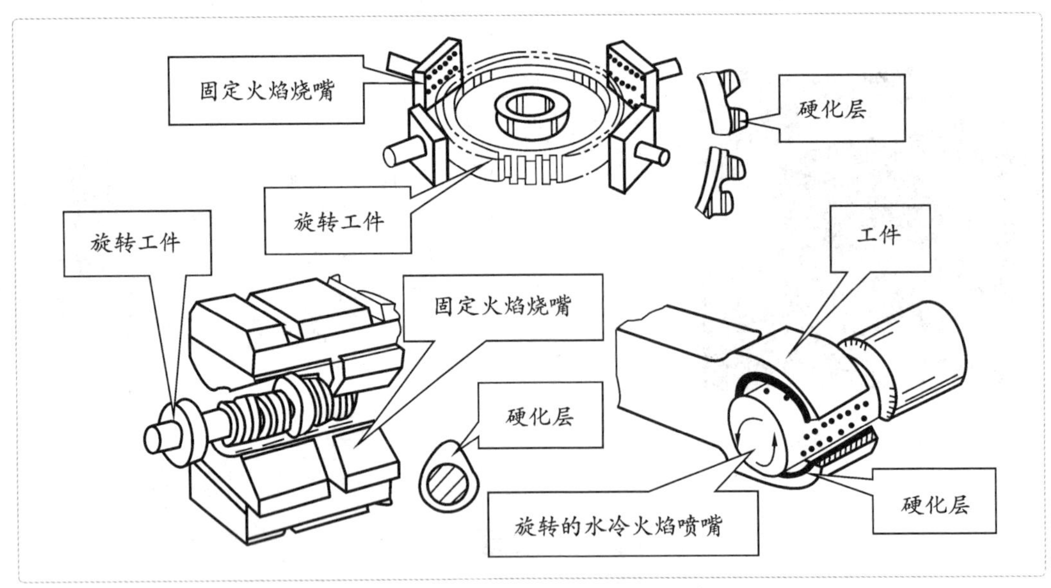

图2.5.18　几种典型零件火焰加热表面淬火原理图

(2) 感应加热表面淬火　将工件放在通有一定频率电流的线圈内加热，然后喷水冷却的淬火方法，如图2.5.19所示。

它适合大批量、自动化生产，用来处理各种受力复杂的重要零件，如轴类、齿轮、模具等，应用极为广泛。

2）化学热处理

化学热处理是将工件放入化学介质中加热、保温，使介质中的活性原子扩散进入工件表层，通过改变表层的化学成分、组织，得到与心部不同性能的热处理工艺(见图2.5.20)。

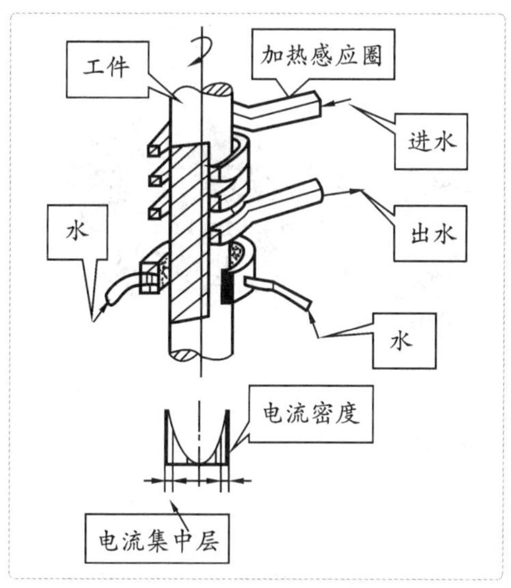

图2.5.19　感应加热表面淬火示意图

图2.5.20　化学热处理示意图

(1) 渗碳　工件表面渗入碳原子的工艺过程。

渗碳的目的是提高工件表层的碳含量，结合“淬火+低温回火”，使表层具有高的硬度(58 ~ 62 HRC)和耐磨性,心部保持高韧度。

渗碳常用钢材为低碳钢(如20钢、25钢等)或低碳合金钢(如20GrMnTi钢等)，主要用于承受循环、冲击载荷和严重磨损的零件，如汽车的传动齿轮、变速齿轮，内燃机上的凸轮轴、活塞销等。

渗碳设备有井式渗碳炉(见图2.5.21)、连续式渗碳炉两种。

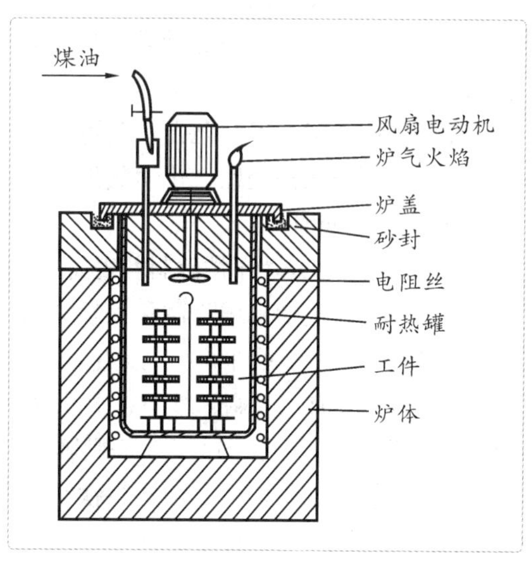

图2.5.21　井式渗碳炉的结构示意图

(2) 渗氮　将氮原子渗入工件表面，形成各种氮化物的工艺过程。

渗氮层比渗碳层具有更高的硬度和耐磨性，在高温下能保持高硬性和热稳定性，同时提高钢的耐腐蚀性能和抗疲劳强度，但不耐重载荷和冲击力。渗氮主要用于高速传动的精密齿轮、高精度镗床的镗杆、磨床的主轴、压铸模具(见图2.5.22)等零件的热处理。

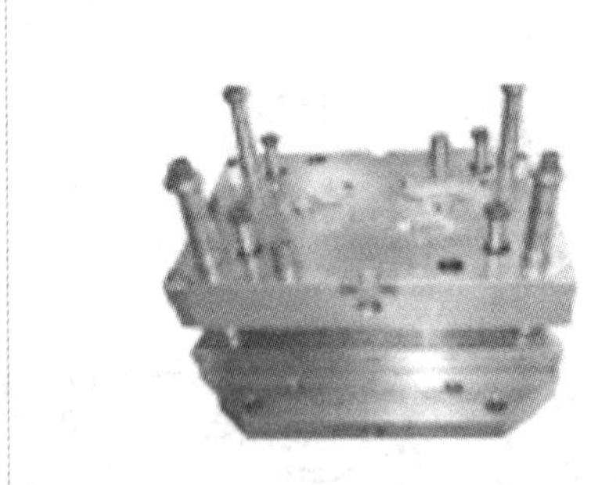

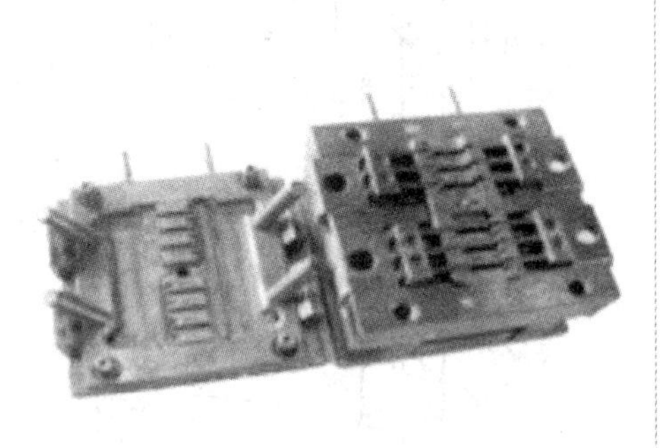

图2.5.22　压铸模具零件的渗氮处理

2. 表面处理

利用表面改性技术或表面复合层，赋予本体材料所不具备的特殊的力学、物理、化学性能的工艺方法，称为材料的表面处理。

1）表面处理的分类

(1) 强化处理　表面热处理强化、表面覆盖层强化、表面形变强化、表面复合处理强化。

(2) 装饰加工　表面抛光、金属着色、光亮镀层等。

(3) 防腐与保护处理　化学氧化、磷化、电镀等。

2）表面预处理

表面预处理，是为了清除材料表面的油污和锈蚀。

(1) 除锈，包括机械除锈和化学除锈。

机械除锈，用于单件、小批量生产，一般采用手工除锈。除锈工具有钢丝刷、纱布、手砂轮等。大批量生产可采用喷丸、滚筒(见图2.5.23)等机械方法除锈。

化学除锈，利用盐酸、硫酸将铁锈溶解掉。

(2) 脱脂，去除表面油污。

常用脱脂液有碱溶液（如氢氧化钠、碳酸钠等）、有机熔剂（如汽油、酒精、煤油等）、金属清洗剂等。

图2.5.23　滚筒

3）电镀

电镀是利用电解使工件表面覆盖一层均匀致密、结合力强的金属的工艺过程。可电镀的金属有镀铬、镀铜、镀镍等。

镀铬层的化学稳定性好，硬度高，耐磨、耐热性好，应用较广，但脆性大，局部受压或受冲击时，镀层易产生裂纹(见图2.5.24)。

镀镍层的化学稳定性很高，在常温下可防止水、大气、碱的腐蚀，所以用于防腐和装饰。

4）化学转化膜技术

化学转化膜技术就是通过化学或电化学手段，使金属表面形成稳定的化合物膜层的工艺过程。生产中，常用的化学转化膜技术有磷化处理和氧化处理。

（1）磷化处理　磷化是将钢铁材料放入磷酸盐溶液中，获得一层不溶于水的厚度不等的磷酸盐膜的工艺过程(见图2.5.25)。

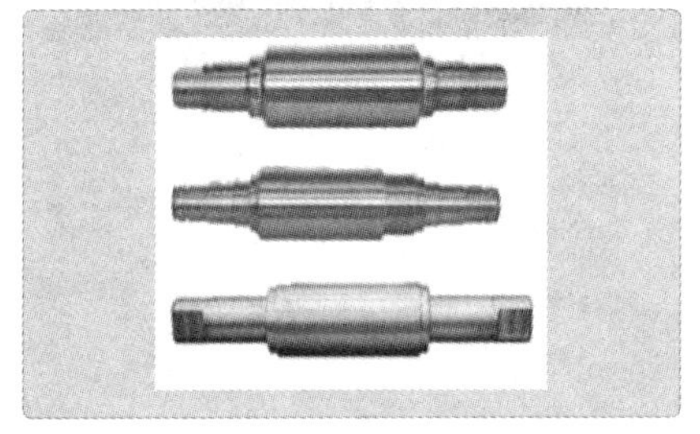

图2.5.24　镀铬后零件

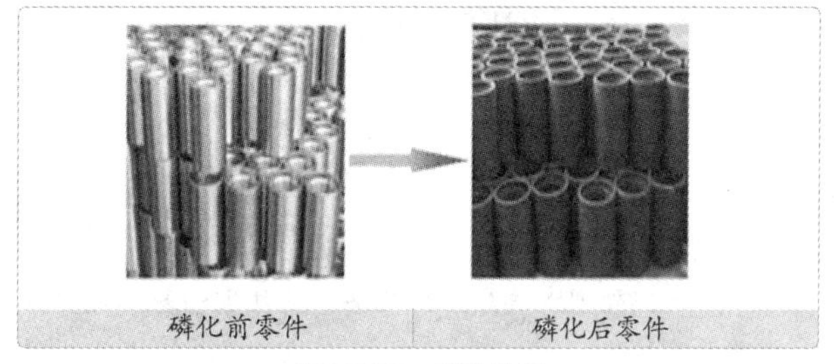

磷化前零件　磷化后零件

图2.5.25　磷化处理

① 特点。磷化后的零件与基体结合牢固，持油能力强。在大气、油质中有很好的耐蚀性；在酸、碱、氨水、海水及水蒸气中的耐蚀性较差。

② 应用。薄膜常作为涂油漆之前的底层；厚膜涂油后用作防护；中厚膜可用于固体润滑、电绝缘层等。

（2）钢铁的氧化处理　氧化处理也称发蓝、发黑，是将钢铁工件放入某些氧化性溶液中，使其表面形成厚度为0.5～1.5 μm致密而牢固的Fe_3O_4薄膜的热处理方法。

① 特点。未经氧化的钢铁零件容易生锈，氧化后的零件不容易生锈，表面抗腐蚀能力提高，工作表面光泽美观（见图2.5.26）。

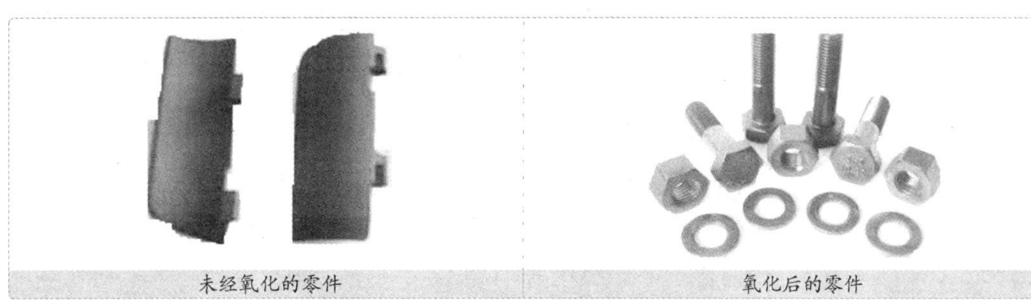

未经氧化的零件　氧化后的零件

图2.5.26　氧化处理

② 应用。工具、仪器的装饰、防护。

(3) 铝及铝合金的阳极氧化处理　是将工件放入电解液中通电，得到硬度高、吸附力强的氧化膜的热处理方法。它主要用于防腐保护以及表面装饰(见图2.5.27)。

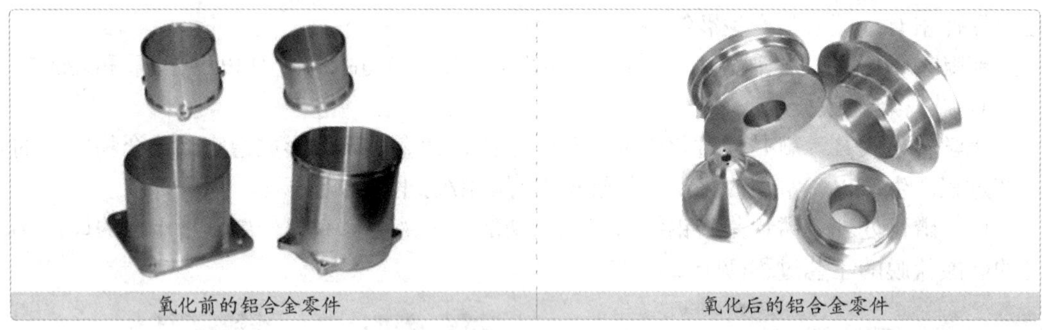

图2.5.27　阳极氧化处理

复习与思考

1. 热处理方法分为哪几类？热处理的基本过程分为哪几个阶段？

2. 试述退火、正火、淬火、回火的特点。

3. 材料淬火后为什么要回火？回火分为哪几种回火工艺？其主要用途各是什么？

4. 什么叫表面淬火？什么情况下工作的零件需表面淬火？

5. 什么叫化学热处理？分为哪些类？各有什么特点和用途？

课题六 做事圆滑——车工

车削是加工具有回转形表面工件的主要手段，也是其他机械加工方法的基础。

一 车削工艺概述

1. 原理

在车床上利用工件的回转运动和刀具的直线运动，来切除毛坯上的多余部分，直至达到预定的形状和尺寸精度的过程，称为车削(见图2.6.1)。

2. 特点

车削加工效率高，范围广，所有车削工件都具有回转形表面。

3. 应用

机器中带有回转表面的零件所占的比例很大，所以车削在机械加工中占有重要地位，车削的应用如图2.6.2所示。

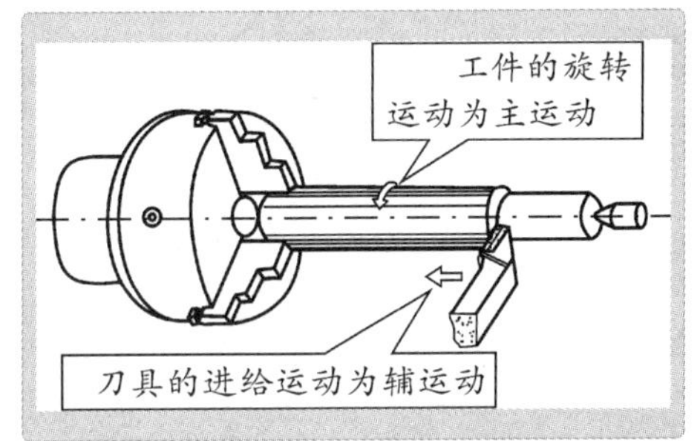

图2.6.1 车削示意图

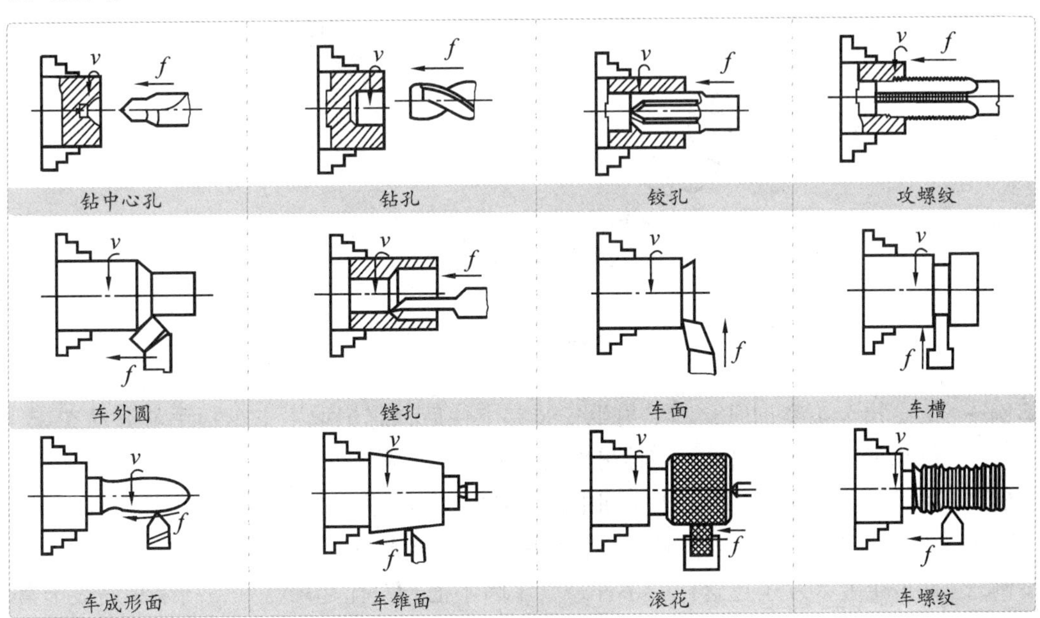

图2.6.2 车削的应用

二 车工安全操作规定

车工安全操作规定，如图2.6.3所示。

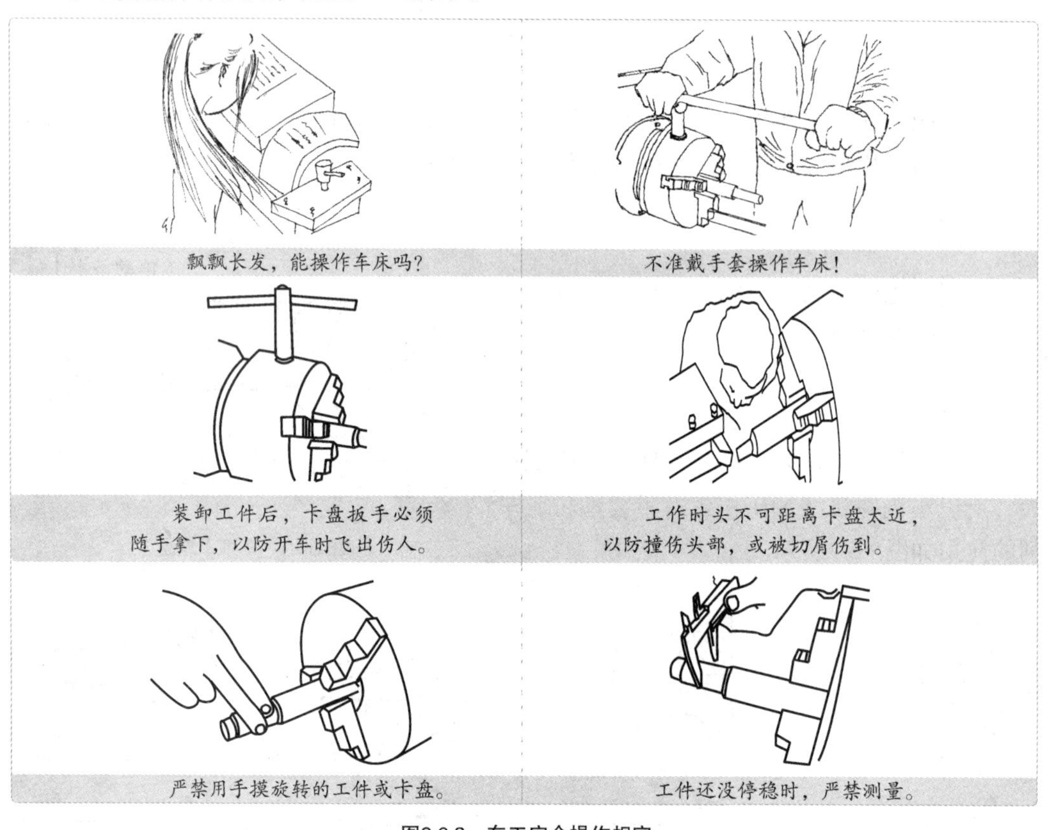

图2.6.3 车工安全操作规定

※真实案例※

案例一 某高校金工实训时，一名男生安装完工件后，忘记取下卡盘扳手就开动车床，结果卡盘扳手飞出，打在该男生的膝盖上，造成骨折。

案例二 在某知名高校的一次金工实训中，一名男生为了仔细观看正在车削的工件情况，头距离卡盘太近，被飞转的卡盘打中脑袋，脑壳破裂而死亡。

案例三 许多企业都发生过这样的事件，女工因不把长发扎起来盘好，结果头发被卡盘或工件卷住，而使整个头皮被揭掉。

三 车床简介

车床被称为机床之母。

现代工业中使用的车床，从外观、性能到用途，可以说是五花八门。小到可以放在工作台上使用的仪表车床，大到工人可以站在上面操作的立式车床；从完全依靠工人技术熟练程度的普通车床，到能够在计算机指令下自动运行的数控车床……真可谓种类繁多，不胜枚举。

现以如图2.6.4所示的使用最为普遍的普通卧式车床CA6140为例，来简要介绍一下车床的结构及功能。

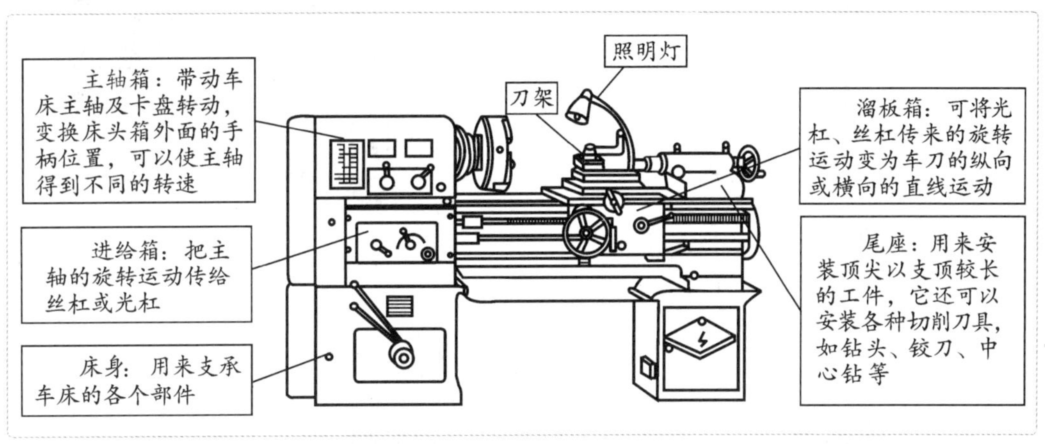

图2.6.4 普通卧式车床CA6140

刀架的组成(见图2.6.5)及功能如下。

(1) 大刀架 又称大拖板，用于纵向切削工件。

(2) 横刀架 又称中拖板，用于横向车削工件和控制车刀切入工件的深度。

(3) 小刀架 用于控制纵向吃刀和纵向车削较短的工件或角度工件。

(4) 转盘 松开螺母，转盘可在水平面内扳转任意角度。

(5) 方刀架 夹持刀具，可同时安装四把车刀。

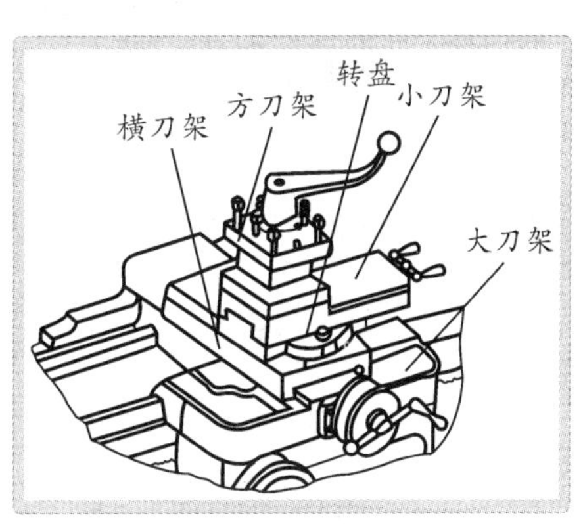

图2.6.5 刀架的组成

车床是一个大家族，除了常用的那些车床以外，还有以下几种。

小的仪表车床，最大加工工件直径为250 mm，它可以加工直径不足1 mm的工件，如图2.6.6(a)所示。

由计算机控制的精密数控车床如图2.6.6(b)所示。

大而精的车床，这种车床最大加工直径为4.3 m，最大加工长度为18 m，最大工件质量为 250 t，加工精度误差小于7 μm，如图2.6.6(c)所示。

巨无霸的双柱立式车床，最大加工直径为25 m，工件最大质量为600 t，如图2.6.6(d)所示。它可车削钢铁金属、非铁金属及部分非金属材料。

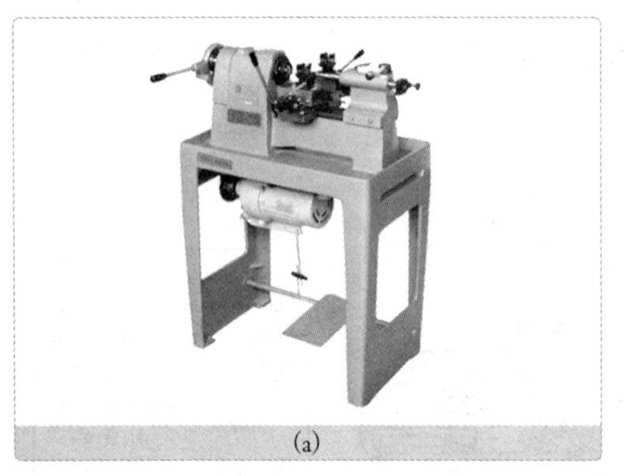

(a)

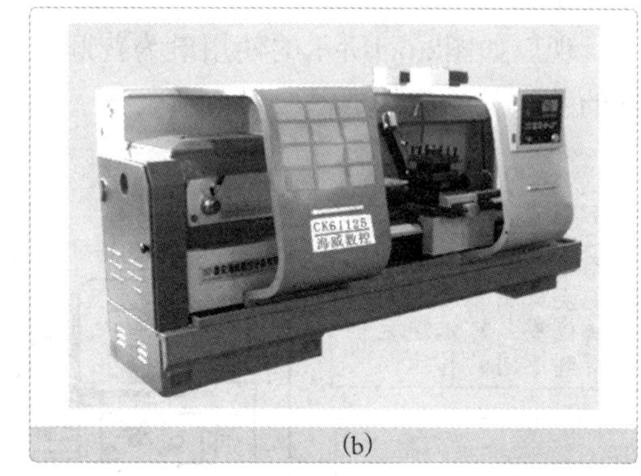

(b)

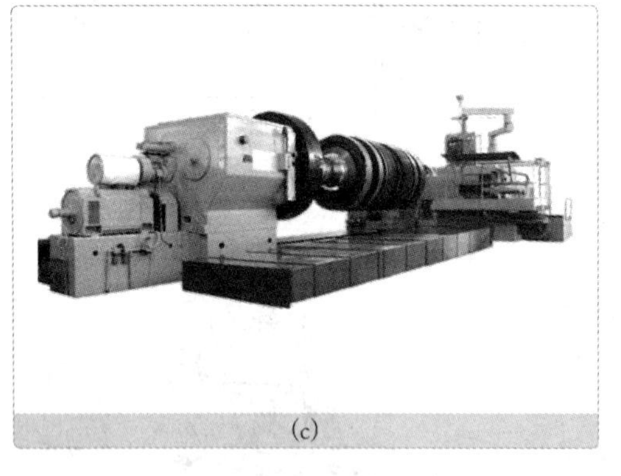

(c)

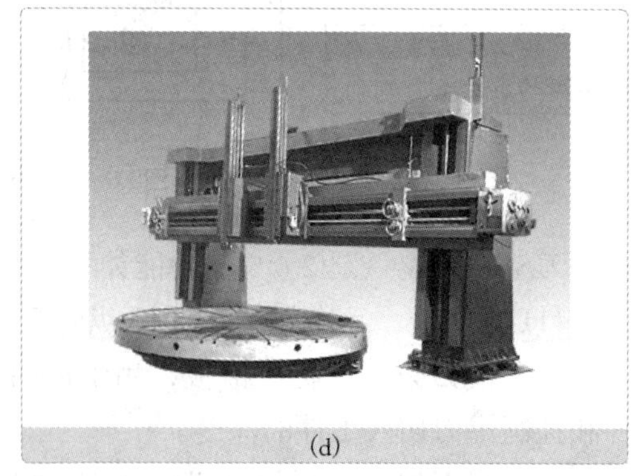

(d)

图2.6.6　各式车床

哇！真是琳琅满目，大开眼界啊！

四 车 刀

1. 常用车刀的种类和用途

根据车削加工的不同内容，常用的车刀可分为90° 车刀、45° 车刀、切刀、镗孔刀、圆头刀和螺纹车刀，如图2.6.7所示。常用车刀的用途如图2.6.8所示。

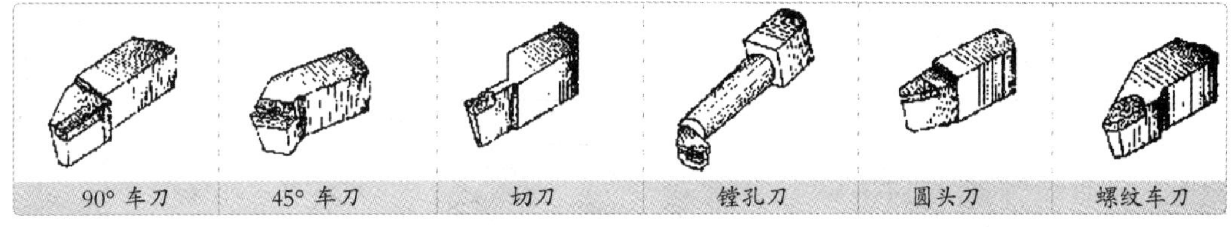

图2.6.7 车刀

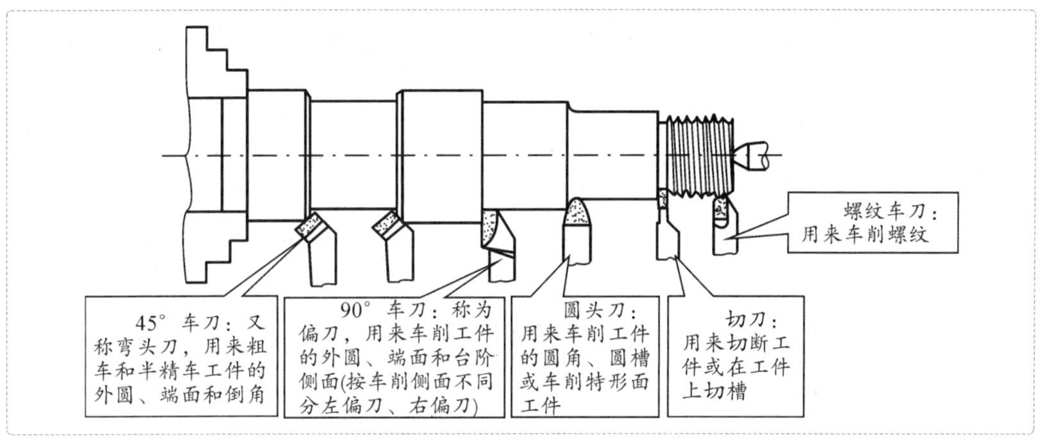

图2.6.8 常用车刀的用途

2. 车刀的组成和结构形式

常见车刀结构有整体车刀、焊接车刀、不重磨车刀三种形式，其组成如图2.6.9所示。

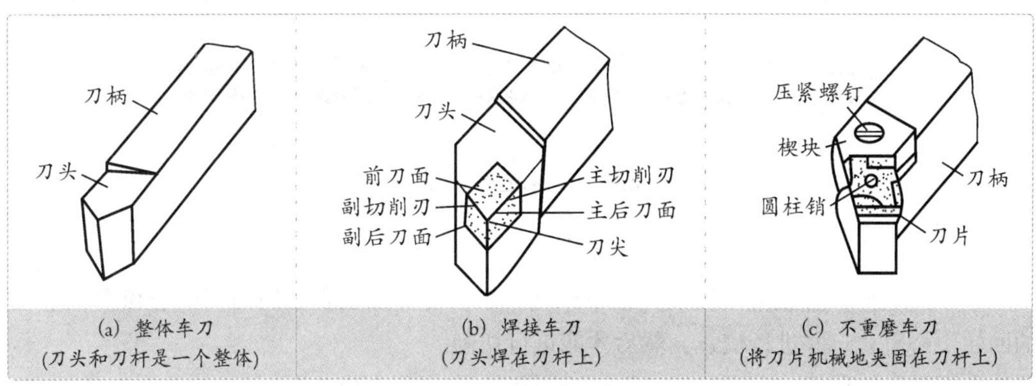

图2.6.9 车刀的组成

五 车削加工基本操作

下面以台虎钳顶杆的车削为例，来介绍一下车削加工的基本工艺(见图2.6.10)。

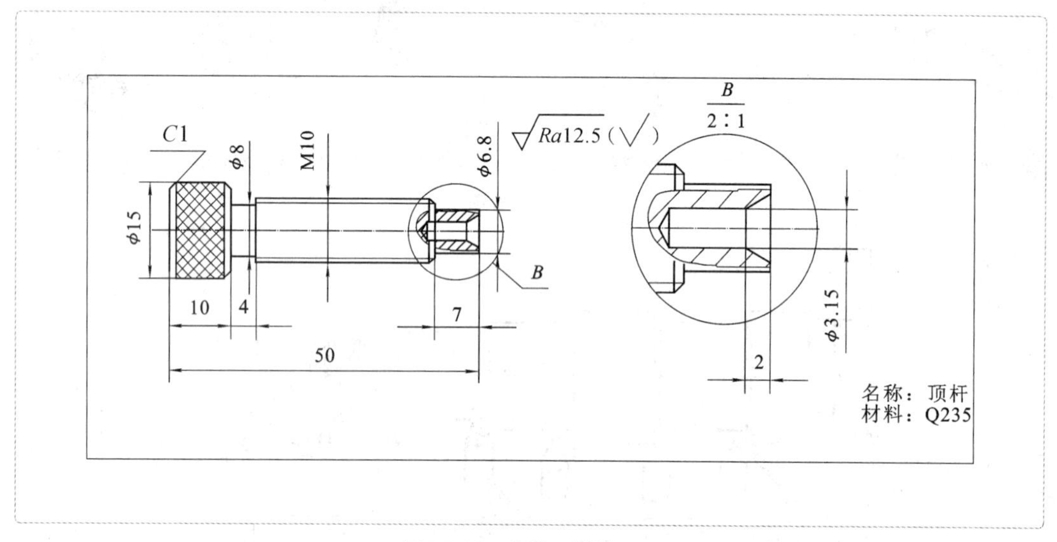

图2.6.10　实例工件图

1. 零件的毛坯

轴类零件所采用的毛坯多数是圆钢，而且它们是形状复杂、力学性能要求高的轴类零件，其毛坯采用锻件。这里我们确定该顶杆的毛坯为 ϕ16 mm的普通热轧圆钢(见图2.6.11)。

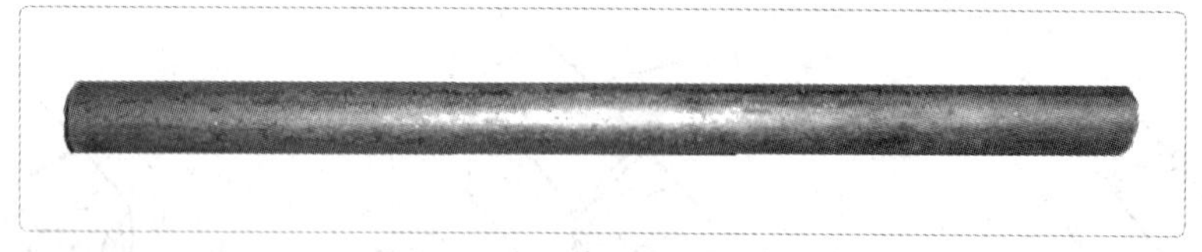

图2.6.11　普通热轧圆钢

2. 零件的安装

在车削之前，必须把工件装夹在车床夹具中，使被加工表面的回转中心和车床主轴的回转中心重合，并进行校正，然后才能进行切削。

由于零件的形状、大小和加工数量不同，须采用不同的装夹方法。

1）在三爪卡盘上安装工件

三爪卡盘如图2.6.12所示，转动小锥齿轮，与之啮合的大锥齿轮随之转动，大锥齿轮背面的平面螺纹带动三个卡爪同时向中心前进或后退，因而可以自动定心并夹紧不同直径的工件。

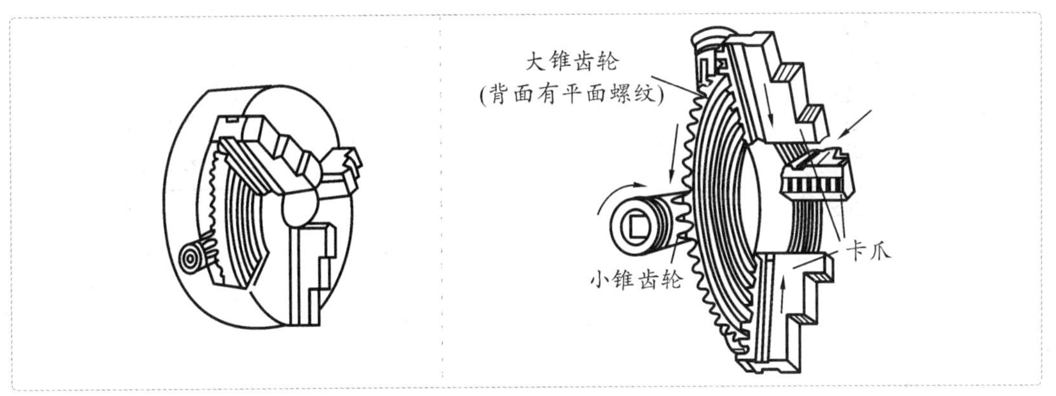

图2.6.12 三爪卡盘

安装时轻轻拧紧卡爪，低速开车，观察工件端面是否摆动，然后再卡紧工件，如图2.6.13(a)所示。在满足加工的情况下，尽量减小伸出量。

用三爪卡盘的反爪安装较大直径的零件，安装时需用小锤轻敲工件使其贴住卡爪的台阶面，如图2.6.13(b)所示。

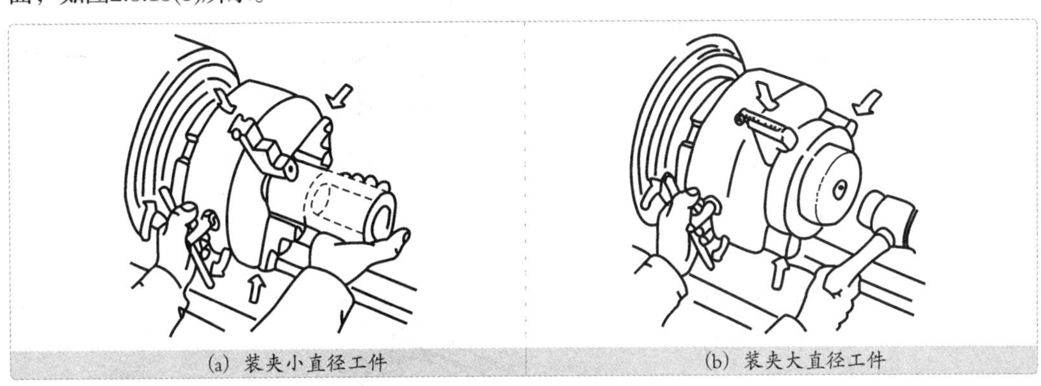

(a) 装夹小直径工件　(b) 装夹大直径工件

图2.6.13 用三爪卡盘安装工件示意图

2）在四爪卡盘上安装工件

四爪卡盘(见图2.6.14)与三爪卡盘不同之处在于，三爪卡盘的三个爪是同时联动的，而四爪卡盘的每一个爪都是独立运动的。

四爪卡盘不但可以装夹截面是圆形的工件，还可以装夹截面是正方形、长方形、椭圆和其他不规则形状的工

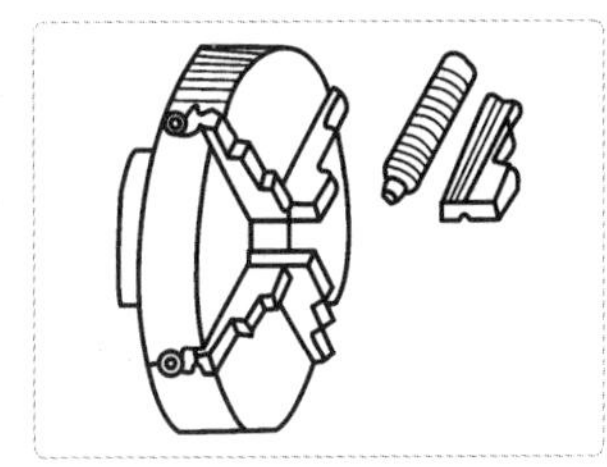

图2.6.14 四爪卡盘

件。四爪卡盘安装工件时必须找正。四爪卡盘安装工件时的找正如图2.6.15所示。

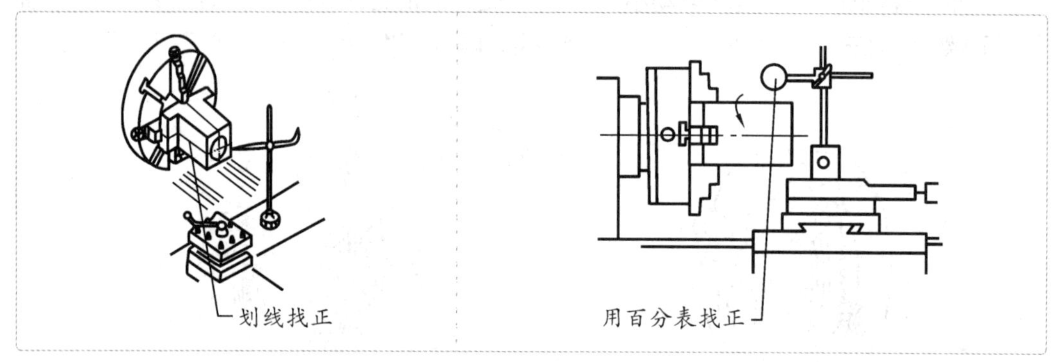

图2.6.15 四爪卡盘安装工件时的找正

3）用两顶尖安装工件

常用的顶尖有死顶尖和活顶尖两种，如图2.6.16所示。

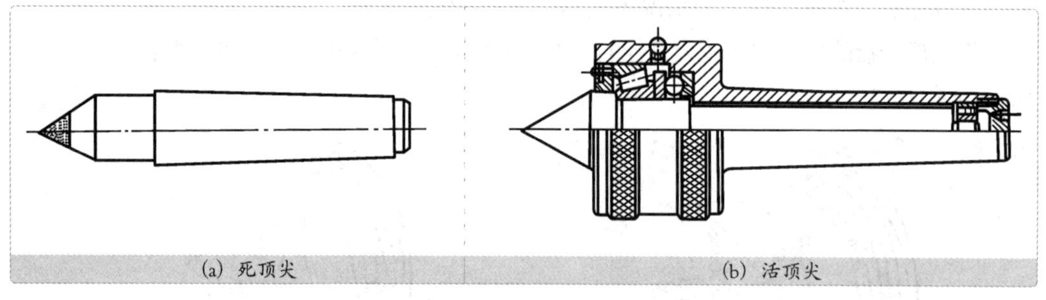

(a) 死顶尖　(b) 活顶尖

图2.6.16 顶尖

如果轴类零件的长径比(长度与直径之比)较大，台阶面的同心度要求高，并须多次调头安装和粗、精车才能保证质量，这时需采用一前一后两顶尖安装(即通常所说的双顶尖)，如图2.6.17所示。

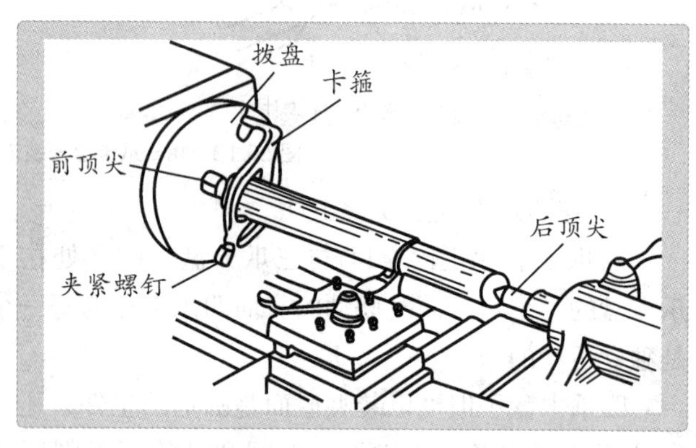

图2.6.17 用两顶尖安装工件

用顶尖安装轴类工件的步骤如下。

首先，在轴的两端打中心孔，如图2.6.18所示。常用的中心孔形状有普通中心孔和双锥面中心孔两种。

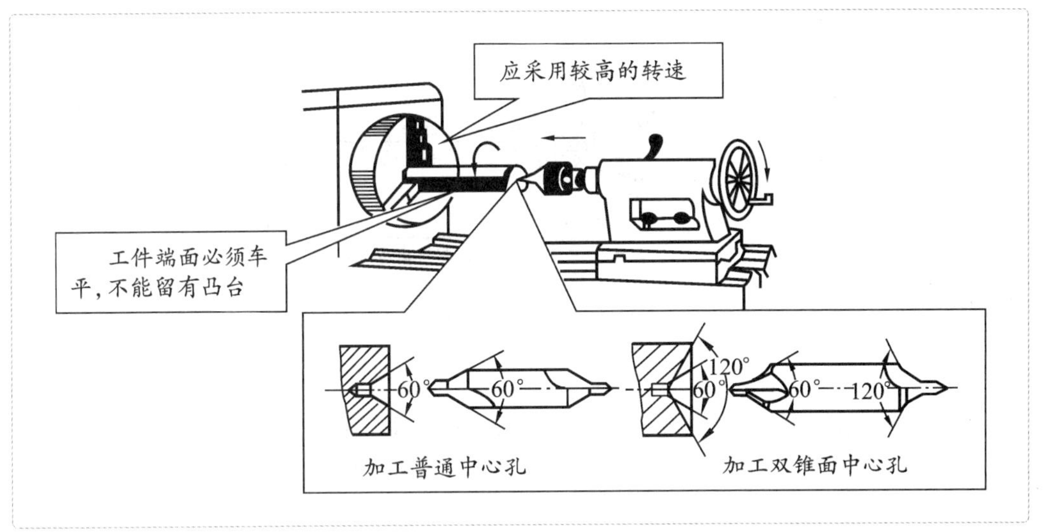

图2.6.18 在车床上钻中心孔的方法

其次，安装工件，如图2.6.19所示。

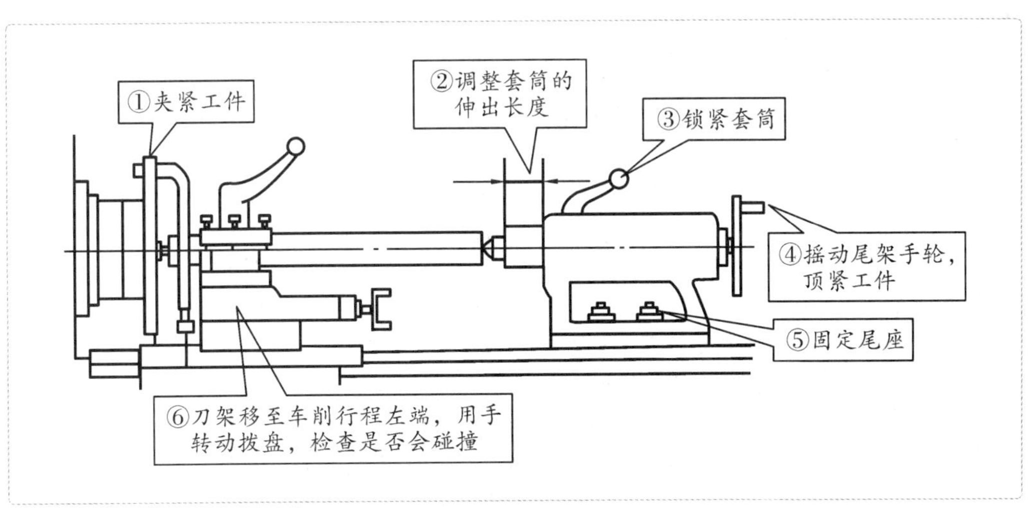

图2.6.19 工件的安装

4）用一夹一顶方式安装工件

用两顶尖安装工件的精度高，但刚度差。对于较重的工件，如果用两顶尖安装，很不稳固，难以提高切削用量，从而难以提高切削效率。这时可采用一夹一顶的装夹方法，如图2.6.20所示。

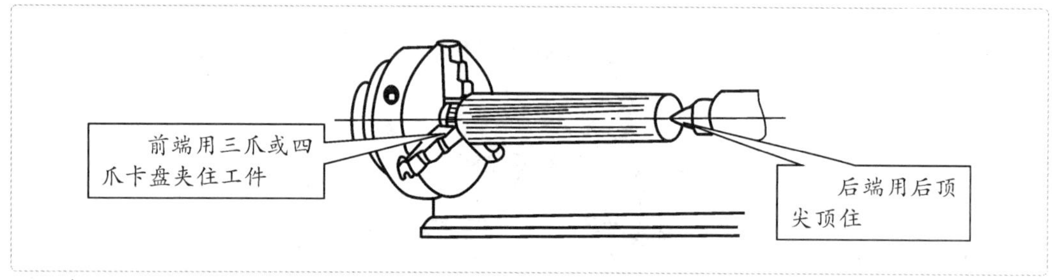

图2.6.20　一夹一顶安装工件

5）用心轴安装工件

利用工件上已精加工过的孔，把工件安装在心轴上，再把心轴安装在前、后顶尖之间，利用顶尖安装轴类工件的特点来精加工外圆或端面(见图2.6.21)。

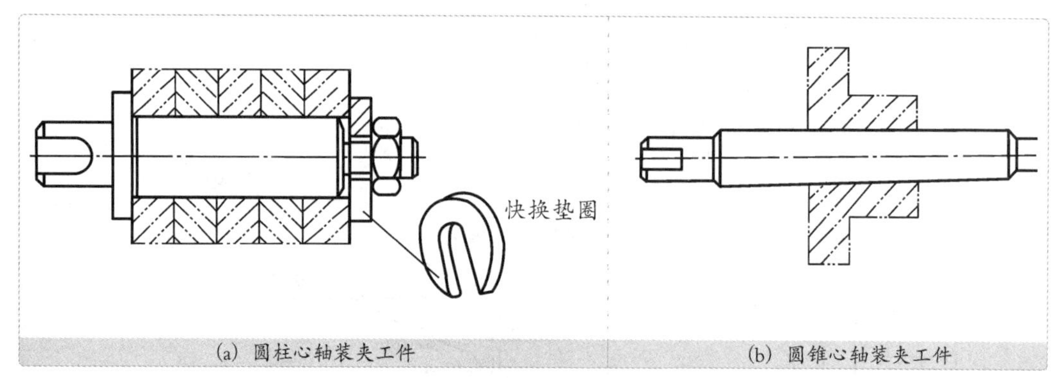

(a) 圆柱心轴装夹工件　(b) 圆锥心轴装夹工件

图2.6.21　用心轴安装工件

我看到有些工件很长很长，那该怎样装夹呢？

加工细长轴时，为防止轴受切削力的作用而产生弯曲变形，往往需要使用中心架或跟刀架进行装夹。

6）中心架和跟刀架的使用

中心架固定在床面上。支承工件前先在工件上车出一小段光滑表面，然后调整中心架的三个支承爪与其接触，再分段车削。中心架的使用如图2.6.22所示。

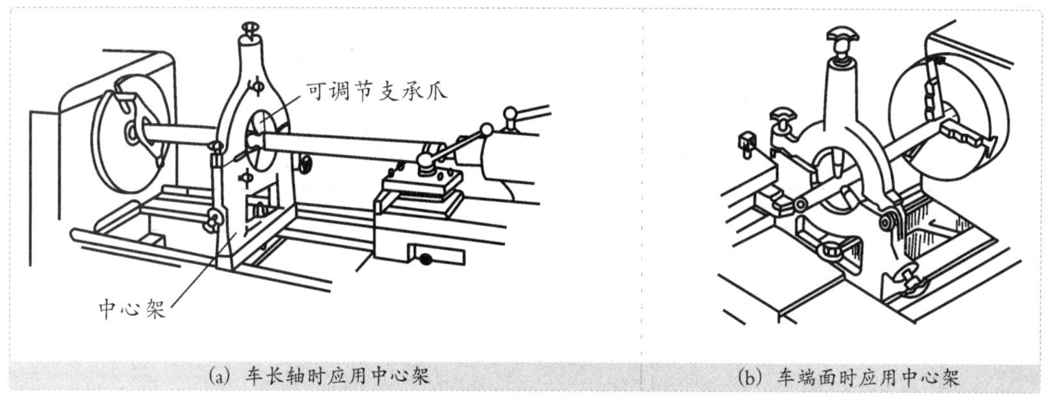

(a) 车长轴时应用中心架　(b) 车端面时应用中心架

图2.6.22 中心架的使用

安装好工件和车刀后，一定要进行加工极限位置检查，即将刀具摇到工件加工表面的极限位置上，用手转动主轴，检查卡盘、刀具、中拖板等，看看有无碰撞的可能。

跟刀架固定于大刀架上，并随大刀架一起做纵向运动(见图2.6.23)。先在工件上靠后顶尖的一端车出一小段外圆，根据它来调节跟刀架的支承，然后再车出工件的全长。跟刀架多用于加工细长的光轴和长丝杠等。跟刀架又分为两爪跟刀架和三爪跟刀架，如图2.6.24所示。

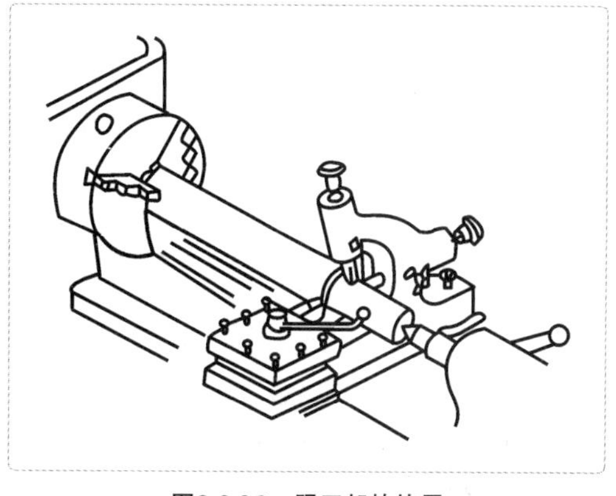

图2.6.23 跟刀架的使用

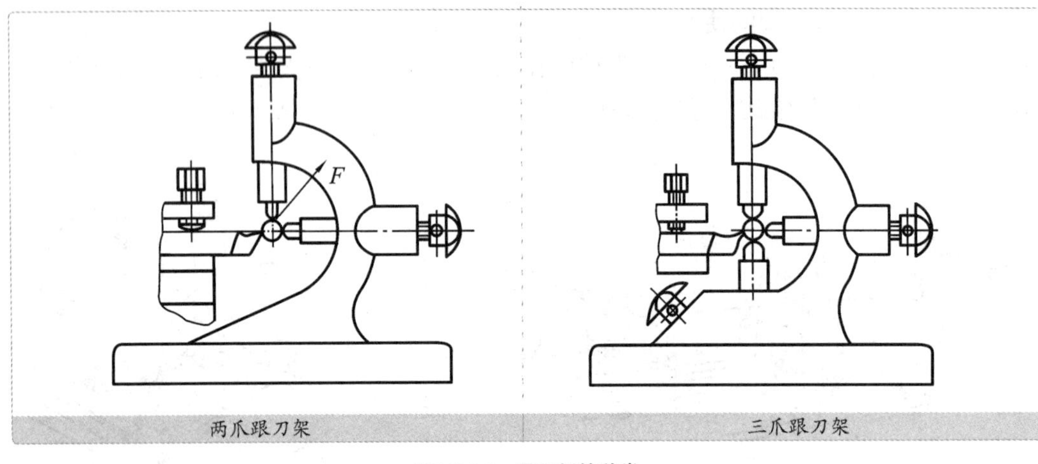

图2.6.24　跟刀架的种类

3. 车刀的安装

车刀的安装如图2.6.25所示。

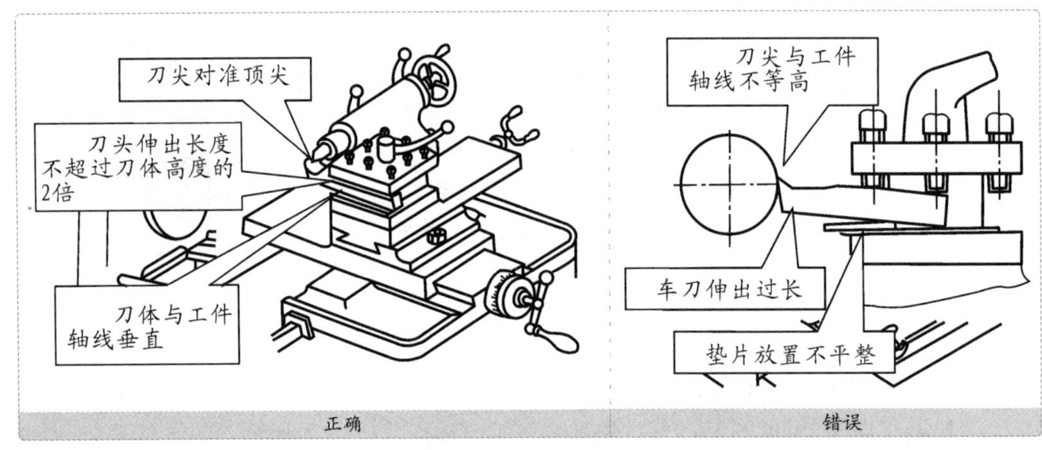

图2.6.25　车刀的安装

六　金属车削基本工艺

喔，了解了这么多的车工知识，可能你已经等不及了，迫不及待地想动手车削了。下面我们就开始车削顶杆吧。

1. 车端面

工件旋转，车刀作横向走刀，就可以车出端面了。常用的端面车刀和车端面的方法如图2.6.26所示。

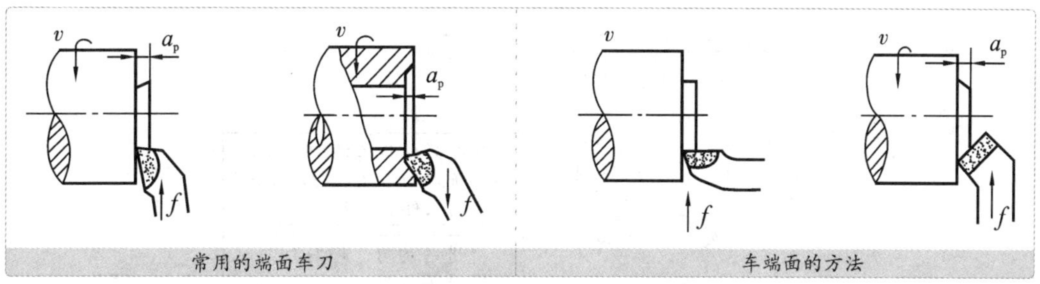

图2.6.26 常用的端面车刀和车端面的方法

车刀刀尖应严格对准工件的中心，否则车出的端面就会在中心处留下凸台,或者挤崩车刀(见图2.6.27)。

进刀时，车刀绝对不能超过工件中心，否则就会形成反车，打掉刀尖。

用 45° 弯头车刀车端面，凸台是逐渐车掉的，所以车端面时用 45° 车刀较为有利。这里选用 YT15 的 45° 车刀，转速为1 000 r/min，车出顶杆的端面(见图2.6.28)。

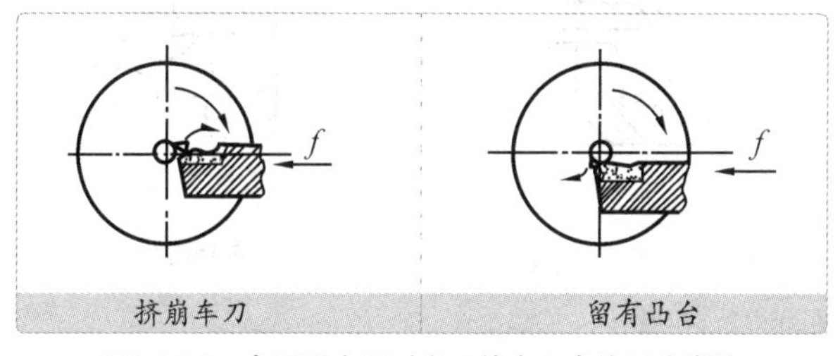

图2.6.27 车刀刀尖不对准工件中心会使刀头崩碎

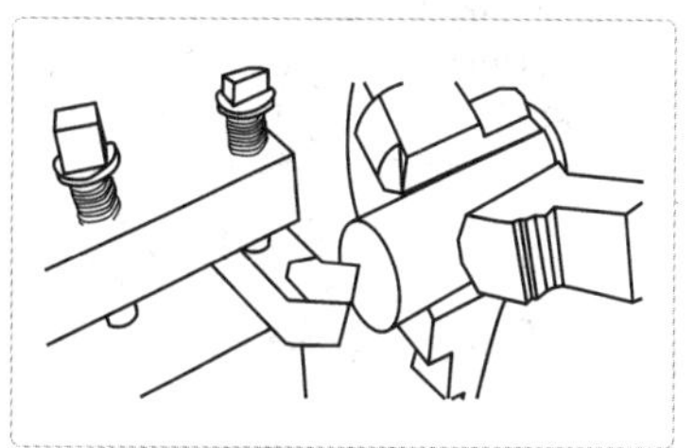

图2.6.28 用45° 弯头车刀车端面

2. 钻中心孔

因为这个工件的长径比较大，并且需多次装夹才能完成，为了保证每次装夹时的安装精度（如同轴度要求），下面的加工中很多工序将采用一夹一顶的安装方法。而用顶尖安装工件时，必须先在工件的端面上钻出中心孔(见图2.6.29)。

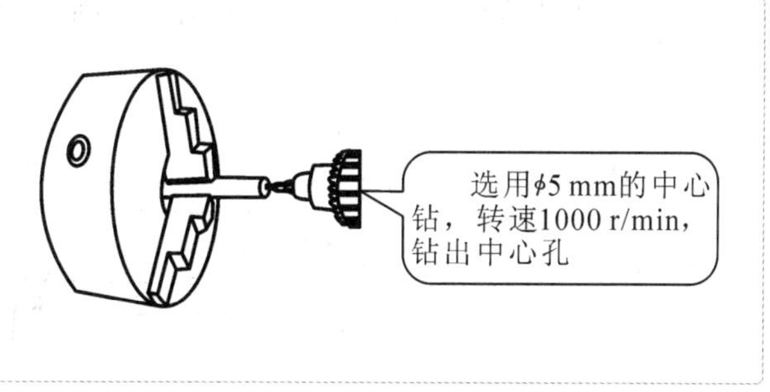

图2.6.29 钻中心孔

3. 切断和车槽

当零件的毛坯是整根很长的棒料时，需要按事先要求的长度用切断刀把工件切断，然后进行切削；或者在车削完成后把工件从棒料上切下，这样的加工方法就称切断(见图2.6.30)。

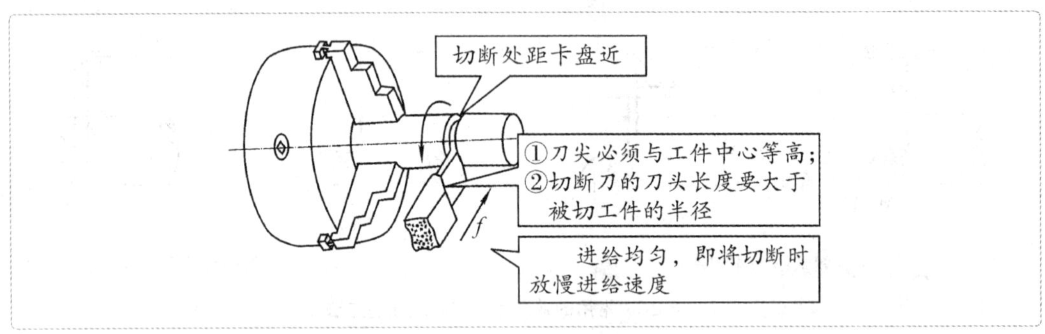

图2.6.30　切断示意图

车槽刀还可用来车槽，可车外槽、内槽和端面槽，如图2.6.31所示。

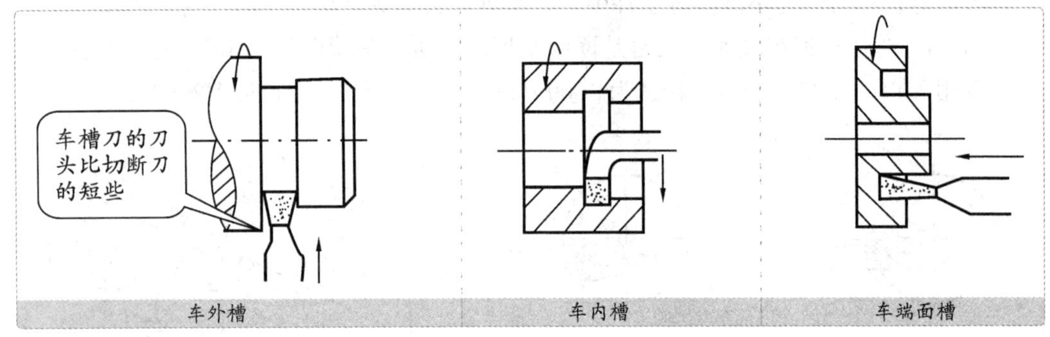

图2.6.31　车槽

现在把 ϕ14 mm圆钢切断至所需长度。从零件图我们知道，锤柄的总长度是230 mm，为了留出另一端端面的加工余量，切断的长度定为231 mm(见图2.6.32)。

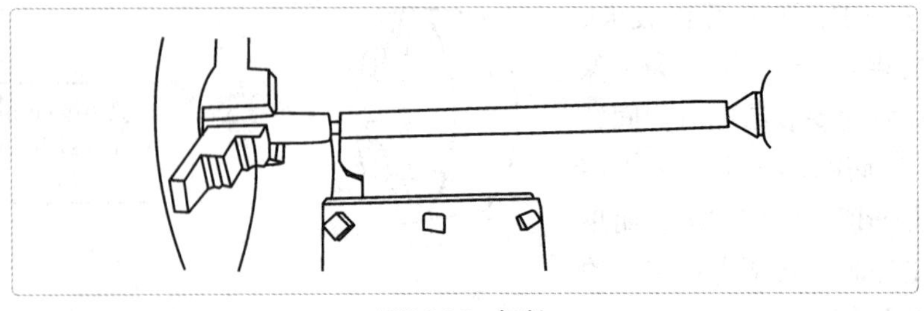

图2.6.32　切断

4. 车工件的另一端面

(1) 粗车　先在端面纵向进刀0.5 mm粗车,然后取下工件，用300 mm的卡尺测量长度，计算需车掉的长度，重新装夹，使用车床刻度盘车掉多余的部分。

(2) 对刀　使用刻度盘切深前要先对刀，使刀具由外向内轻微接触转动的工件端面，然后转动中拖板，使车刀离开工件。

(3) 进刀　要想做到准确、迅速地控制切深，必须熟练地使用各个拖板上的刻度盘。

刻度盘上都标有每小格代表的距离，进刀时转动刻度盘，转过多少小格就代表拖板前进或后退了多少距离（比如转动1格为进刀0.05 mm的话，刻度盘圆周共100格，那么转动一周，车刀就前进5 mm。以此类推）。

由于丝杠与螺母之间有间隙，进刻度盘时必须慢慢地将刻度转到所需格数，如图2.6.33(a)所示。如果刻度盘转过了头，或需将车刀退回时，绝不能简单地直接退回几格，如图2.6.33(b)所示。必须向相反方向退回全部空行程，再转动所需格数，如图2.6.33(c)所示。

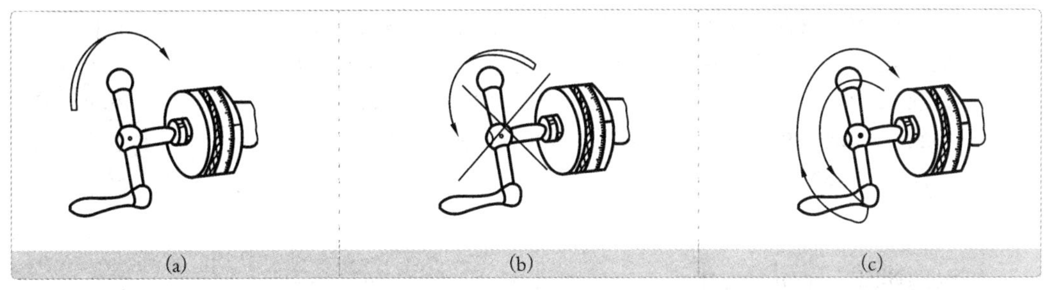

图2.6.33　正确进刻度的方法

5. 车 ϕ12mm 外圆

在车削加工中，外圆车削是一个基础，绝大部分的工件都少不了外圆车削这道工序。车外圆时常用的车刀和方法如图2.6.34所示。

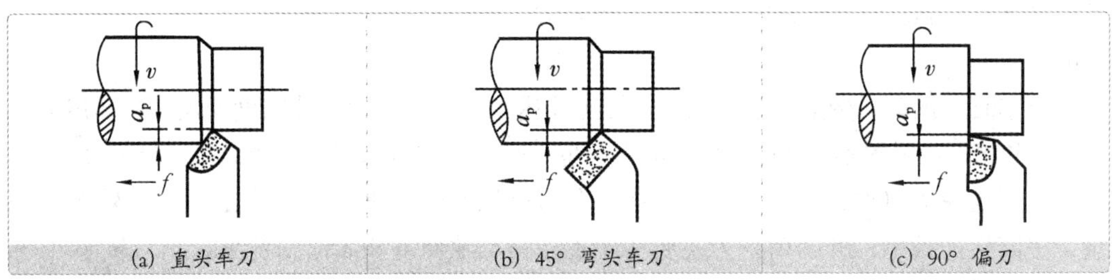

图2.6.34　常用的车刀和方法

直头车刀：这种车刀强度较好，常用于粗车外圆。45° 弯头车刀：适用于车削不带台阶的光滑轴。90° 偏刀：适用于车削细长工件的外圆。

1）粗车

先用45° 车刀将外圆从 ϕ14 mm粗车至 ϕ12.5 mm（见图2.6.35）。

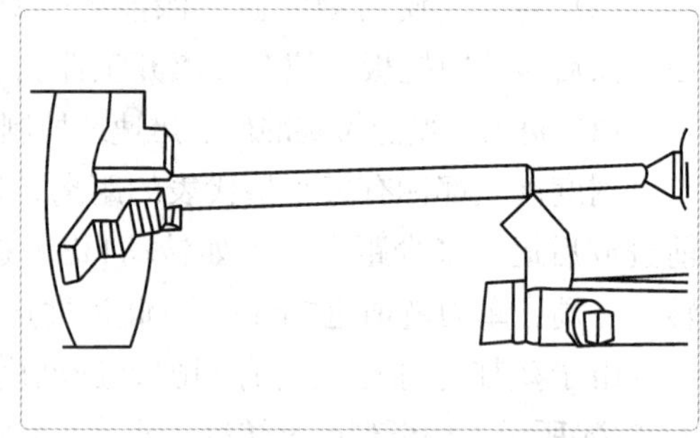

图2.6.35 粗车

为了提高切削效率呀！粗车可以尽快地将毛坯上多余部分、不圆部分车去。这时不要求车到图样上规定的尺寸精度和表面粗糙度，但要留下精车的余量（0.5～2 mm）。粗车时要吃刀深、走刀快，而切削速度（转速）要保持中等或中等偏低的水平。

粗车铸件时，如切深很小，刀尖容易被工件毛坯表面的硬皮碰坏或磨损，因此第一刀切深要大于硬皮厚度（见图2.6.36）。

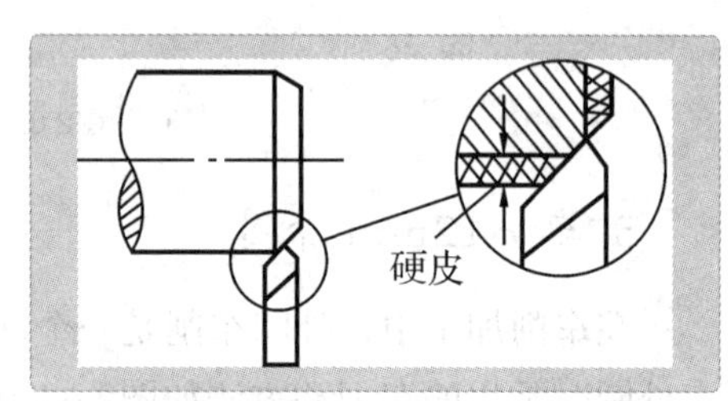

图2.6.36 第一刀切深要大于硬皮厚度

2) 精车

粗车完毕，先测量直径（见图2.6.37(a)）。然后选用硬质合金（YT15）90° 精车刀，将外圆从 ϕ12.5 mm精车至 ϕ12 mm，如图2.6.37(b)所示。

精车时，仅车去少量的精车余量，使工件达到图样规定的尺寸精度和表面粗糙度。由于粗车和精车的要求不同，因此使用的车刀也不同，分为粗车刀、半精车刀和精车刀。

外圆粗车刀（如75° 车刀）主要考虑车刀有足够的强度，能一次走刀车去较多的余量，提高生产效率；外圆精车刀主要考虑工件的尺寸精度和表面粗糙度，吃刀量小。

精车后用卡尺测量尺寸是否达到图样要求。

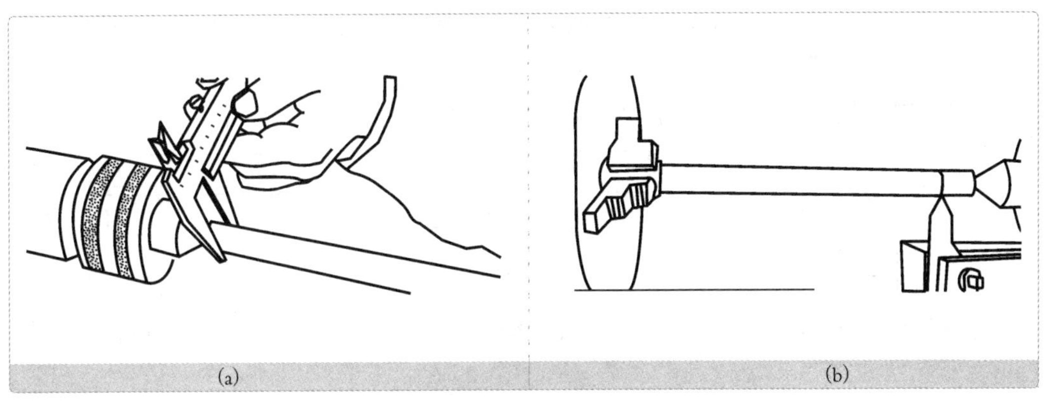
(a) (b)

图2.6.37 精车的步骤

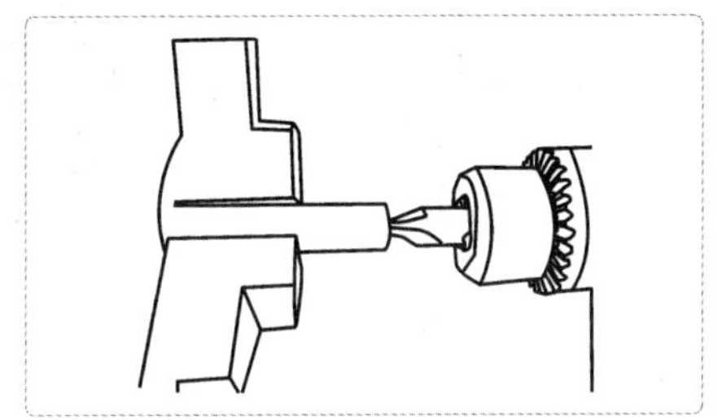
图2.6.38 钻另一端中心孔

6. 钻另一端的中心孔

为了保证ϕ10.5 mm外圆及M10 mm × 20 mm螺纹与ϕ12 mm外圆的同轴度，需要将工件掉头装夹，钻出另一端的中心孔(见图2.6.38)。

7. 车 ϕ10.5 mm 外圆

先粗车，第一刀从ϕ14 mm车至ϕ12 mm，车削长度130 mm，如图2.6.39(a)所示。第二刀从ϕ12 mm车至ϕ11 mm，如图2.6.39(b)所示。

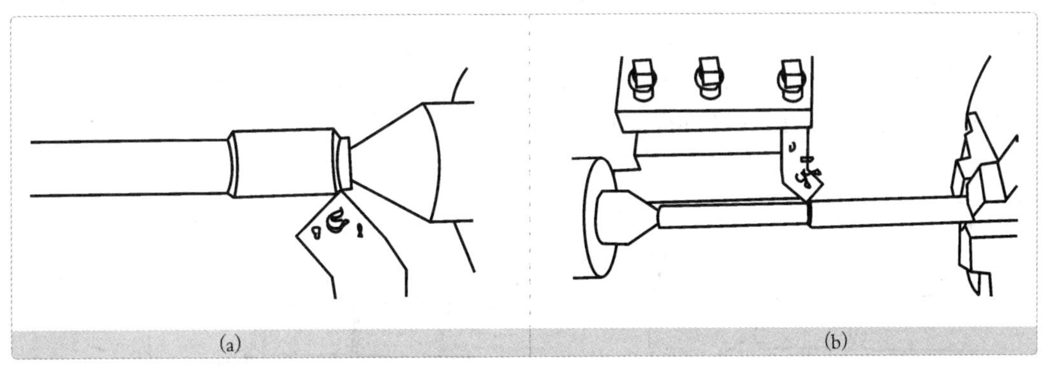
(a) (b)

图2.6.39 车外圆

第三刀精车，从ϕ11 mm车至ϕ（10.5 ± 0.05）mm，车削长度130 mm。

ϕ（10.5 ± 0.05）mm的尺寸精度要求较高，属于半精车。一般半精车和精车时，为了保证工件的尺寸精度，单靠刻度盘切深来保证工件的尺寸精度是不够的，因为刻度盘和丝杠的螺距均有一定误差，往往不能满足精车尺寸要求，所以应采用如图2.6.40的试切法。

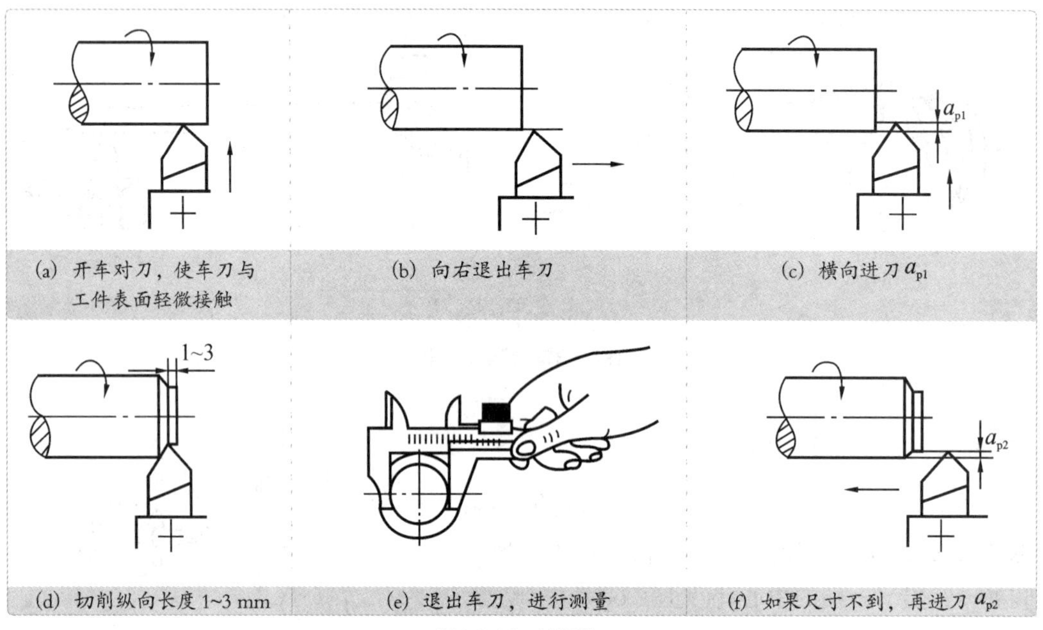

(a) 开车对刀，使车刀与工件表面轻微接触　(b) 向右退出车刀　(c) 横向进刀 a_{p1}
(d) 切削纵向长度 1~3 mm　(e) 退出车刀，进行测量　(f) 如果尺寸不到，再进刀 a_{p2}

图2.6.40　试切法

8. 车 M10 mm×20 mm 三角形螺纹

1）车螺纹前的准备工作

必须先将圆柱面车到 ϕ9.7 mm ~ ϕ9.8 mm，这样才能保证M10 mm的外螺纹旋进M10 mm 的螺母中。

先从工件尾架端向前至20 mm处，车 ϕ9.8 mm × 20 mm外圆，如图2.6.41(a)所示。再倒2 × 45° 角，准备在 ϕ9.8 mm × 20 mm外圆面上车螺纹，如图2.6.41(b)所示。

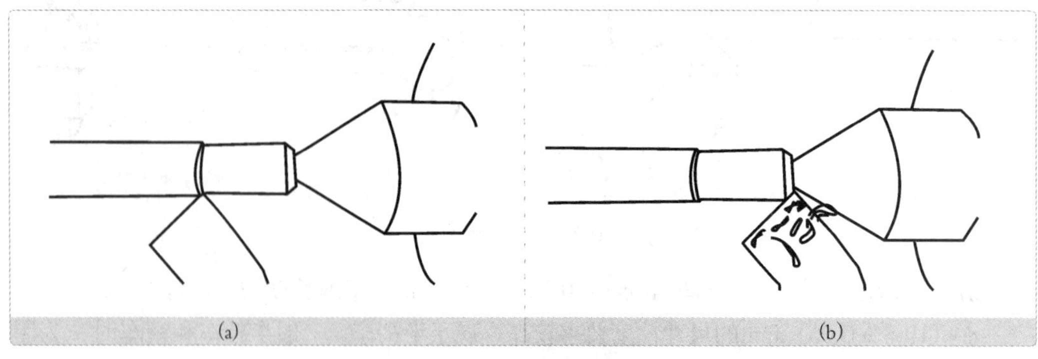

(a)　(b)

图2.6.41　准备工作

2）螺纹的种类

常见螺纹按牙型角可分为三角形螺纹、矩形螺纹、梯形螺纹等(见图2.6.42)，其中米制三角形螺纹应用最广。

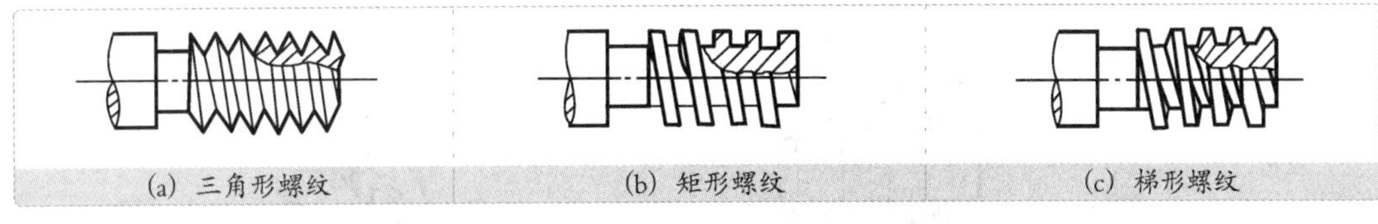

图2.6.42 螺纹的种类

3）影响螺纹配合精度的因素

内、外螺纹总是成对使用的，决定内、外螺纹能否配合以及配合的松紧程度有三个基本要素：牙型角 α、螺纹中径$D_2(d_2)$和螺距t（见图2.6.43）。只有内、外螺纹的螺距、中径均相等，外螺纹的外径略小于内螺纹的内径（反之亦然），这对螺纹才能配合良好。

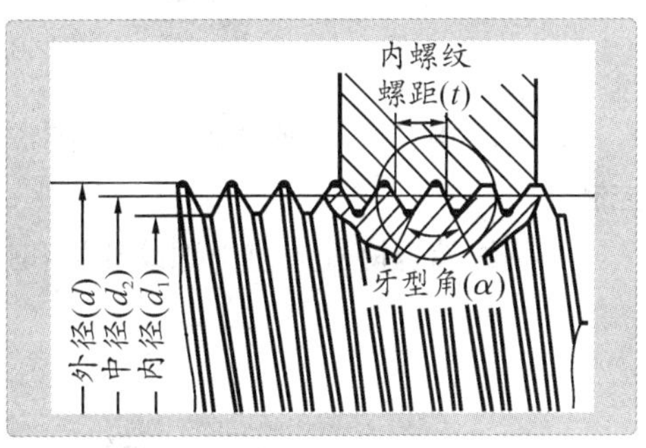

图2.6.43 影响螺纹配合精度的因素

车螺纹过程的实质是材料被车刀挤压，在发生撕裂的同时还伴随着塑性变形，外螺纹的外径将变大，而内螺纹的内径将变小，所以为了能车出合格的M10 mm的三角形螺纹，车螺纹前的圆柱面必须先车到 ϕ9.7 mm ~ ϕ9.8 mm，而不能车到 ϕ9.9 mm以上。

4）螺纹车刀的形状及对刀方法

对刀方法如图2.6.44所示。

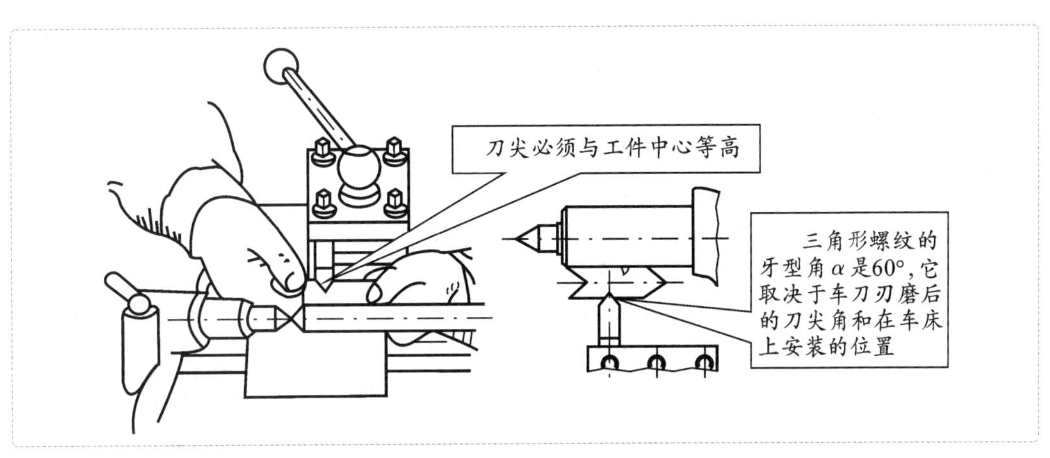

图2.6.44 对刀方法

螺距取决于车刀的走刀量，即工件（主轴）每转一周，车刀纵向移动的距离等于螺距。根据车床进给箱上的附表标志，变换手柄位置即可车出不同螺距的螺纹。螺距可用钢尺或螺距规检查(见图2.6.45)。

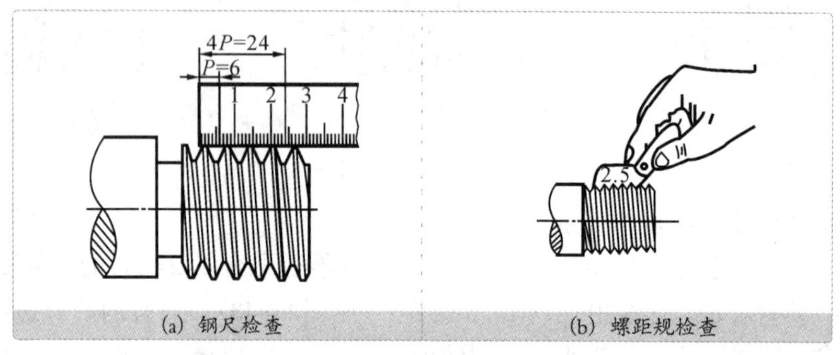

图2.6.45 螺距的检查

螺纹的中径在车削时取决于切削深度。一般根据螺纹的牙型高度由刻度盘作大致控制。

螺纹的综合检查应使用螺纹环规和螺纹塞规(见图2.6.46)。

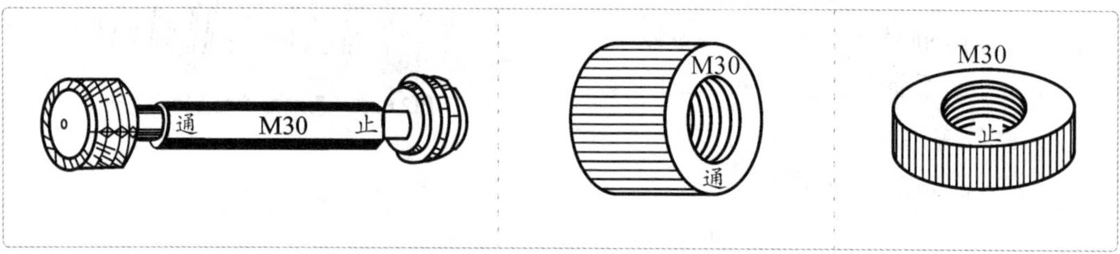

图2.6.46 螺纹量规

注意：车螺纹时，牙型须经多次走刀才能完成，在车削过程中，除非丝杠螺距是工件螺距的整数倍，否则开合螺母不能随意打开，不然会“乱扣”成为废品。

让我们来看一看车螺纹的方法和步骤吧(见图2.6.47)！

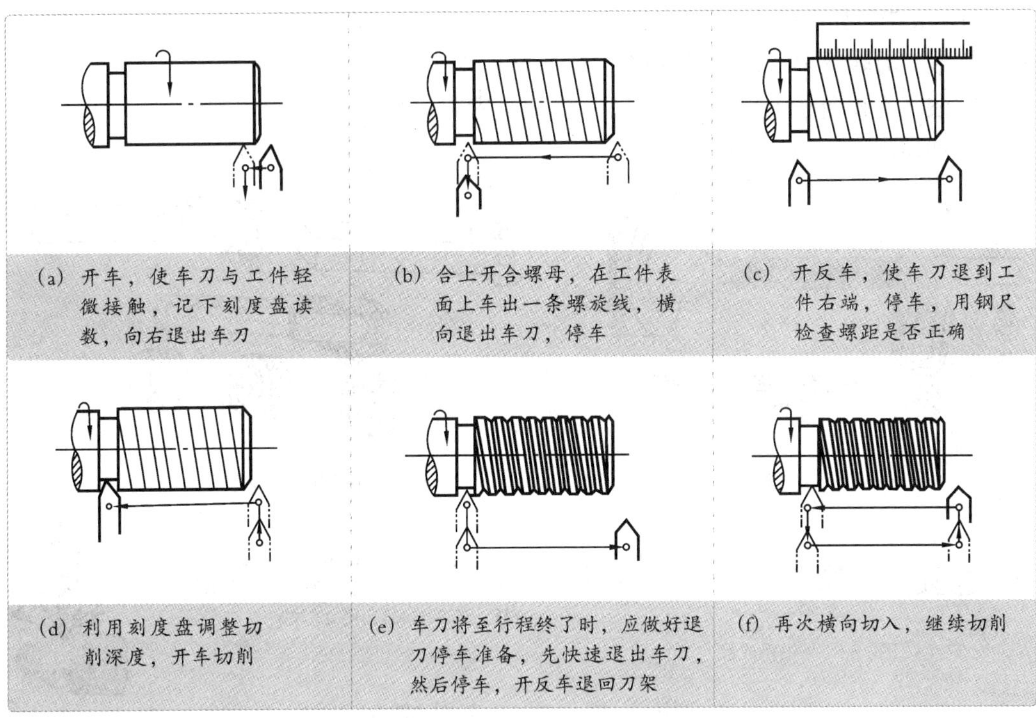

图2.6.47 车削螺纹的方法

按照上述方法在锤柄上车出M10 mm × 1.5 mm的螺纹(见图2.6.48)。

对于公称直径较小的内螺纹，也可在车床上用丝锥攻出。对于公称直径较小的外螺纹，也可用板牙在车床上套出(见图2.6.49)。

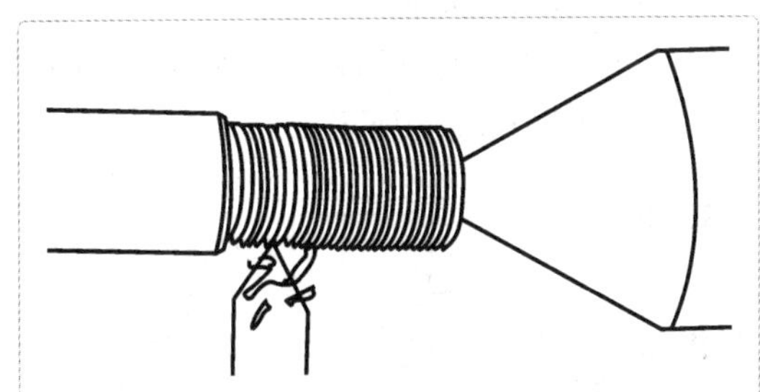

图2.6.48 车螺纹示例图

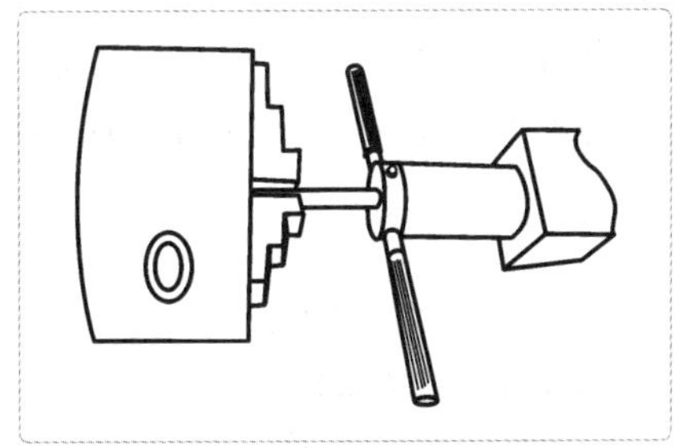

图2.6.49 用板牙在车床上套螺纹

9. 滚花

为了便于手握和增加美观，ϕ12 mm × 100 mm的外圆表面上要求滚出花纹(见图

2.6.50)。滚花刀如图2.6.51所示。

① 滚花时转速要低，一般不超过200 r/min。

② 滚花的径向挤压力很大，工件一定要夹紧和顶紧。

③ 加切削液冷却、润滑。

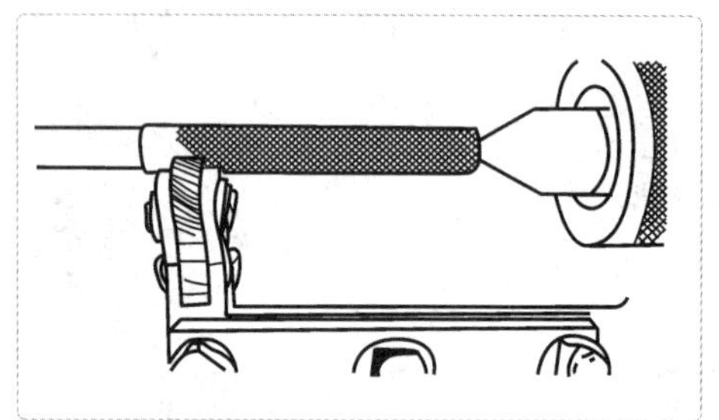

图2.6.50　滚花

图2.6.51　滚花刀

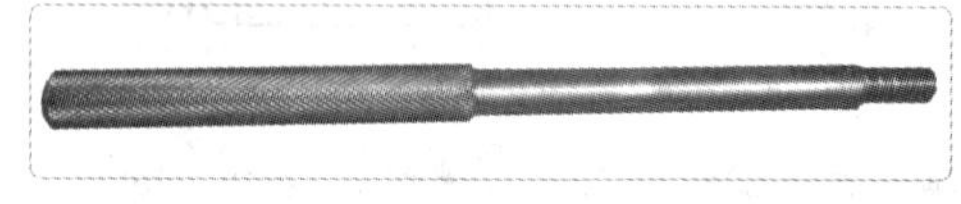

图2.6.52　锤柄成品

到此为止，锤柄加工完成了，接下来欣赏一下你的作品吧！怎么样。还不错吧(见图 2.6.52)?

七　其他车工工艺简介

1. 车台阶

相邻两圆柱体直径相差5 mm以下的台阶称为低台阶，5 mm以上的台阶称为高台阶。

1）车削步骤

低台阶可用90°偏刀在车外圆时一次车出，如图2.6.53(a)所示。

高台阶可用两把车刀分几次车削。先用主偏角小于90°的车刀粗车，如图2.6.53(b)所示；再用主偏角93°～95°的车刀分次进给完成，如图2.6.53(c)所示。

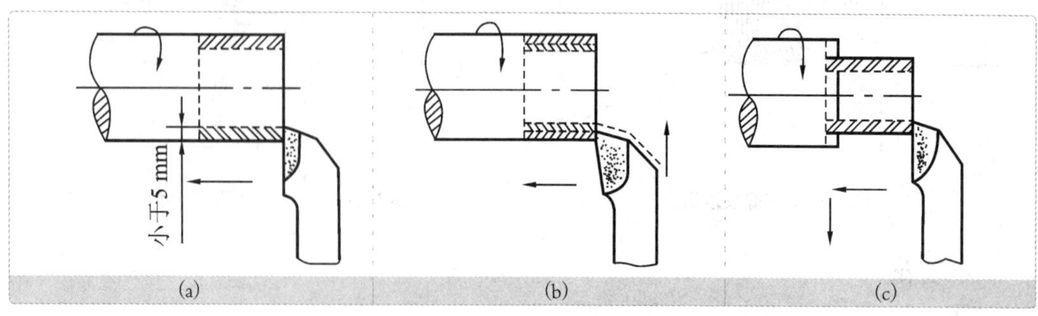

图2.6.53　车削步骤

2）台阶长度控制

用卡钳、钢直尺或卡尺量出欲车台阶的长度，将刀尖移至此处开车划线。台阶的长度控制一般由车刀刻线痕来确定(见图2.6.54)。

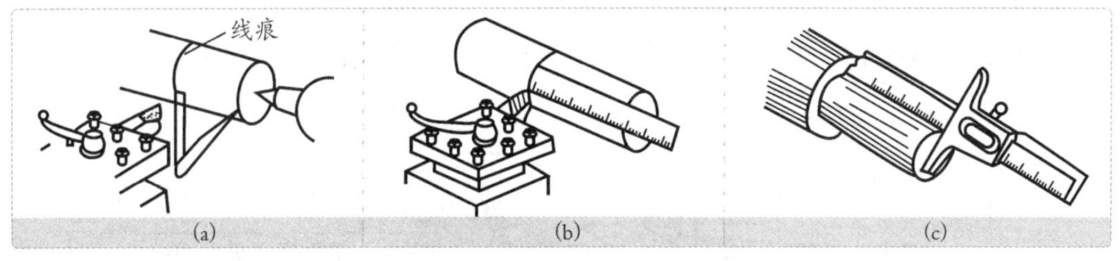

图2.6.54 台阶长度的控制和测量

2. 孔加工

1）镗孔

镗孔是对锻出、铸出或钻出的孔作的进一步加工(见图2.6.55)。

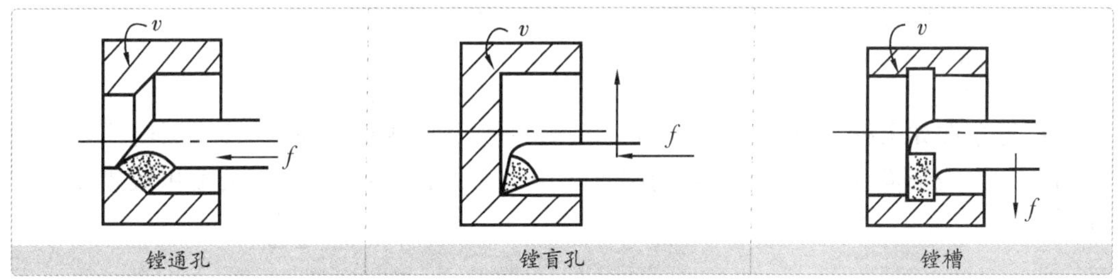

图2.6.55 镗孔示意图

镗通孔时，选用尽可能粗的刀杆，并注意防止刀杆下部碰伤已加工表面。

镗盲孔时，刀尖到刀背的距离应小于孔径的一半，否则无法车平盲孔孔底的端面。

2）钻孔

钻孔示意图，如图2.6.56所示。

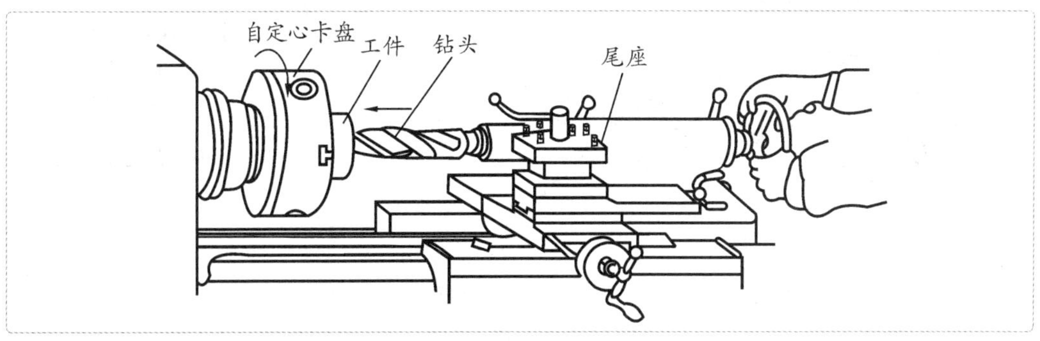

图2.6.56 钻孔示意图

3）扩孔、铰孔

扩孔、铰孔的详细内容可参见有关钳工工艺部分。

3. 车锥面

在单件、小批生产中，加工长度不大、要求不太高的锥面时，常用小刀架转位法(见图2.6.57)。

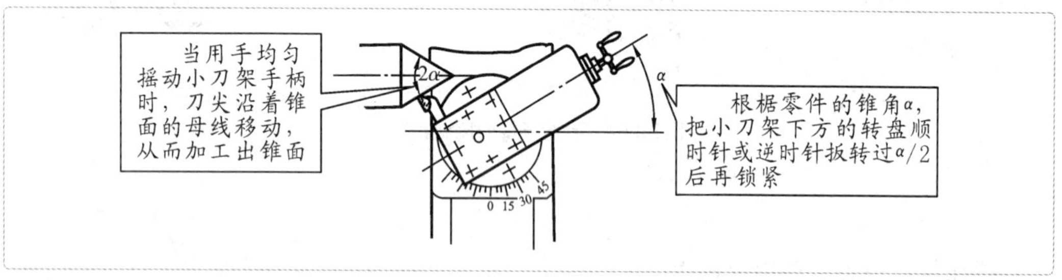

图2.6.57　小刀架转位法

4. 车回转成形面

有些零件如手柄、圆球等，它们是由一条曲线(母线)绕一固定轴线回转而形成的表面，称为成形面。图2.6.58所示为两种车成形面的传统技术(现在大多用数控车床来加工)。

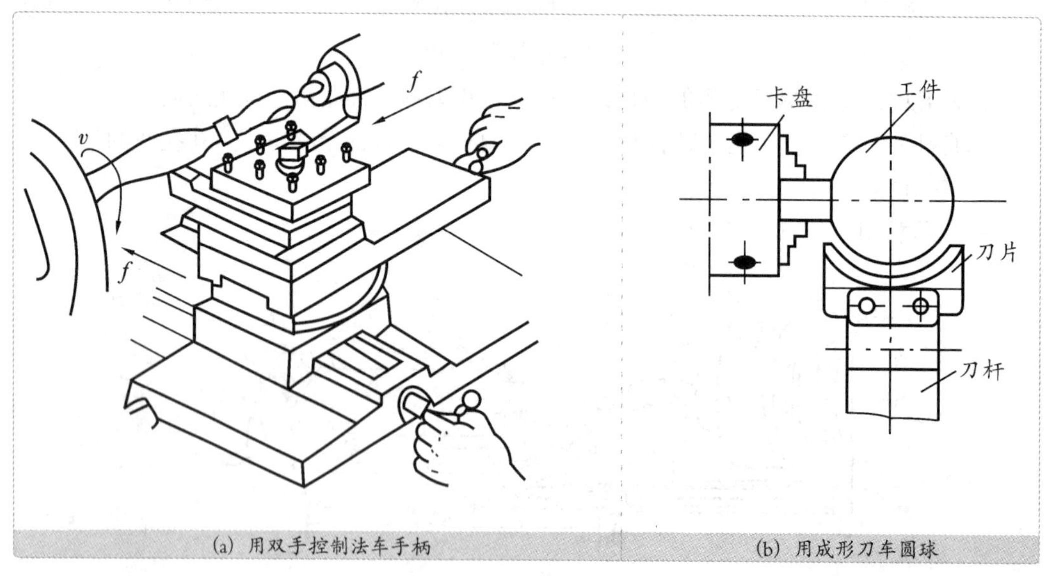

(a) 用双手控制法车手柄　　(b) 用成形刀车圆球

图2.6.58　车成形面的传统技术

5. 绕制弹簧

在卡盘上装夹好芯子后，还可以用弹簧钢丝绕制弹簧。

八 车工加工实例

下面是台虎钳上的一些零件（见图2.6.59～图2.6.62），请大家总结一下为什么这些零件适合在车床上加工，它们的车削加工工艺是不是可以参照前边所学的锤柄的加工方法。那还等什么，让我们开始加工吧

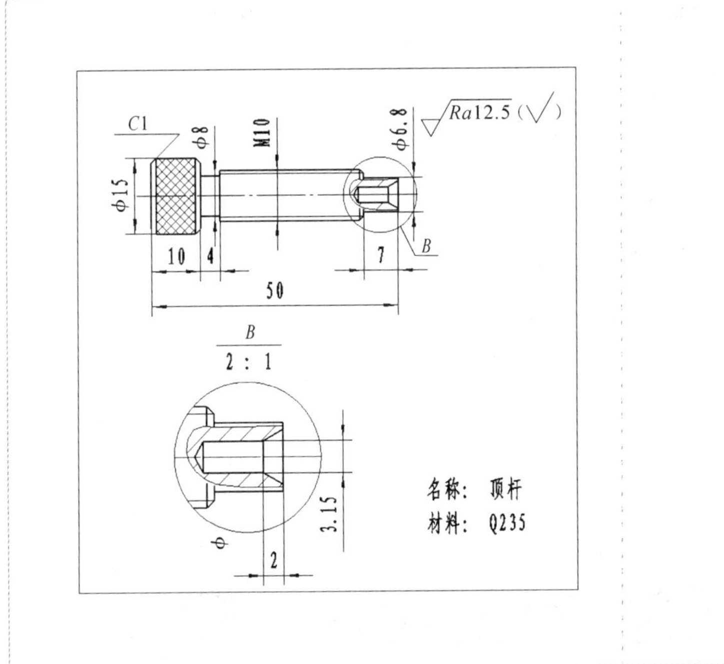

(a) 顶杆零件图

(b) 车削完成的顶杆实物

图2.6.59 顶杆

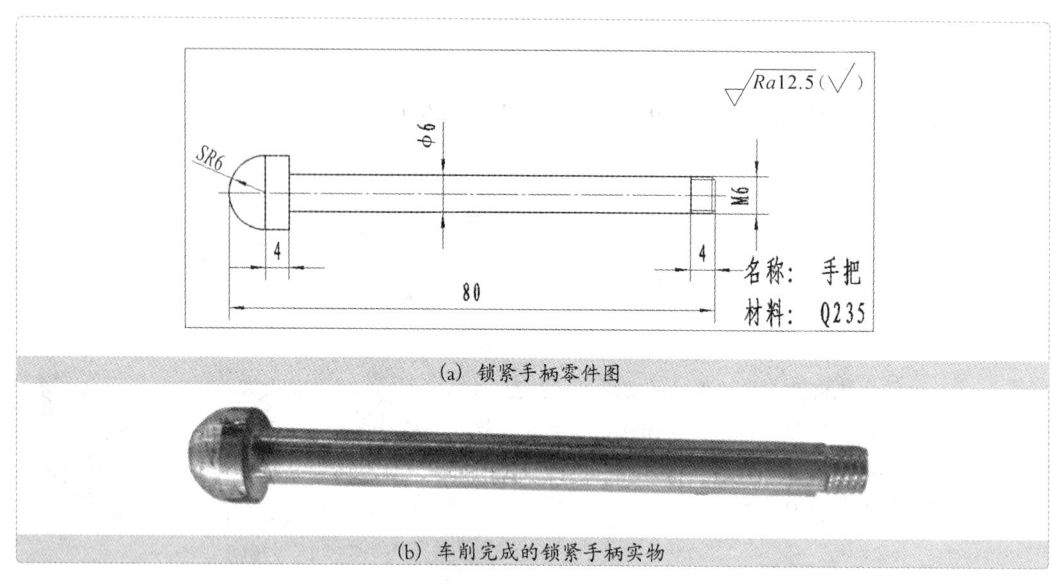

(a) 锁紧手柄零件图

(b) 车削完成的锁紧手柄实物

图2.6.60 锁紧手柄

丝杠车削加工完成后，还要等到在钳工实习时在 ϕ15 mm外圆面上钻削一个 ϕ6 mm的通孔。

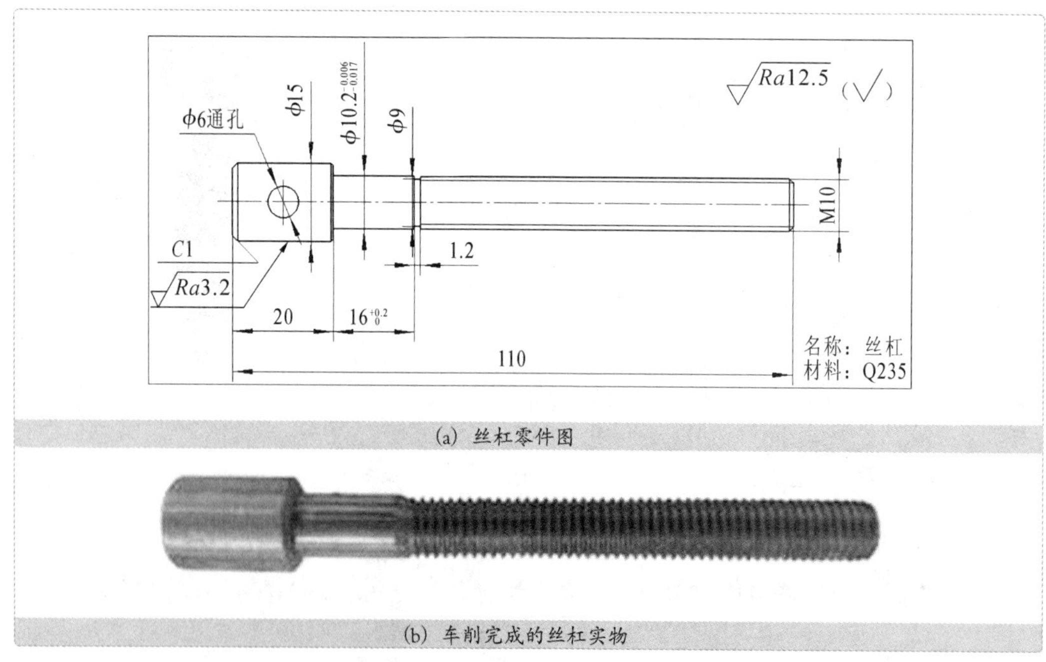

(a) 丝杠零件图

(b) 车削完成的丝杠实物

图2.6.61 丝杠

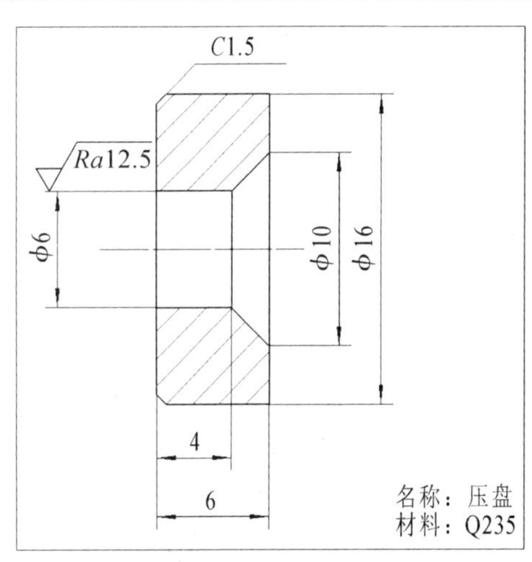

(a) 压盘零件图

(b) 车削完成的压盘实物

图2.6.62　压盘

复习与思考

1. 车床主要由哪些部分组成？各起什么作用？主轴箱里的主轴为何是空心的？

2. 车床的主运动与进给运动各是什么？

3. 车床能加工哪些表面？各用什么刀具？各需要什么样的运动？

4. 在车削过程中进刻度时，若刻度盘手柄摇过了几格怎么办？为什么？

5. 车床上安装工件的方法有哪些？各适用于哪些种类、哪些要求的零件？

6. 常用车刀有哪些种类，其用途是什么？车刀安装时有哪些注意事项？

7. 粗车和精车的目的是什么？切削用量的选择有何不同？

8. 自定心卡盘与单动卡盘相比哪个装夹精度高？为什么？

9. 车间里的车床为何都与人行通道成一定角度（一般为30°～45°）安放？若都安放成与人行通道平行或垂直，行不行？为什么？

课题七 多才多艺——铣工

铣削加工是在铣床上用旋转的铣刀切削工件的一种加工方法。

一 铣削工艺概述

1. 原理

在铣床上利用铣刀的旋转运动和工件的直线运动对工件进行材料去除的加工方法，称为铣削加工(见图2.7.1)。

铣削时刀具的旋转是主运动，工件的直线移动是辅运动。

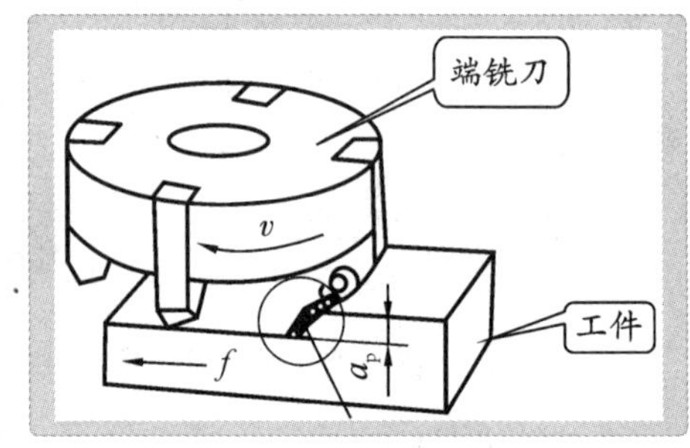

图2.7.1 铣削运动及铣削要素

2. 特点

由于铣刀是多刃旋转刀具，铣削时多个刀齿同时参加切削，每个刀齿又可间歇地参加切削和轮流地进行冷却，因此，铣削可采用较高的切削速度(某些陶瓷铣刀可达每分钟几万转)，获得较高的生产率。但铣削过程不平稳，有一定的冲击和振动。

3. 铣削加工的应用

铣床主要用来加工平面、斜面、垂直面、各种沟槽及成形面，还可以进行分度工作，有时孔的钻、镗加工也可以在铣床上进行(见图2.7.2)。

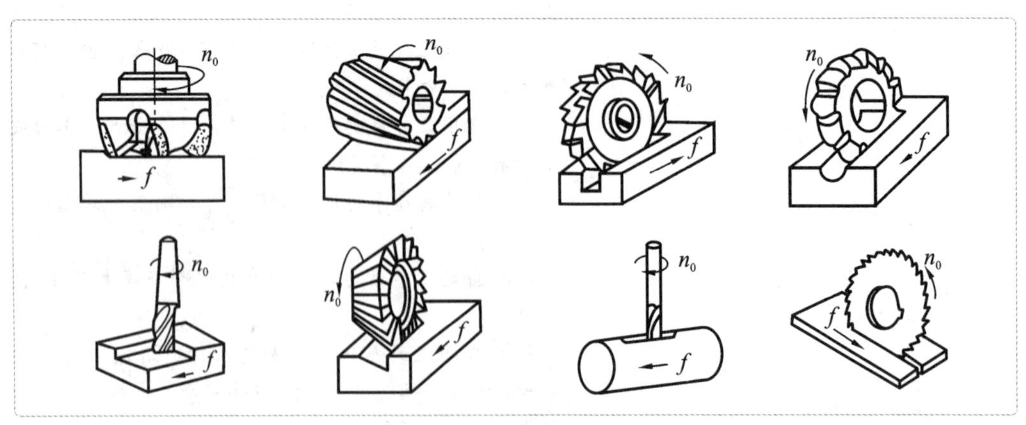

图2.7.2 铣削加工的应用

二 铣工安全操作规程

铣工安全操作规程如图2.7.3所示。

图2.7.3 铣工安全操作规程

※真实案例※

案例一 一学生在铣刀转动时调整主轴转速，结果铣床的齿轮被打坏。

案例二 一学生装夹工件不牢，结果工件被铣刀碰飞，打中其腰部，造成腰部损伤。

案例三 一工人在加工过程中用戴着手套的手去扫铁屑，结果手套上的线头被立铣刀缠住，中指被铣掉，而且韧带被拉伤。

嗯，我倒要看看，铣工究竟和车工有什么不同呢？

三 铣床简介

1. 卧式万能升降台铣床

它的主要特点是主轴与工作台面平行，工作台可以在水平面内左右扳转45°，以便铣削加工斜槽、螺旋槽等表面，扩大了铣床的加工范围。床身固定在底座上，用以安装和支承其他部件。悬梁安装在床身顶部，并可沿着燕尾形导轨调整前后位置。悬梁上的刀杆支架用以支承刀杆，以提高刀杆的刚度。升降台安装在床身前面的垂直导轨上，以使升降台做上升或下降运动。床鞍装在升降台顶面的矩形水平导轨上，可沿矩形水平导轨做横向移动。工作台装在床鞍顶面的燕尾形导轨上，工作台可沿燕尾形导轨做垂直于主轴轴线方向的移动(见图2.7.4)。

2. 立式升降台铣床

它与卧式铣床的主要区别是主轴与工作台面相垂直。主轴安装在立铣头内，可沿其轴线方向进给或经手动调整位置。可根据加工的需要，将立铣头左右偏转45°，使主轴与工作台面倾斜成所需的角度，以扩大机床的适用范围。立式铣床的其他部分，如工作台、床鞍及升降台的结构与卧式升降台铣床相同(见图2.7.5)。

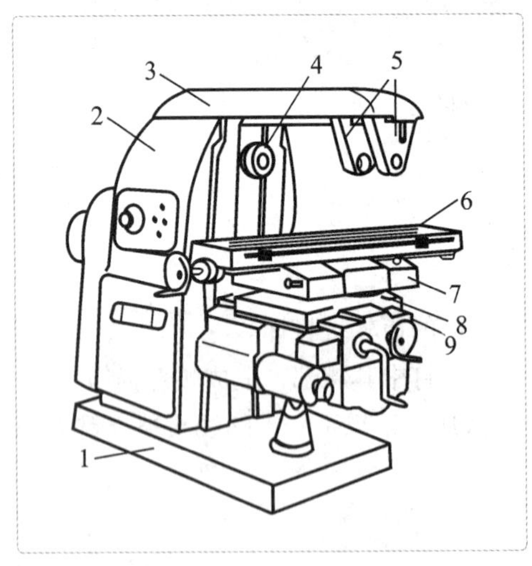

图2.7.4 卧式万能升降台铣床

1—底座；2—床身；3—悬梁；4—主轴；5—刀杆支架；6—工作台；7—回转盘；8—床鞍；9—升降台

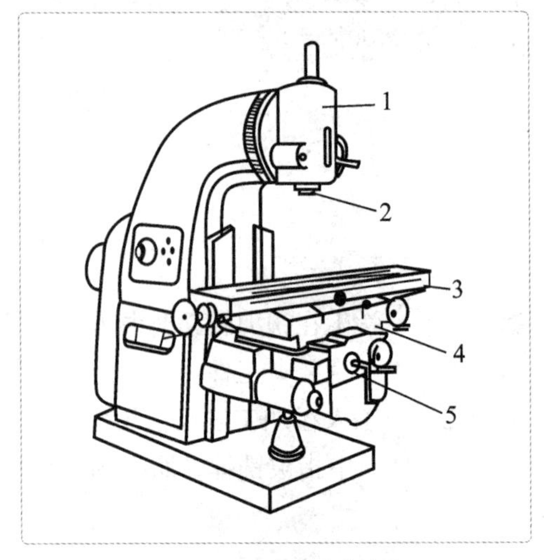

图2.7.5 立式升降台铣床

1—立铣头；2—主轴；3—工作台；4—床鞍；5—升降台

四 铣刀的安装

1. 圆柱铣刀、圆盘铣刀和角度铣刀的安装

在卧式铣床上多用长刀杆安装圆柱铣刀、圆盘铣刀和角度铣刀。刀杆的一端为锥体，装入机床前端的锥孔中，并用拉杆穿过主轴将刀杆拉紧。主轴的动力通过锥面和前端的端面键带动刀杆旋转。铣刀装在刀杆上应尽量靠近主轴的前端，以减少刀杆的变形。圆盘铣刀的安装如图2.7.6所示。

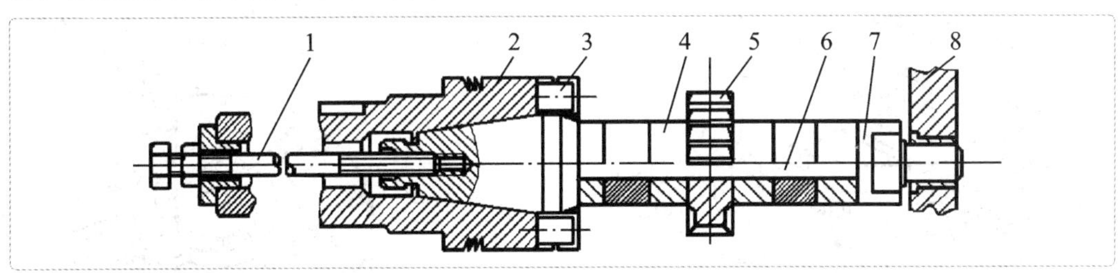

图2.7.6 圆盘铣刀的安装

1—拉杆；2—主轴；3—端面键；4—套筒；5—铣刀；6—刀杆；7—螺母；8—吊架

2. 立铣刀的安装

对于直径为10～50 mm的锥柄立铣刀，若铣刀柄部的锥度与主轴锥孔的锥度相同，可直接装入机床主轴孔内，否则需套上过渡套筒安装，如图2.7.7(a)所示；对于直径为3～20 mm的直柄立铣刀，可用弹簧夹头装夹，弹簧夹头可直接或采用中间锥套装入机床主轴孔内，再用拉杆紧固，如图2.7.7(b)所示。

3. 端铣刀的安装

端铣刀一般中间带有圆孔。通常先将铣刀套在刀杆上，拧紧螺钉，然后把刀杆装入机床的主轴孔内，并用拉杆螺母拉紧刀杆(见图2.7.8)。

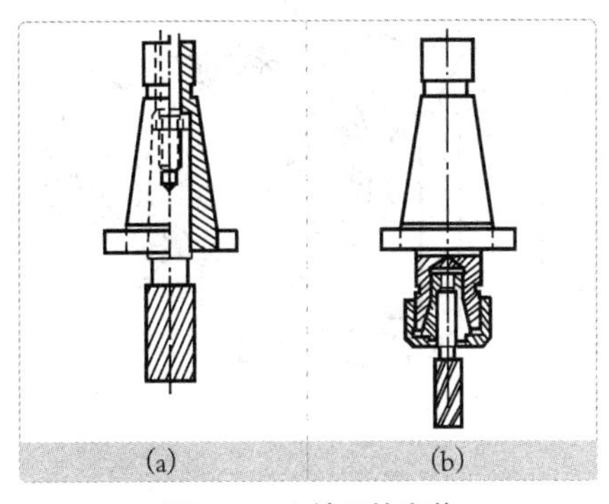

图2.7.7 立铣刀的安装

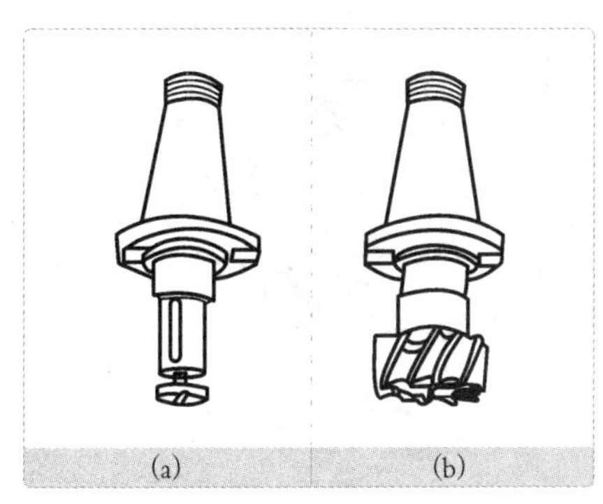

图2.7.8 端铣刀的安装

五 铣床的附件及应用

1. 回转工作台

如图2.7.9所示，回转工作台适用于较大零件的分度工作及弧面加工。图2.7.10所示为铣圆弧槽的情况。用压板螺栓在回转工作台上装夹工件，铣刀旋转，摇动手轮使回转工作台带动工件做圆周进给运动，从而铣出圆弧槽。

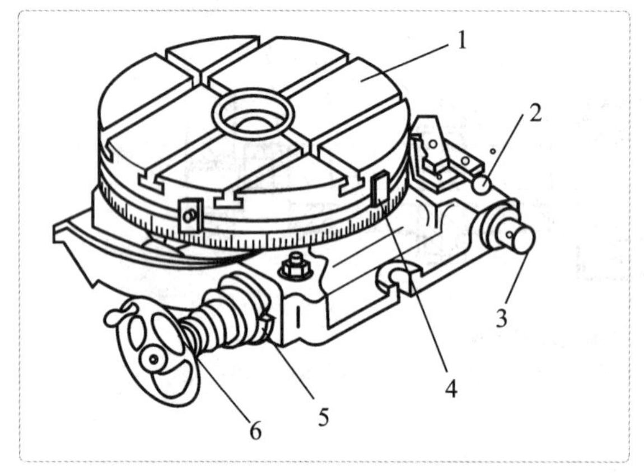

图2.7.9 回转工作台

1—转台；2—离合器手柄；3—传动轴；4—挡铁；5—偏心环；6—手轮

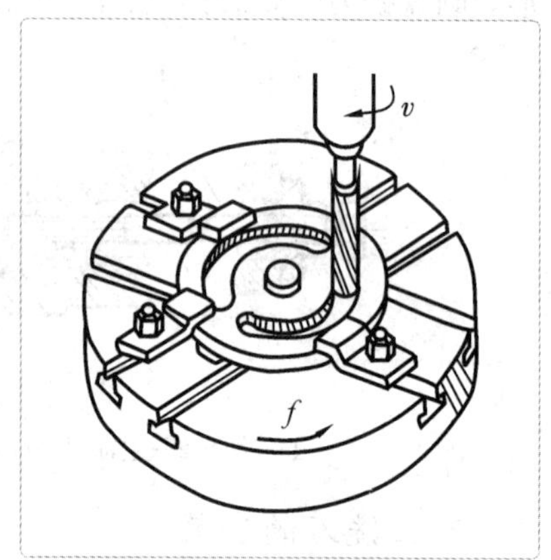

图2.7.10 用回转工作台铣圆弧槽

2. 万能铣头

万能铣头安装在卧式铣床上，不仅能完成各种立铣工作，而且可以根据加工需要把立铣头扳成任意角度(见图2.7.11)。

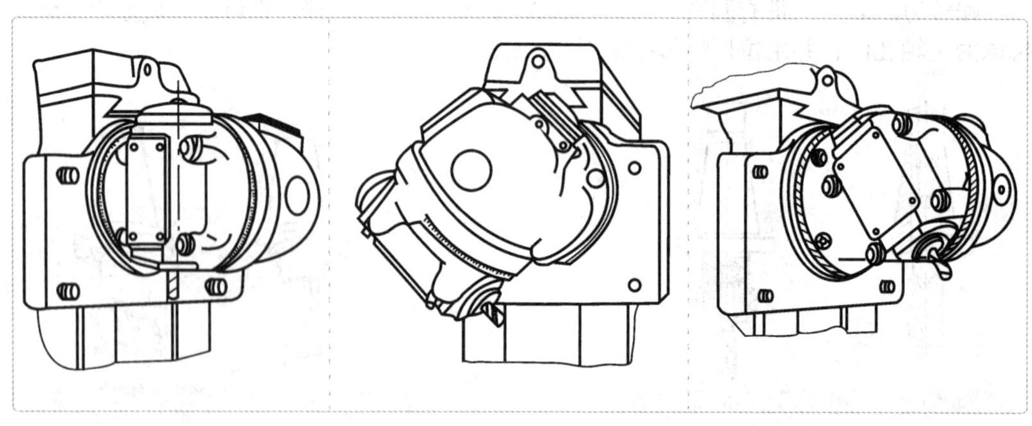

图2.7.11 万能铣头及其使用方法

3. 平口钳

平口钳安装在工作台上，用于较小工件的装夹(见图2.7.12)。

4. 压板、压板螺栓

压板和压板螺栓用于较大工件的装夹(见图2.7.13)。压板螺栓头部侧面被铣成平面，刚好能卡进工作台上的T形槽内，却不能转动，这样便于拧紧螺母，通过压板把工件固定住。

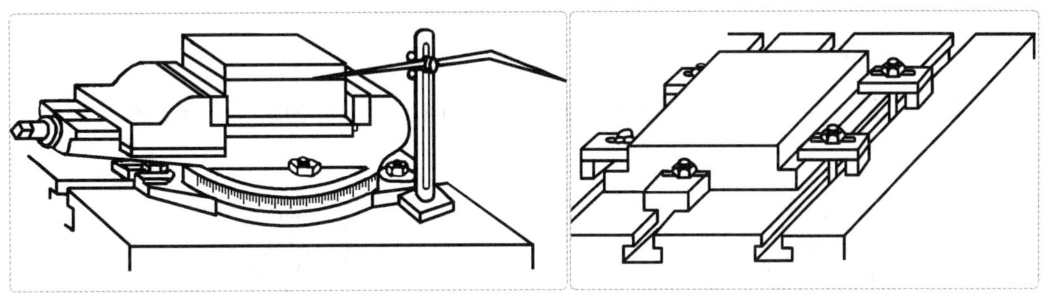

图2.7.12 利用平口钳固定小型工件　　图2.7.13 利用压板固定大型工件

5. 分度头

在铣削加工中，常会遇到铣六方、齿轮、花键和刻线等工作，这就需要利用分度头来准确地确定角度。如图2.7.14所示为最常用的万能分度头。

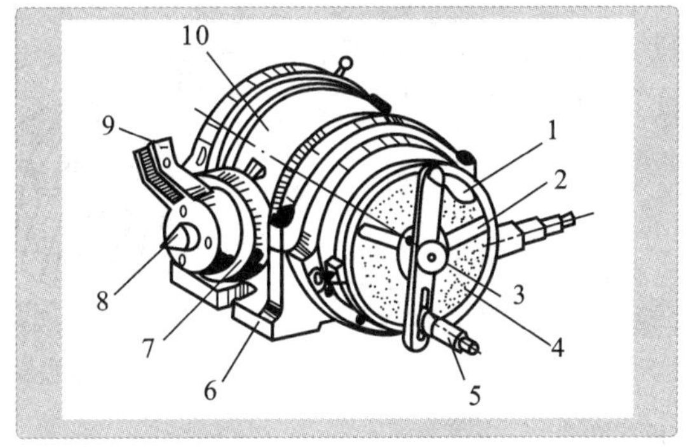

图2.7.14 万能分度头

1—手柄;2—分度叉;3—分度头;4—分度盘;5—定位销;6—底座;7—刻度盘;8—顶尖;9—拨盘;10—回转体

六 铣平面

铣平面是铣工最基本的操作技术。实质上，其他各种表面，如斜面、台阶面、沟槽等，都可以理解为是由大小不等、角度不同的平面所组成的。

1. 端铣和周铣

不论使用何种铣刀铣削何种表面，统统都可以归纳为两种大的加工方式，即端铣和周铣(见图2.7.15)。

所谓端铣，就是利用铣刀端部的刀刃来加工工件的方式；而周铣则是利用铣刀侧面的刀刃来加工工件的方式。

端铣时，工件的进给方向不影响加工效果；但周铣时，根据工件的进给方向，又可分为逆铣和顺铣两种方式，对加工效果有一定影响。

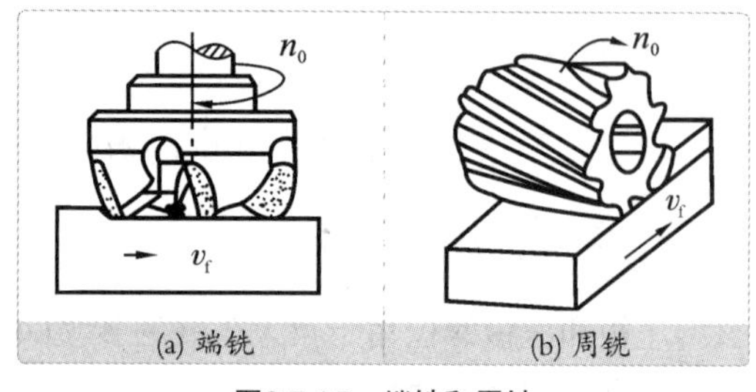

图2.7.15　端铣和周铣

2. 逆铣和顺铣

铣削时进给方向与铣削力F的水平分力F_x的方向相反，称为逆铣，相同则称为顺铣(见图2.7.16)。

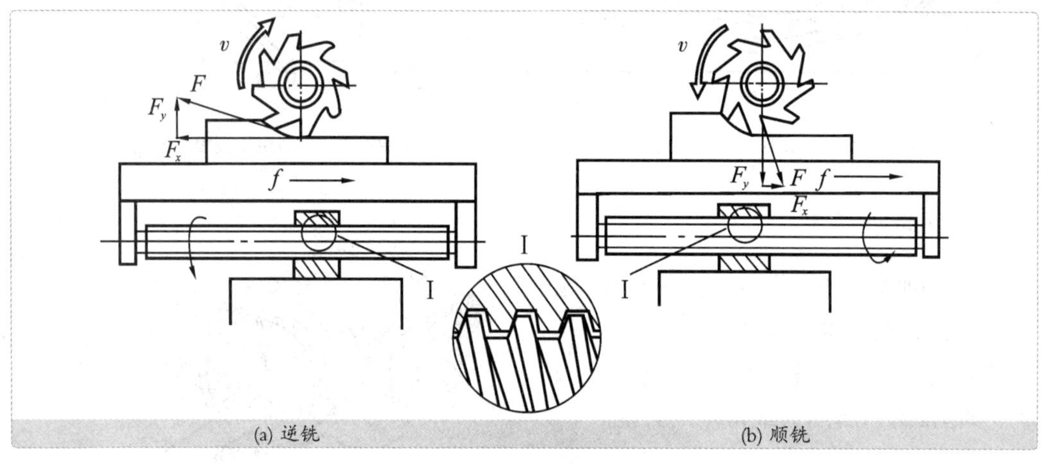

图2.7.16　逆铣和顺铣

1）逆铣

（1）优点　逆铣时工件受到的水平分力F_x与进给方向相反，丝杠与螺母的传动工作面始终接触，由螺纹副推动工作台运动，不会引起工作台窜动，不易打刀，适合于粗铣。

（2）缺点　刀刃切入工件的方式是由浅到深，所以加工面较粗糙，当吃刀量过大或切到工件的硬点时可能会发生“啃刀”现象，或将工件掀掉，损坏刀具。

2）顺铣

（1）优点　刀刃切入工件的方式是由深到浅，所以加工面较光洁，适合于精铣。

（2）缺点　顺铣时工件受到的水平分力F_x与进给方向相同，当铣刀切到工件的硬点或因切削厚度变化等原因，引起水平分力F_x突然增大，超过工作台进给摩擦阻力时，原是螺纹副推动的运动形式变成了由铣刀带动工作台窜动的运动形式。窜动会使刀齿折断、刀杆弯曲，或使工件或夹具移位，甚至损坏机床，故一般不易采用顺铣。若铣床有间隙调整机构，也可采用顺铣。

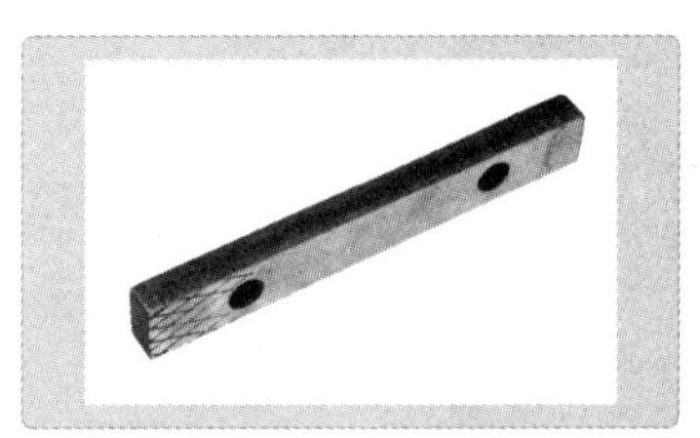

图2.7.17　钳口铁的铣削

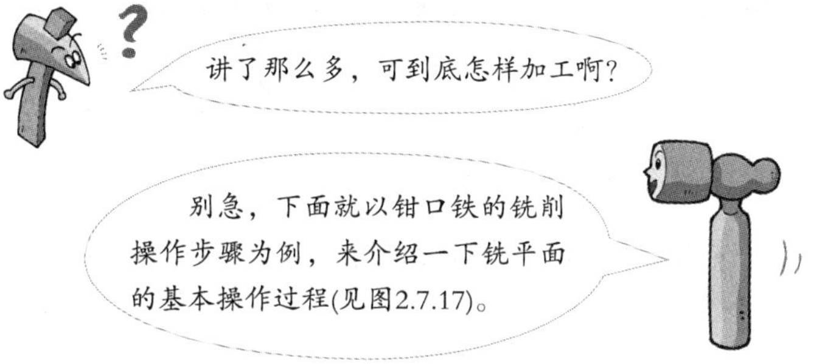

3. 钳口铁的铣削过程

(1) 安装刀具、工件，调整转速、进给量，对刀(见图2.7.18)。

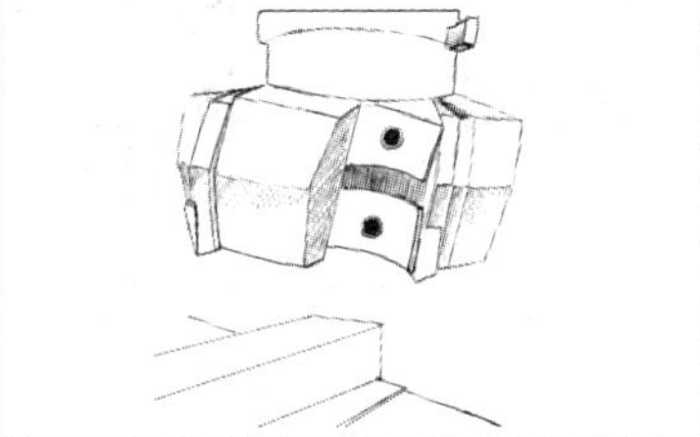

(a) 安装盘铣刀

(b) 调整铣刀转速为 550 r/min

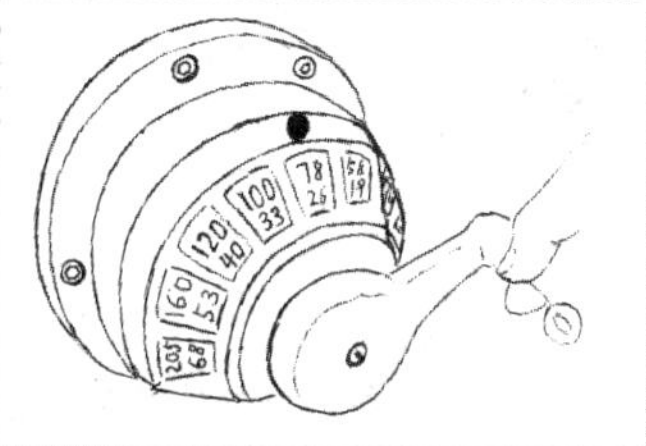

(c) 调整进给量为 78 mm/min

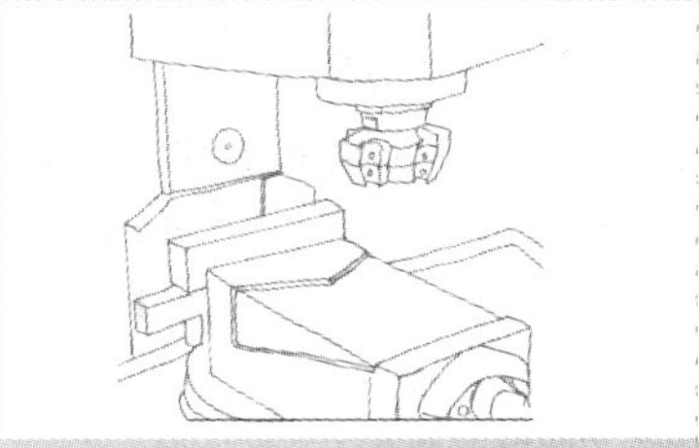

(d) 安装工件。选择两个较平行的面作为两个装夹面，再选择一个较平的面放在垫铁上，夹紧工件

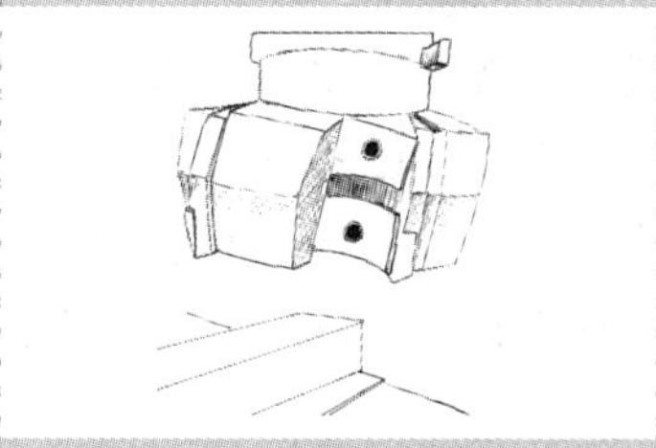

(e) 开始对刀。把工件移到盘铣刀下，让刀与工件有一定距离，以防刀转动时打坏铣刀

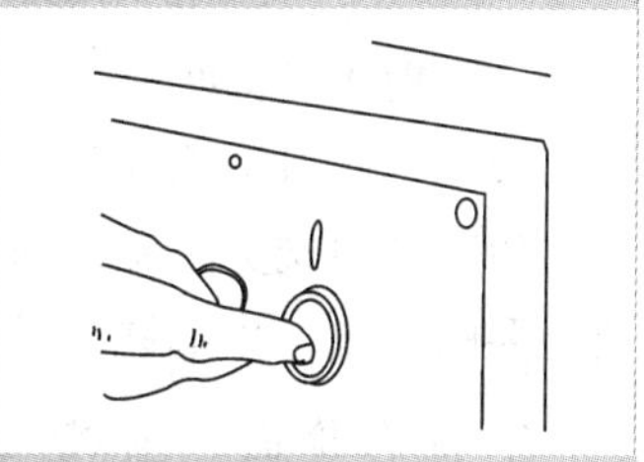

(f) 按下启动按钮使铣刀旋转

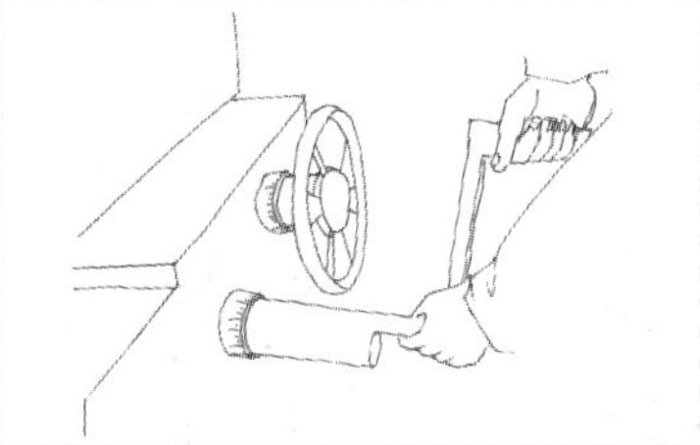

(g) 慢慢升高工作台，使工件与铣刀轻微接触

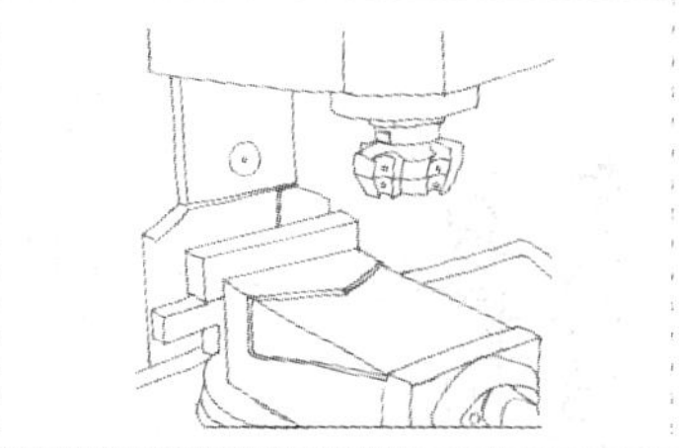

(h) 手动或自动退出工件，对刀完毕

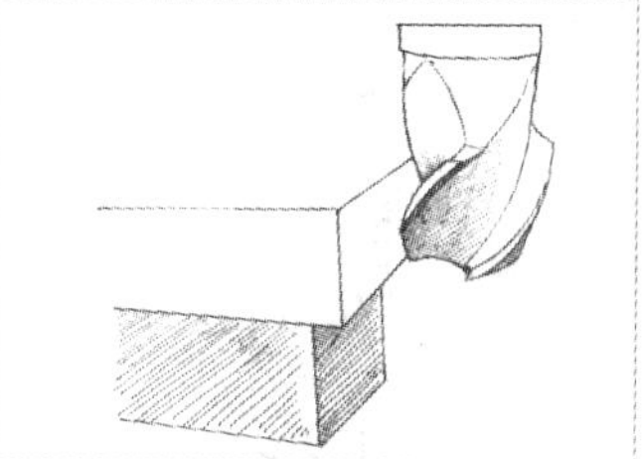

(i) 立铣刀铣端面

图2.7.18　安装刀具、工件，调整转速、进给量，对刀

(2) 铣第一个平面　第一刀粗铣时深度要大些，以避免刀刃和锻件表面硬皮直接摩擦。

(3) 铣第二个平面　把刚加工过的面作为下表面，使其紧贴在垫铁上，把工件敲平夹紧。然后对刀，方法同前。其他平面的加工过程类似。

七 其他表面铣削工艺简介

1. 铣斜面

铣斜面可以用下列方法进行，如图2.7.19所示。

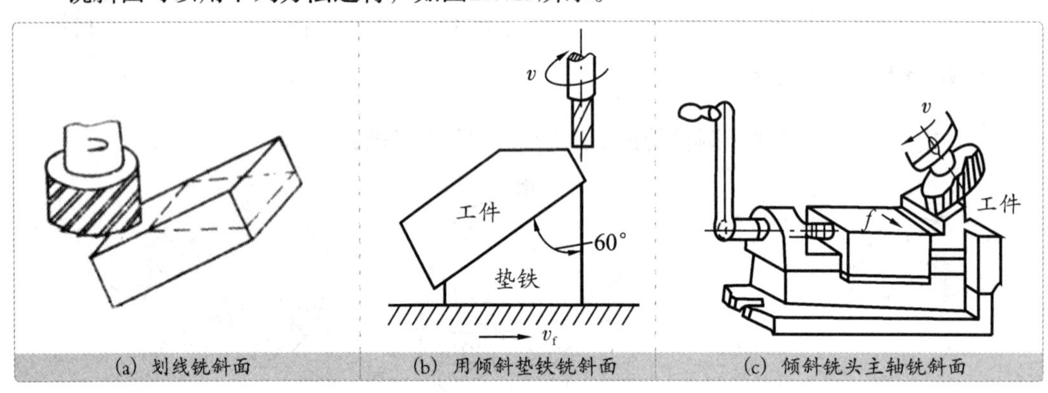

图2.7.19　铣斜面示意图

(1) 划线铣斜面　按划线找正装夹工件，这种方法只适用于单件生产。

(2) 用倾斜垫铁铣斜面　在工件定位面下加垫与加工面角度互补的倾斜垫铁。

(3) 倾斜铣头主轴铣斜面　在立式铣床上和装有万能铣头的铣床上，把主轴扳转到所需要的角度，用端铣刀或立铣刀铣斜面或用万能铣头铣斜面。

2. 铣台阶面、直槽

用立铣刀、三面刃铣刀或圆柱铣刀铣台阶面(见图2.7.20)；用立铣刀或三面刃铣刀铣直槽(见图2.7.21)。

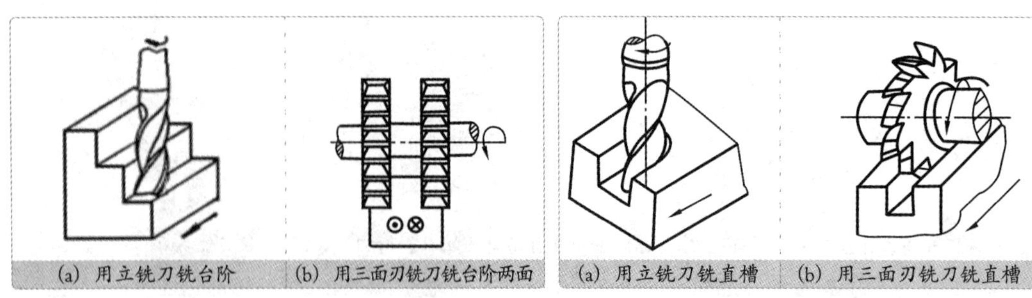

图2.7.20　铣台阶面

图2.7.21　铣直槽

3. 铣键槽、燕尾槽、T 形槽

(1) 铣键槽　常用立铣刀和键槽铣刀铣键槽(见图2.7.22)。单件生产一般在立式铣床上加工，当批量较大时，常在键槽铣床上加工。用立铣刀铣封闭键槽时，必须先在进刀的一端钻一个落刀孔。

(2) 铣燕尾槽、T形槽　必须先铣出合适的直角槽，然后再分别用燕尾槽铣刀和T形槽铣刀铣出燕尾槽和T形槽(见图2.7.23)。

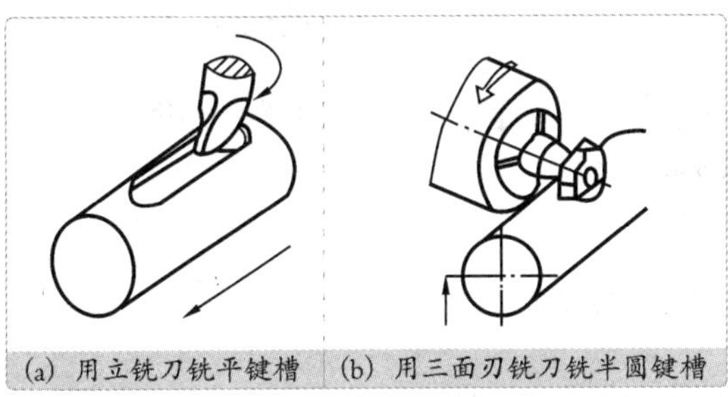

(a) 用立铣刀铣平键槽　(b) 用三面刃铣刀铣半圆键槽

图2.7.22　铣键槽

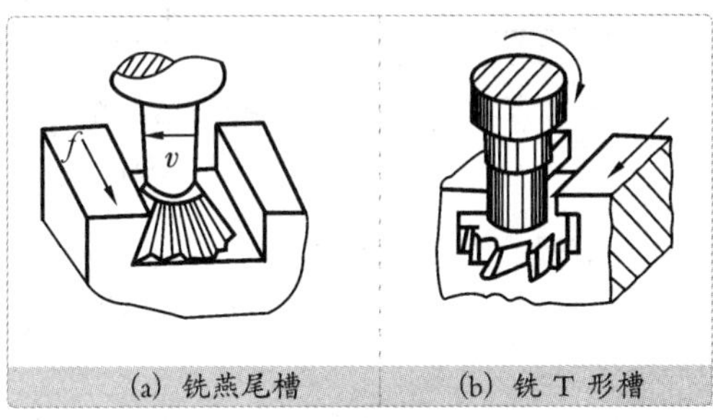

(a) 铣燕尾槽　(b) 铣 T 形槽

图2.7.23　铣燕尾槽和T形槽

4. 铣 V 形槽、螺旋槽、齿轮

(1) 铣V形槽　较小的V形槽可用90° 的双角度铣刀在卧式铣床上加工(见图2.7.24)；较大的V形槽则用立铣刀在立式铣床上加工。立铣头偏转45° ，工件装夹在平口钳上，横向进给，铣好一个斜面，再将工件转180° 安装，铣另一个斜面。

(2) 铣螺旋槽　铣螺旋槽时，工件的一端装夹在分度头上，另一端用尾架顶住，将纵向工作台偏转，转角等于螺旋角，工件沿螺旋线进给(见图2.7.25)。

(3) 铣齿轮　铣齿轮时，工件一般利用心轴装夹在铣床的分度头和尾架上，根据齿轮齿数，计算分度头手柄转数。根据模数选好铣刀，安装铣刀使其中心对准齿坯中心(见图2.7.26)。

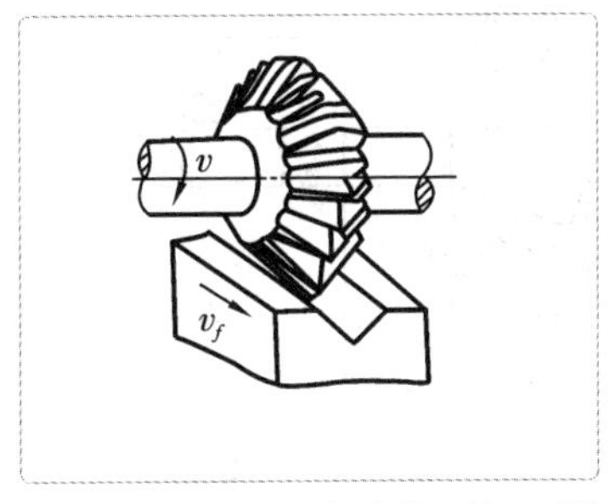

图2.7.24　用90° 双角度铣刀铣V形槽

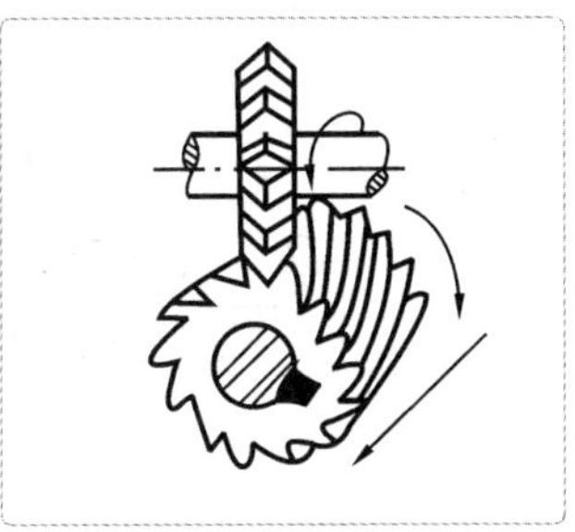

图2.7.25　用角度铣刀铣螺旋槽

图2.7.26　用齿轮铣刀铣齿轮

5. 铣成形面、切断

铣成形面和切断，如图2.7.27所示。

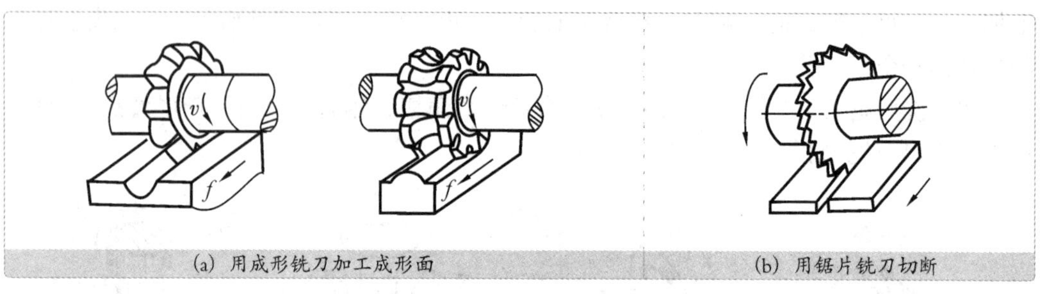

(a) 用成形铣刀加工成形面　(b) 用锯片铣刀切断

图2.7.27　铣成形面、切断

八　铣削加工实例

下面就台虎钳的活动钳口、固定钳口、钳身等零件的铣削工艺部分，请同学们根据所学的铣削加工基本知识，自己动手试一试吧。

为了综合前边所学知识，先以活动钳口（见图2.7.28）的铣削加工工艺为例做一抛砖引玉，后边的零件就请大家自己制定加工工艺流程喽。

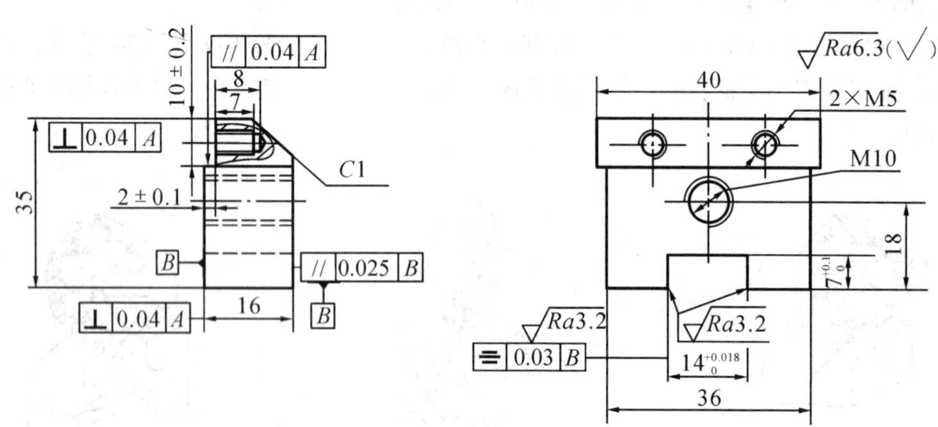

图2.7.28　活动钳口

1.零件的毛坯

活动钳口的毛坯使用 Q235 钢板，采用剪切或火焰切割下料，尺寸为 45 mm × 40 mm × 20 mm。

2. 零件的安装

在铣削加工之前，必须把待加工的毛坯装夹在铣床工作台上的平口钳上。

3. 零件的加工

（1）铣方块。对毛坯的六个平面进行铣削加工，铣削尺寸为 40 mm × 35 mm × 16 mm（见图 2.7.29）。

（2）铣 14 mm × 7 mm 直槽。进行槽的铣削如图 2.7.30 所示，铣削后的槽如图 2.7.31 所示。

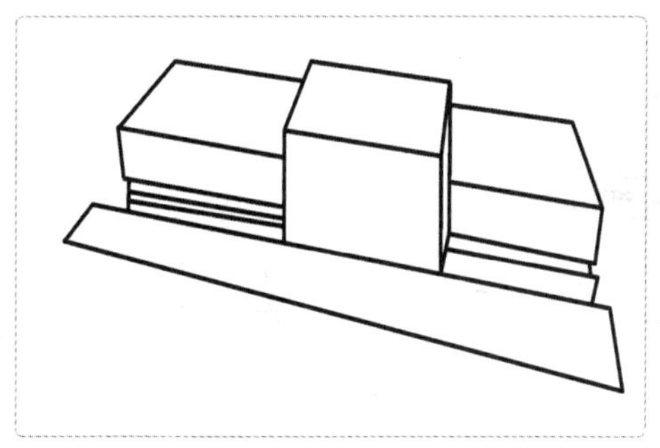

图2.7.29　铣方块

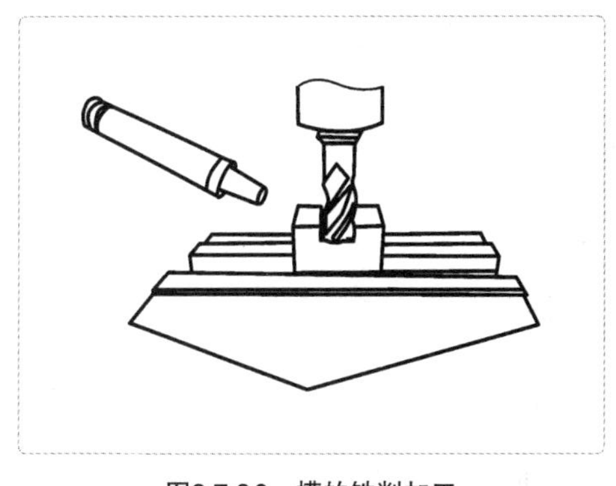

图2.7.30　槽的铣削加工

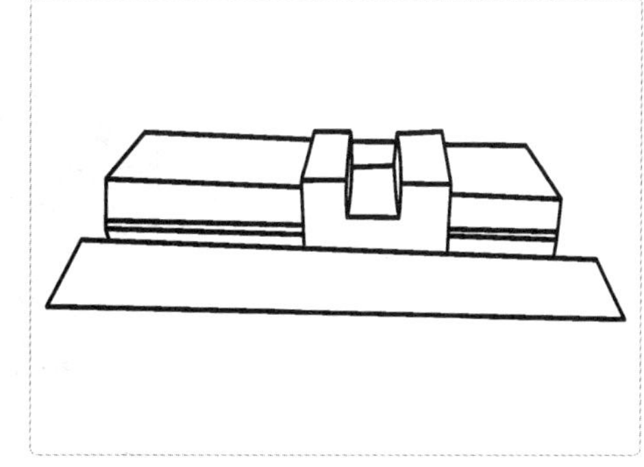

图2.7.31　铣削后的槽

（3）进行台阶面的铣削（见图 2.7.32）。用同样的方法可以对其他几个台阶面进行加工，铣削后的台阶面如图 2.7.33 所示。

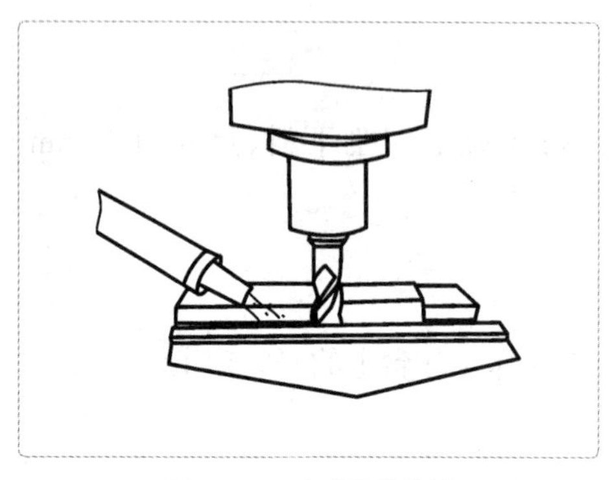

图2.7.32　台阶面的铣削

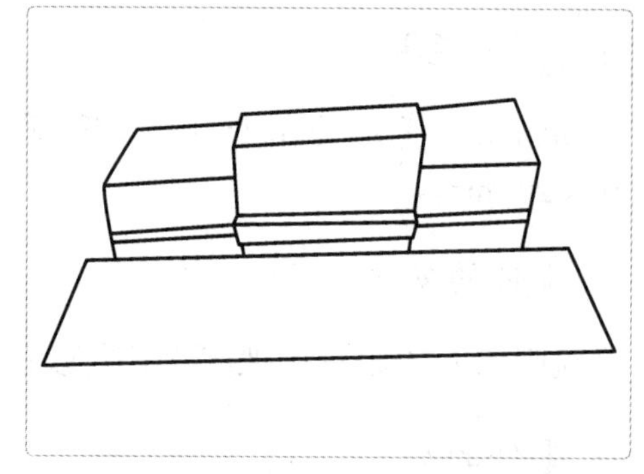

图2.7.33　铣削后的台阶面

（4）进行斜面铣削加工。铣削活动钳口上的斜面的方法如图 2.7.34 所示，图 2.7.35 为铣削完成的斜面。图 2.7.36 为铣削全部完成后的活动钳口。

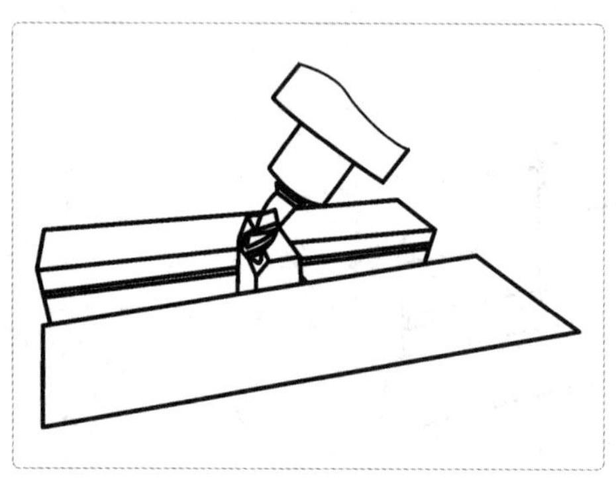

图2.7.34　斜面铣削加工

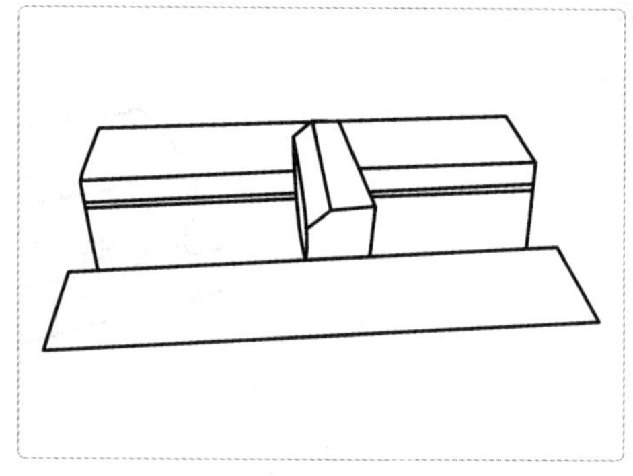

图2.7.35　铣削后的斜面

图2.7.36　铣削后的活动钳口

用同样的方法可以对固定钳口（见图 2.7.37）、钳身（见图 2.7.38）、锁紧斜块（见图 2.7.39）进行铣削加工。

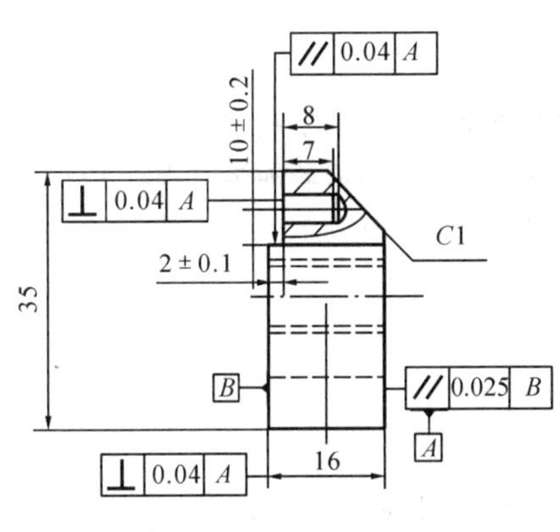

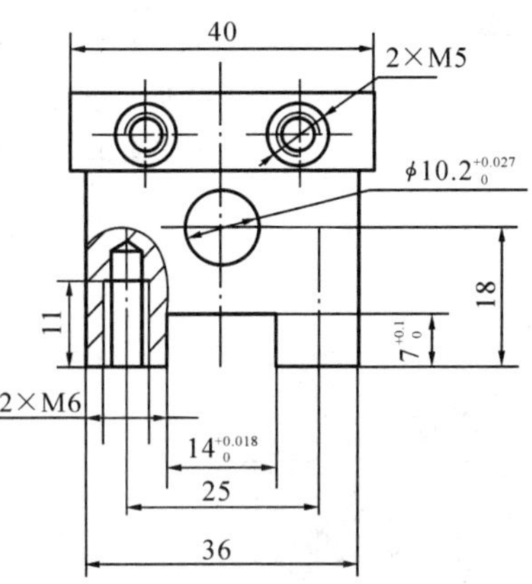

图2.7.37 固定钳口

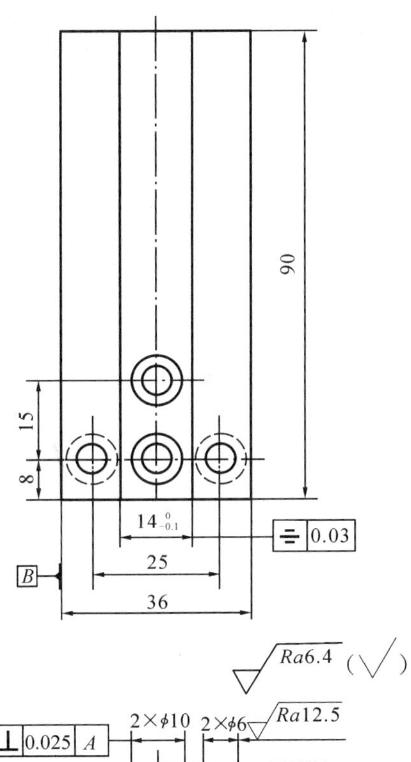

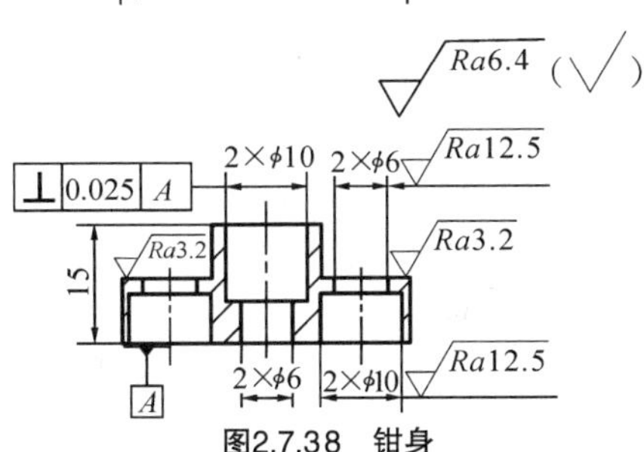

图2.7.38 钳身

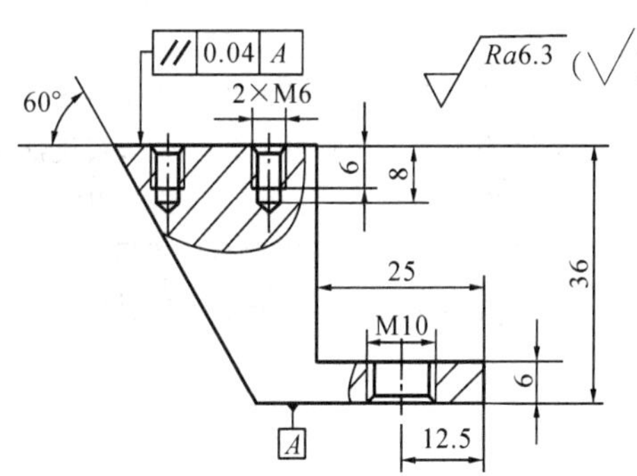

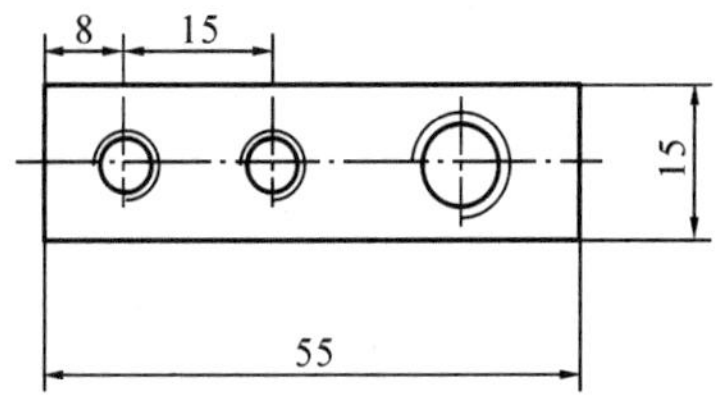

图2.7.39 锁紧斜块

老师，通过前面的学习，我们了解了平面、斜面、台阶面、各种沟槽和成形面的加工方法，那下面工件的这个部位(见图2.7.37)怎么加工啊？

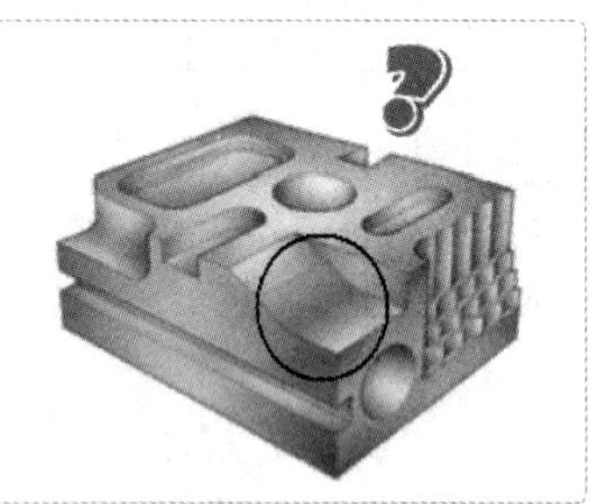

图2.7.40　工件示例

嗯，问得好！说明你对所学的知识基本掌握了。要加工这个局部表面，采用前面所讲的方法就无能为力了，得用数控铣床才行。

复习与思考

1. 试述铣削平面的方法与步骤。

2. 在装夹工件时，怎样选择基准面？怎样才能正确装夹工件？

3. 在改变主轴转速时，为什么必须使铣刀停止旋转？

4. 装夹和测量工件时，为什么必须使铣刀停止旋转？

5. 铣削时如何对刀？为什么要对刀？

6. 虽然说端铣时进给方向的不同并不影响加工质量，但对操作者的安全操作是否也没有影响？为什么？

课题八 精益求精——磨工

在磨床上用砂轮作为刀具加工工件的过程称为磨削。

一 磨削工艺概述

1. 原理

砂轮是由许多细小而坚硬的磨粒黏结而成的多孔物体。一个磨粒就像一把刀，一个砂轮就相当于安装了成千上万把微刃铣刀、刨刀。磨削时，砂轮的高速转动是主运动，进给运动由工件和砂轮来共同完成(见图2.8.1)。

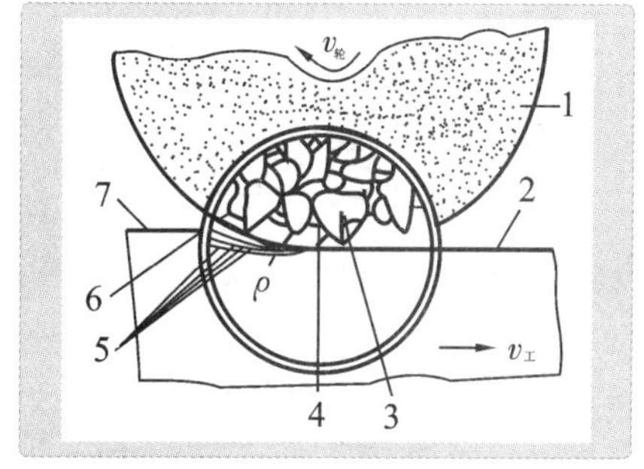

图2.8.1 磨削原理

1—砂轮；2—已加工表面；3—磨粒；4—黏合剂；5—切削表面；6—空隙；7—待加工表面

2. 特点

(1) 加工精度高。磨削加工能获得很高的加工精度和极低的表面粗糙度。目前用高精度外圆磨床磨削的外圆表面，其圆度公差可相当于头发丝的1/70，表面光滑如镜。

(2) 能加工硬料。磨削不仅能加工未淬火的钢、铸铁、非铁金属等软材料，而且可以加工硬度很高，用其他金属刀具很难或根本加工不了的材料(如陶瓷、硬质合金等)。

3. 应用

磨削的应用，如图2.8.2所示。

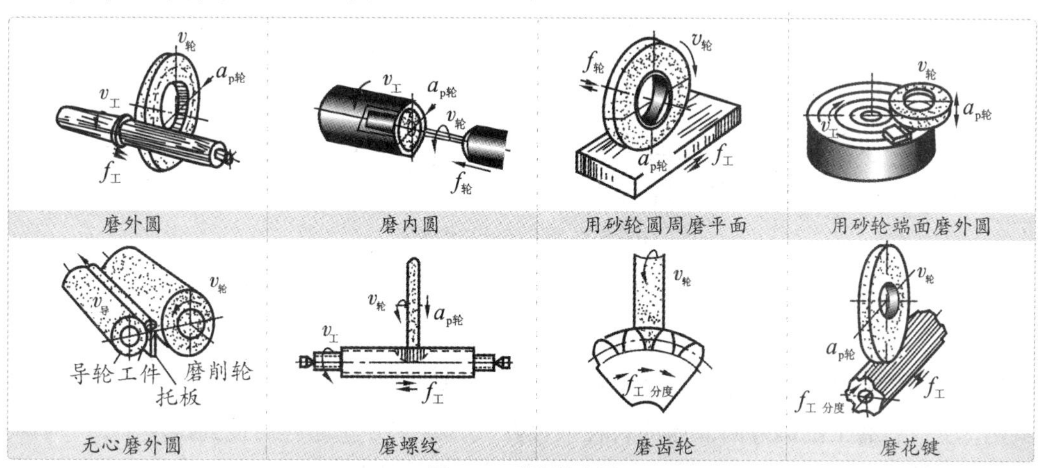

图2.8.2 磨削的应用

二 磨工安全操作规定

磨工安全操作规定如图2.8.3所示。

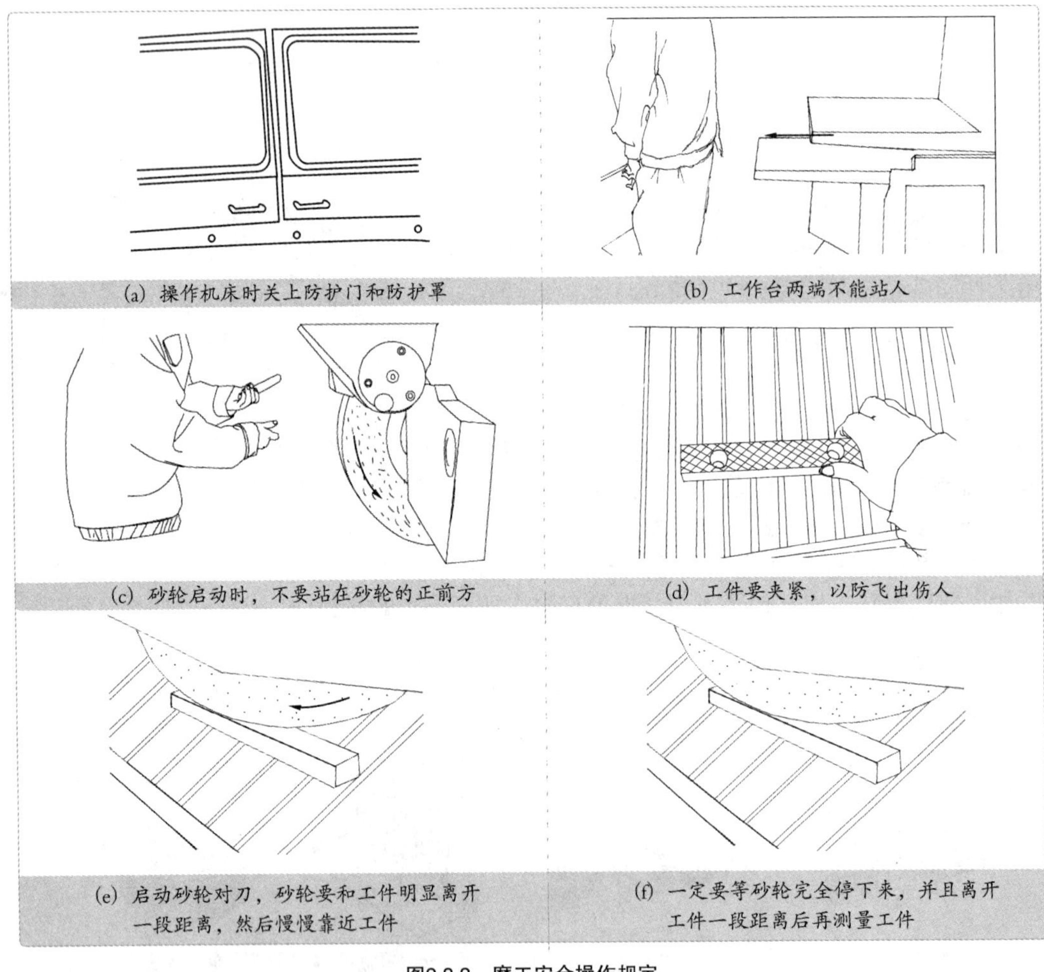

图2.8.3 磨工安全操作规定

※真实案例※

案例一 一名实训学生在磨削无磁性工件时没有将其用磁性垫铁夹紧，导致工件飞出。

案例二 一名磨工乱调外圆磨床的行程限位开关，结果砂轮超程后撞到尾座上，一小块碎片飞出，不仅造成砂轮报废，还险些酿成人身伤亡事故。

三 平面磨削

如图2.8.4所示为M7120A型平面磨床。

铣削和刨削是平面的主要加工方法，而平面磨削通常是精密平面的最后加工工序。

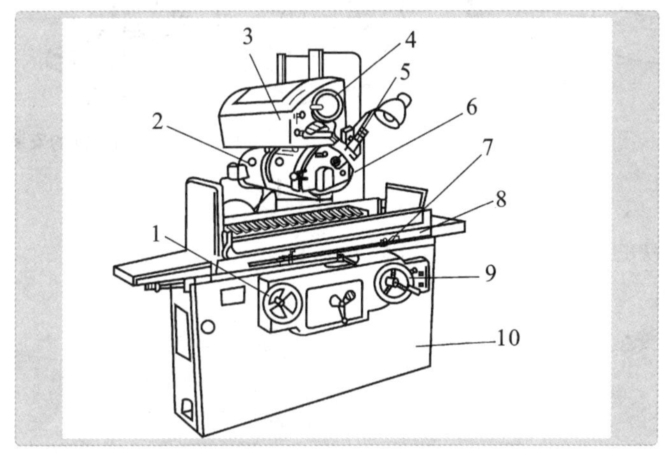

图2.8.4　M7120A型平面磨床

1—工作台手轮;2—砂轮架;;3—滑座;4—横向进给手轮;5—砂轮修整器;
6—立柱;7—行程挡块;8—工作台;9—垂直进给手轮;10—床身

下面我们以台虎钳钳口铁的磨削为例，来介绍一下平面磨削吧!

1. 工件的安装

(1) 电磁吸盘安装　电磁吸盘工作台是平面磨削中最常用的夹具之一，用于由钢、铁等磁性材料制造的具有两个平行平面的工件的装夹。电磁吸盘是根据电的磁效应原理制成的。把工件放在电磁吸盘工作台上，接通电磁吸盘开关，就可把磁性工件牢固地吸在工作台上(见图2.8.5)。

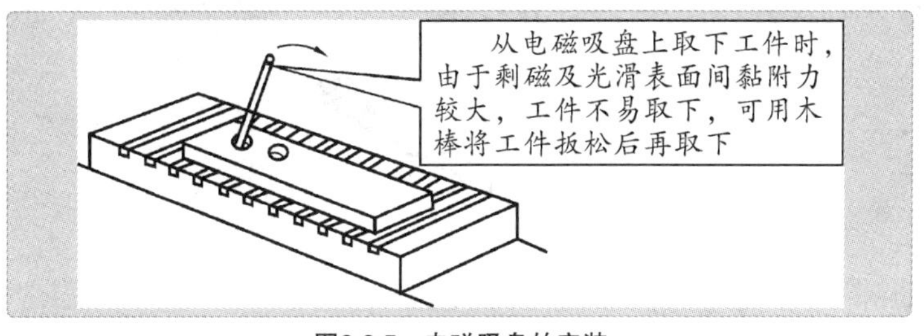

图2.8.5　电磁吸盘的安装

（2）精密平口钳安装　精密平口钳(见图2.8.6)适用于磨削小型和非磁性材料的工件。先把精密平口钳的底面吸紧在电磁吸盘上，再把工件夹在钳口内。

（3）精密角铁安装　精密角铁适用于垂直面磨削，精密角铁的安装如图2.8.7所示。

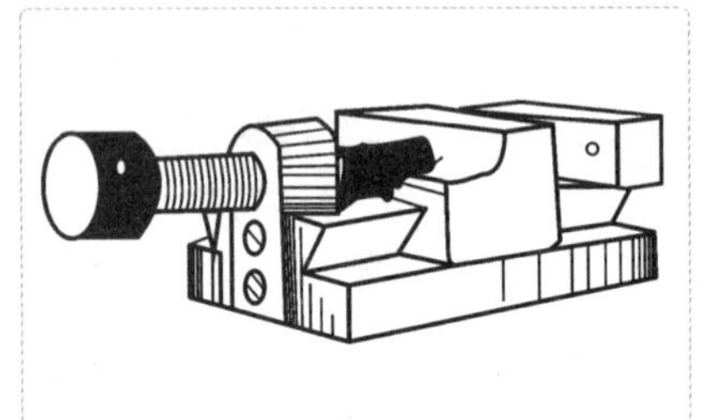

图2.8.6　精密平口钳

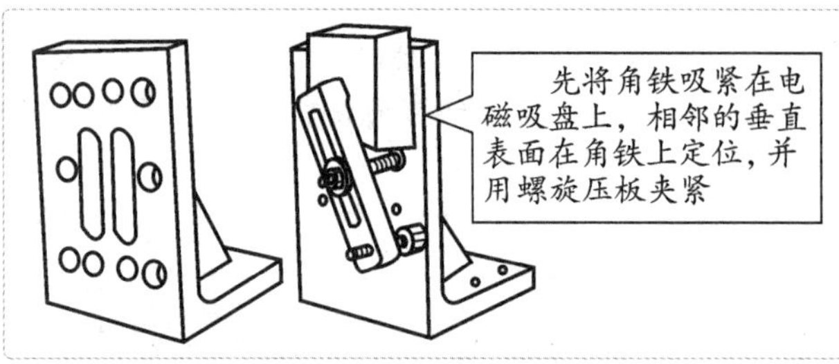

图2.8.7　精密角铁的安装

2. 磨削方法

台虎钳钳口铁的磨削步骤如图2.8.8所示。

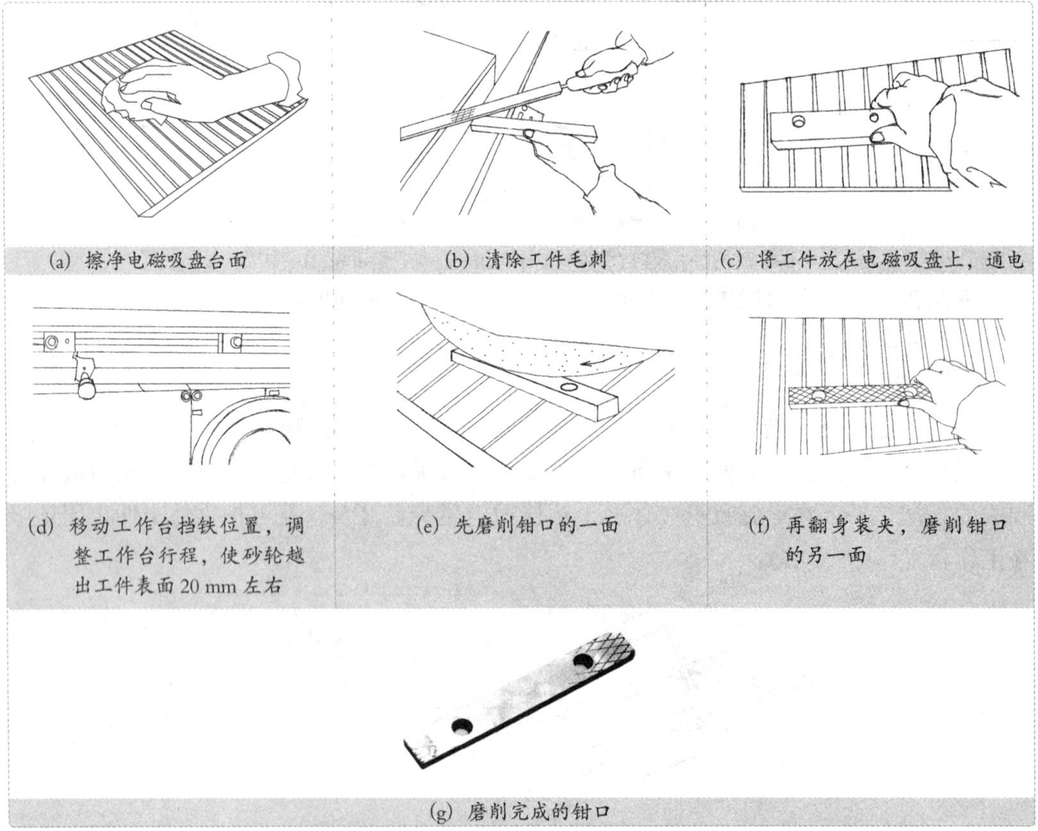

(a) 擦净电磁吸盘台面

(b) 清除工件毛刺

(c) 将工件放在电磁吸盘上，通电

(d) 移动工作台挡铁位置，调整工作台行程，使砂轮越出工件表面 20 mm 左右

(e) 先磨削钳口的一面

(f) 再翻身装夹，磨削钳口的另一面

(g) 磨削完成的钳口

图2.8.8　台虎钳钳口铁的磨削步骤

图2.8.8中的实例所采用的是用砂轮圆周磨削工件的周磨法，磨削效率低，适用于精磨；另外还有用砂轮端面磨削工件的端磨法，其特点是磨削效率高，适用于粗磨(见图2.8.9)。

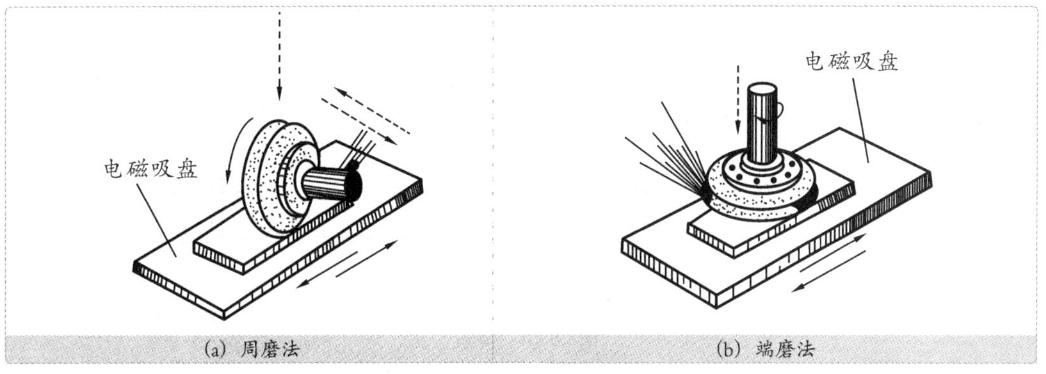

图2.8.9 周磨法和端磨法

四 外圆磨削

外圆面一般用车削加工，怎么还要磨呀？

当外圆面的精度和表面粗糙度要求较高时，需进行外圆磨削加工。

图2.8.10所示为M1432型万能外圆磨床。

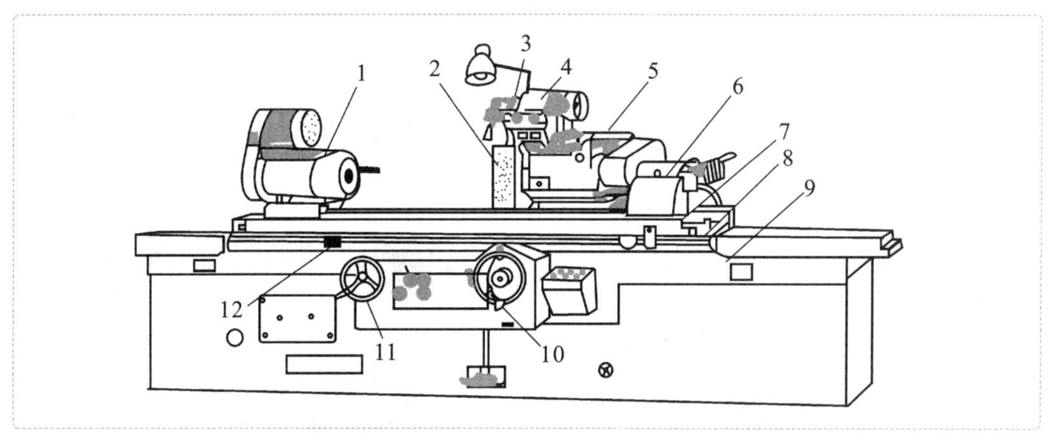

图2.8.10 M1432型万能外圆磨床

1—头架；2—砂轮；3—内圆磨头；4—磨架；5—砂轮架；6—尾架；7—上工作台；8—下工作台；9—床身；10—横向进给手轮；11—纵向进给手轮；12—换向挡块

下面我们就以一个简单的销轴为例，来看一看工件的外圆是怎样磨削的。

销轴先车削，留直径加工余量 0.4~0.5 mm，经热处理淬火至40 HRC，然后磨削至图样要求(见图2.8.11)。

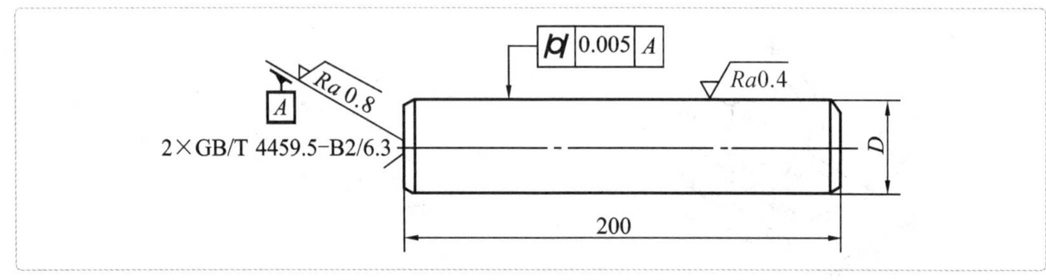

图2.8.11　销轴

1. 工件的安装

1) 两顶尖安装

磨削轴类零件常用顶尖安装，安装方法与车削中的两顶尖安装基本相同(见图2.8.12)。

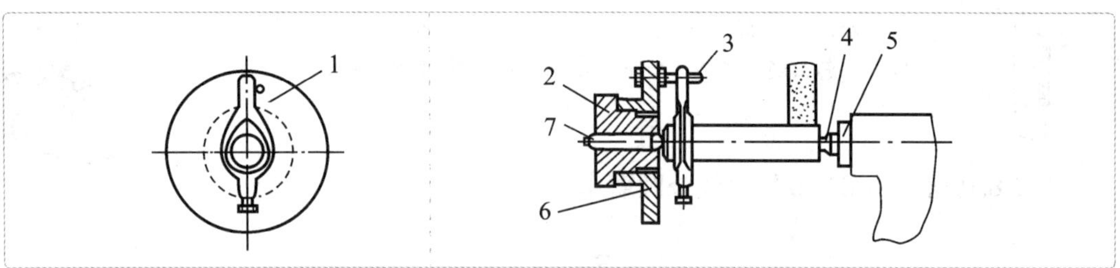

图2.8.12　顶尖安装

1—夹头;2—头架主轴;3—拨杆;4—后顶尖;5—尾架套;6—拨盘;7—前顶尖

磨削前，工件的中心孔均要进行修研，以提高工件几何形状精度和表面粗糙度。

与车床不同的是，磨床用的前顶尖是不随工件旋转的耐磨死顶尖，后顶尖是靠弹簧推力顶紧工件而自动控制松紧程度的(见图2.8.13)。

图2.8.13　磨床的两顶尖

中心孔的修研方法如下。

用四棱硬质合金顶尖在车床上挤研，研亮即可，如图2.8.14(a)所示。

中心孔较大、修研精度要求较高时，可选用油石、橡胶砂轮修研，如图2.8.14(b)所示。

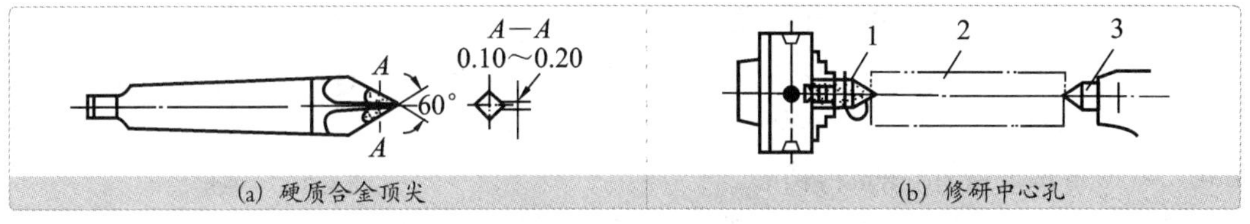

图2.8.14 中心孔的修研

1—油石顶尖;2—工件(手握);3—后顶尖

2) 卡盘安装、芯轴安装

卡盘安装和芯轴安装与车床的使用方法基本相同(见图2.8.15)。

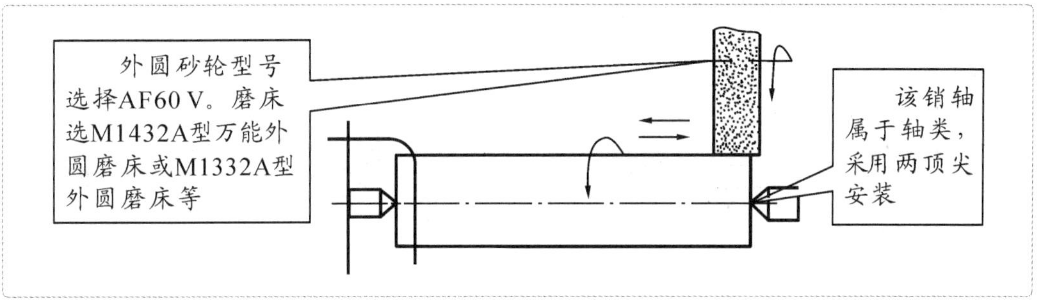

图2.8.15 卡盘安装、芯轴安装

2. 外圆的磨削方法

1) 纵磨法

纵磨法是最常用的磨削方法(见图2.8.16)。

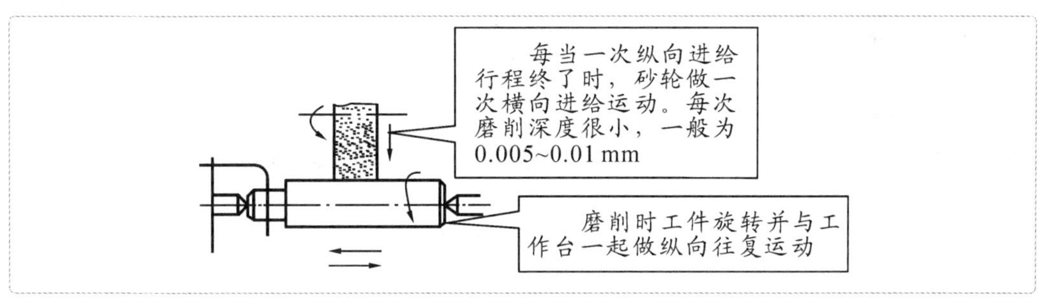

图2.8.16 纵磨法

当工件加工接近最终尺寸时，可在不做横向进给运动的情况下，工作台做纵向往复运动（光磨到火花消失），以提高工件的表面质量。

2）横磨法

磨削时砂轮做连续或间断地横向进给运动，直到磨去全部余量为止。

被磨削的工件外圆长度小于砂轮宽度。

工件无纵向进给运动(见图2.8.17)。

该工件的加工采用纵向磨削，粗磨后留0.018 ~ 0.035 mm的精磨余量再精磨。

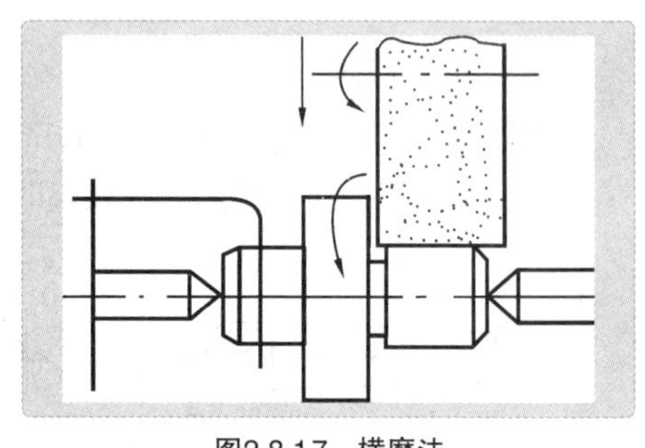

图2.8.17　横磨法

粗、精磨外圆后，被卡箍卡住的轴端有一段还没有磨削，这一段长度称为接刀长度。接刀长度应控制在砂轮的宽度以内(见图2.8.18)。

将工件调头装夹来磨削轴端接刀长度的部分，这种磨削方法称为接刀磨削。接刀磨削用横磨法，先粗磨后精磨(见图2.8.19)。接刀处涂一层薄的显示剂(红油)，然后用横磨法磨削，当磨至显示剂颜色变淡、消失的瞬时即退刀(见图2.8.20)。

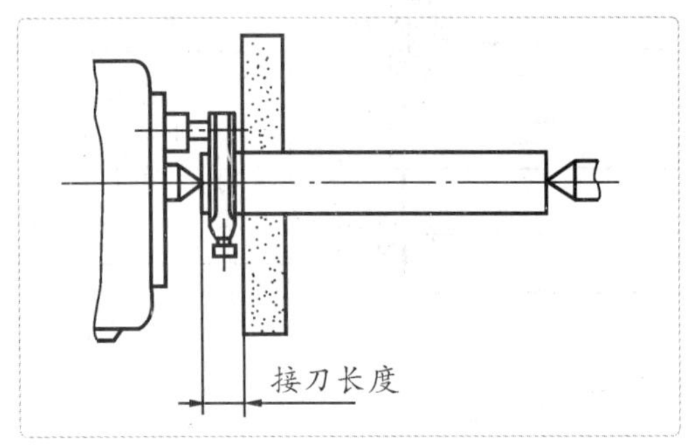

图2.8.18　接刀长度的控制

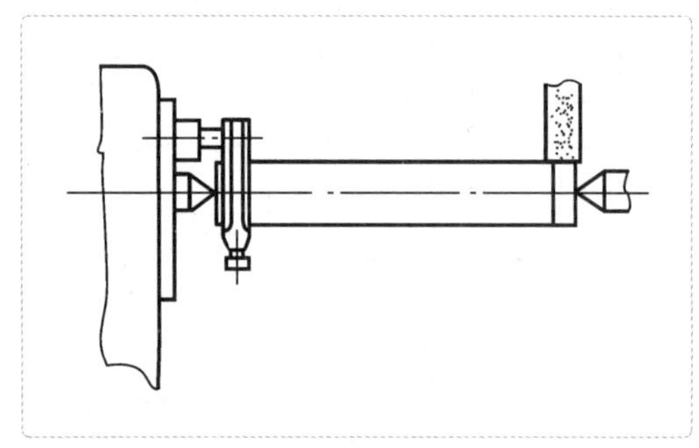

图2.8.19　接刀磨削

图2.8.20　退刀

销轴磨完了(见图2.8.21)，下面来检查一下它是否合格吧。

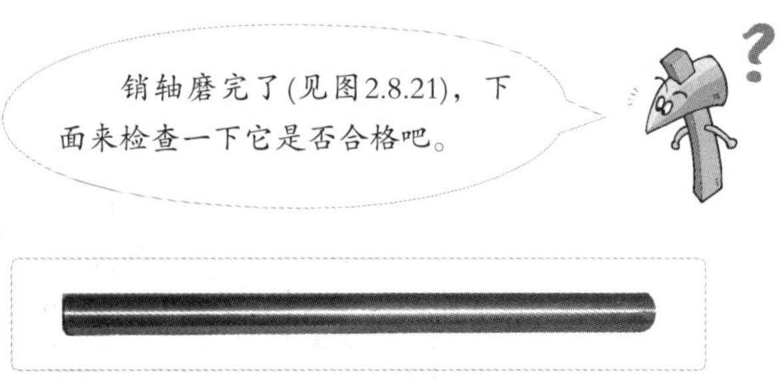

图2.8.21　销轴成品

3. 精度检验方法

1）圆柱度的两点测量法

用外径千分尺测量轴的同一截面内不同方向2 ~ 3个位置的直径，再分别测量2 ~ 4个不同截面、不同方向的直径，取各截面内测得的所有读数中最大与最小读数的差值之半作为该轴的圆柱度误差，如图2.8.22(a)所示。

2）表面粗糙度的测量

表面粗糙度就是工件表面粗糙的程度。零件的表面粗糙度可通过表面粗糙度样块采用比较法来测量，如图2.8.22(b)所示。检验时把样块靠近工件，用肉眼观察比较。

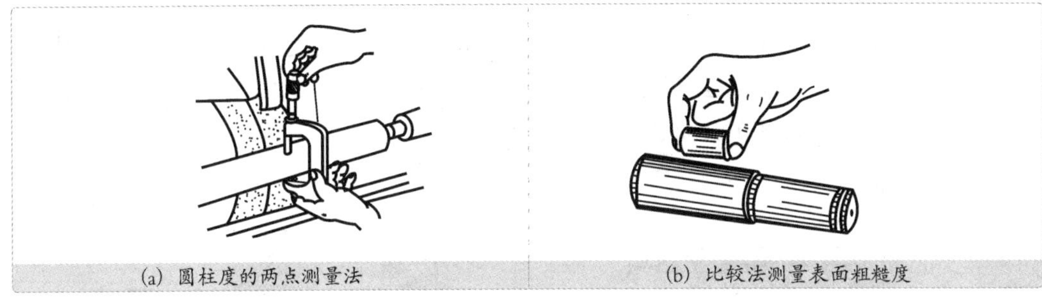

(a) 圆柱度的两点测量法　(b) 比较法测量表面粗糙度

图2.8.22　精度检验方法

五 内圆磨削

孔一般用钻、扩、铰等加工方法来加工，对于直径较大的孔通常要进行镗孔，而孔的精度和表面粗糙度要求较高时，就要进行磨孔，也就是内圆磨削。

下面以M2120型内圆磨床(见图2.8.23)为例讲解内圆磨削，它主要用于磨削内圆柱面、内锥面及端面等。

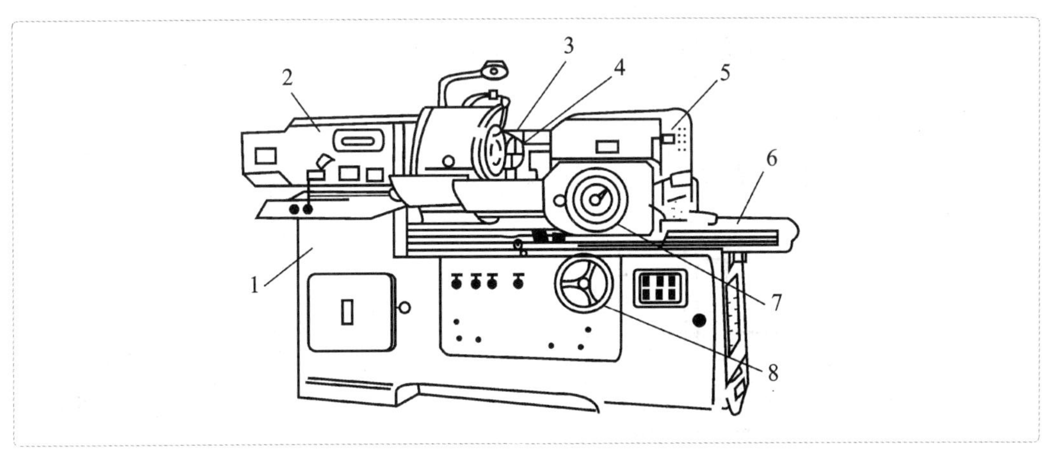

图2.8.23　M2120型内圆磨床

1—床身；2—头架；3—砂轮修整器；4—砂轮；5—砂轮架；6—工作台；7—砂轮架手轮；8—工作台手轮

1. 工件的安装

磨削内圆时，工件一般以外圆和端面作为定位基准，所以通常采用自定心卡盘或单动卡盘等装夹工件。

2. 内圆的磨削方法

磨削内圆的运动与磨削外圆基本相同，但砂轮的旋转方向与磨削外圆相反。内圆的磨削方法包括纵磨法和横磨法(见图2.8.24)。内圆纵磨法与外圆纵向磨削法相同。内圆横磨法适用于内孔长度较短的工件。

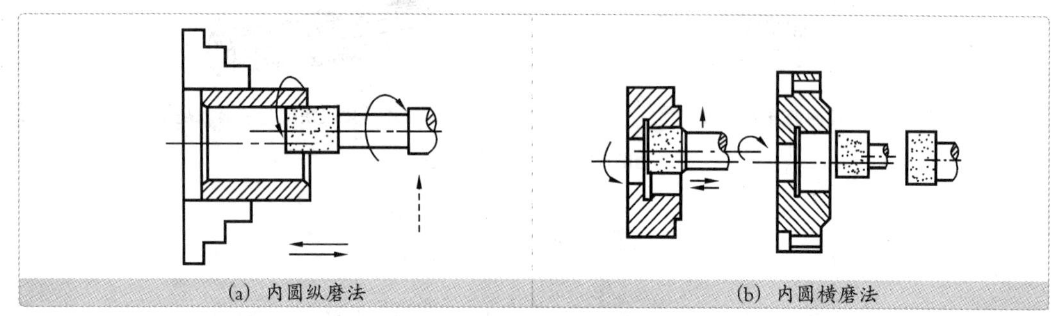

(a) 内圆纵磨法　　(b) 内圆横磨法

图2.8.24　内圆的磨削方法

六 锥面磨削

磨削锥面时，工件轴线中心须相对于砂轮轴线偏斜半个锥角($\alpha/2$)。

1. 偏转工作台法

偏转工作台法用于磨削锥度较小、锥面较长的工件(见图2.8.25)。

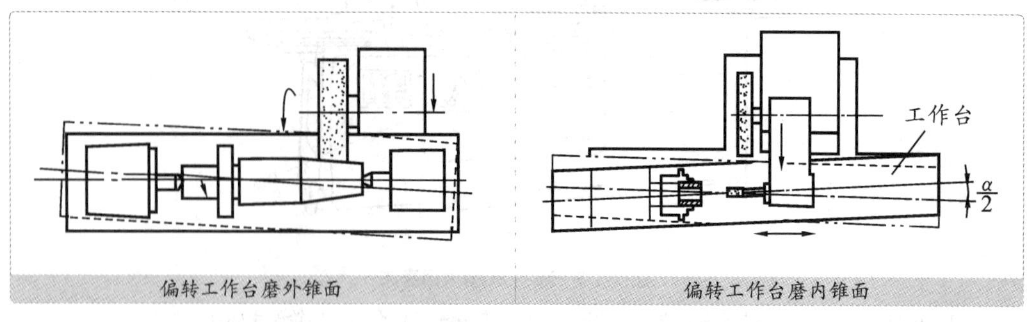

偏转工作台磨外锥面　　偏转工作台磨内锥面

图2.8.25　偏转工作台法

2. 偏转头架法

偏转头架法用于磨削锥度较大的短锥面(见图2.8.26)。

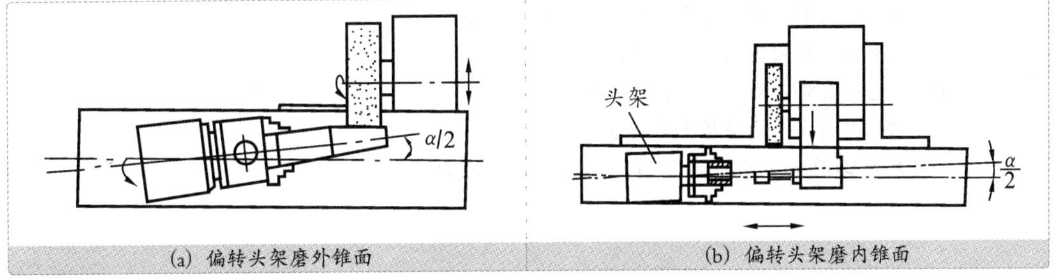

(a) 偏转头架磨外锥面　(b) 偏转头架磨内锥面

图2.8.26　偏转头架法

磨削加工的主要内容就简要介绍这么多。需要特别强调的一点是，只有在磨床上利用砂轮切削工件的加工方法才真正叫“磨”，其他的车啊、铣啊什么的加工方法都不能叫“磨”！要记住了，可别闹笑话。

哇！看来磨工还真是厉害呀！不但干活细致，而且能啃硬骨头！不知道现在社会上磨工用得普遍不普遍？

当然普遍了！因为现在许多机器、仪表的零件越来越精密，而且很多还是用高硬度材料制造的，这就给磨工大显身手提供了更多的机会。

现代磨床正向着更快、更精以及自动化的方向发展，高速磨削、强力磨削、宽砂轮磨削、数控磨削等其他新型磨削方法正逐步取代传统的车、铣、刨等加工工艺。

复习与思考

1.什么是磨削？磨削加工有哪些特点？加工范围有哪些？

2.外圆磨削有哪些装夹方式？各适用于什么场合？

3.外圆磨削、内圆磨削有哪些磨削方法？

4.平面磨削有哪几种方法？试比较其优缺点。

5.非磁性材料在平面磨床上如何装夹？

6.磨削加工时能否用机油作为冷却液使用，为什么？

嗯，我数一数，到现在为止，我们已经了解了好几种机械加工方法，有车削、铣削，还有磨削。有了机器真好！要是没有这些机器设备，恐怕加工起来就很困难了。

呵呵，你的这个想法是不错的。但我问你，世界上第一台机床是用什么机器设备制造出来的？是人用手工制造出来的,就是我们下面要介绍的钳工。

课题九 匠心巧手——钳工

钳工是手持工具对金属工件进行加工、装配的机械加工方法。

一 钳工工艺概述

钳工是机械制造中最古老的金属加工技术，世界上的第一台机床就是用钳工方法加工出来的。

钳工工具简单，操作灵活，可以完成用机械加工不方便或难以完成的工作，所以钳工又被称为“万能工种”。

钳工的主要操作方法有：划线、錾削、锯削、锉削、刮削、钻孔、扩孔、铰孔、攻螺纹、套螺纹、维修、装配等。

钳工的应用范围很广，一般可以完成如下工作。

(1) 完成制作零件过程中的某些加工工序，如孔加工、攻螺纹、套螺纹、刮削等。

(2) 进行精密零件的加工，如样板、模具的精加工，刮削或研磨机器和量具的配合表面等。

(3) 进行机器和仪器的装配、调试、维护和修理。

(4) 在单件、小批生产中，制造一般的零件。

工业发展这么快，为什么还要用手工操作呢？

在实际工作中，某些机械加工不适宜或不能解决的工件，仍需由钳工来完成。如划线、刮削、研磨、机械装配等，至今尚无机械化设备可以全部替代；某些最精密的样板、模具、量具和配合表面(如导轨面和轴瓦面等)，仍需钳工进行精密加工；在单件、小批生产，修配或缺乏设备的情况下，采用钳工制造零件仍是一种经济实用的方法。

二 钳工安全操作规定

钳工安全操作规定，如图2.9.1所示。

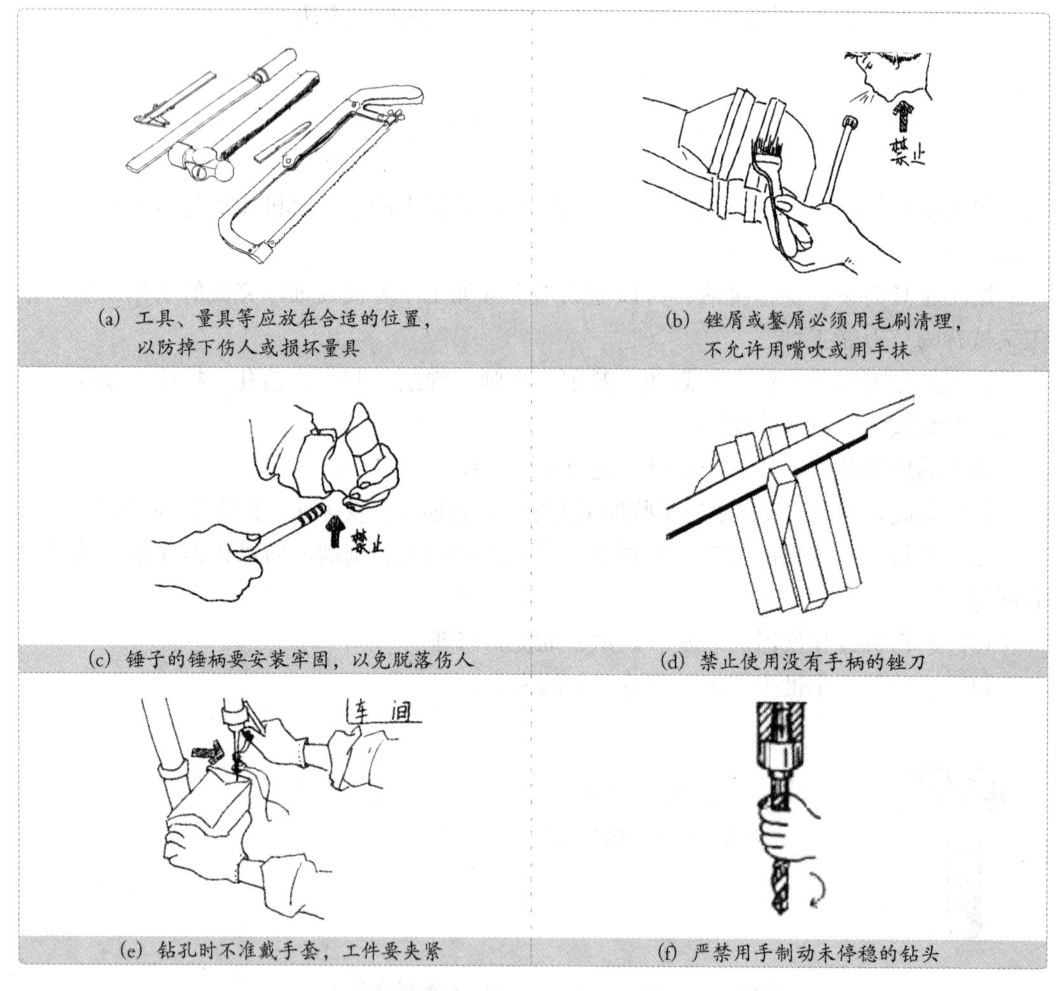

(a) 工具、量具等应放在合适的位置，以防掉下伤人或损坏量具
(b) 锉屑或錾屑必须用毛刷清理，不允许用嘴吹或用手抹
(c) 锤子的锤柄要安装牢固，以免脱落伤人
(d) 禁止使用没有手柄的锉刀
(e) 钻孔时不准戴手套，工件要夹紧
(f) 严禁用手制动未停稳的钻头

图2.9.1 钳工安全操作规定

※真实案例※

案例一 一名实训学生随手乱放一把无柄锉刀，结果不小心碰掉砸在脚上，致脚趾骨折。

案例二 一名实训学生在钻孔时没夹紧工件，致使发生剧烈振动，钻头被折断，台虎钳掉下，险些砸在脚上。

三 划　　线

划线是根据图样或实物的尺寸，准确地在工件表面上划出加工界限的操作。

划线的作用就像裁缝在布料上用粉笔划线剪裁，木工在圆木上用墨斗弹线锯板，来作为加工的依据(见图2.9.2)。

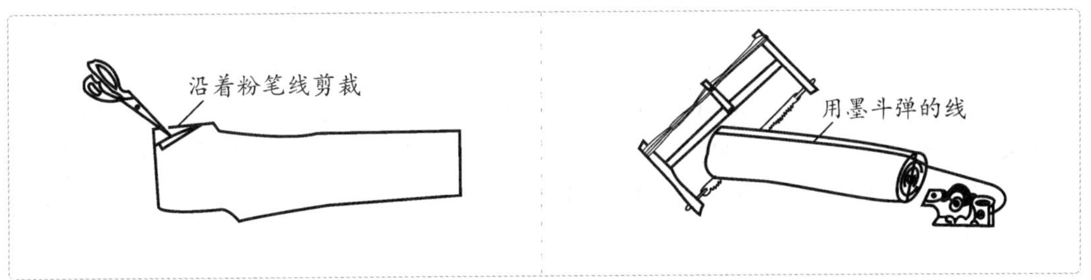

图2.9.2　划线的作用

只需在一个平面上划线，即能明确表示出工件的加工界限，称为平面划线，如图2.9.3(a)所示。

要同时在工件的几个不同方向的表面上划线，才能明确表示出加工界线的，称为立体划线，如图2.9.3(b)所示。

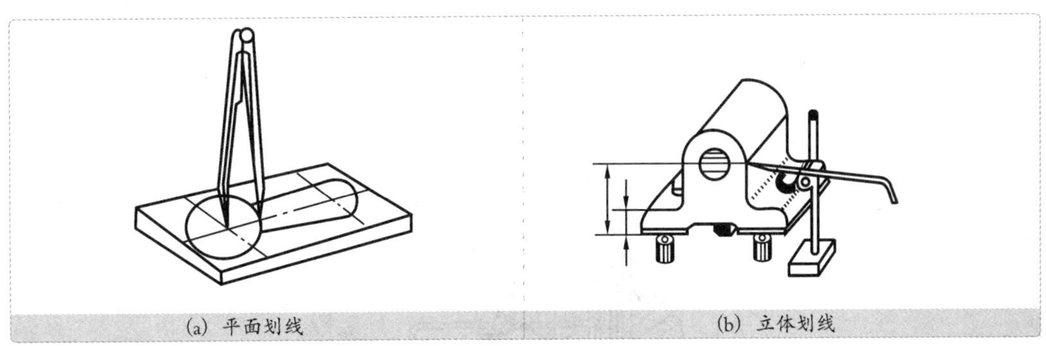

(a) 平面划线　　(b) 立体划线

图2.9.3　划线的种类

1. 划线工具及其使用方法

(1) 划线平板、钢直尺　划线平板作为工件划线时的基准平面，如图2.9.4所示。钢直尺是一种较为常用的测量、划线工具，其使用方法如图2.9.5所示。

图2.9.4 划线平板

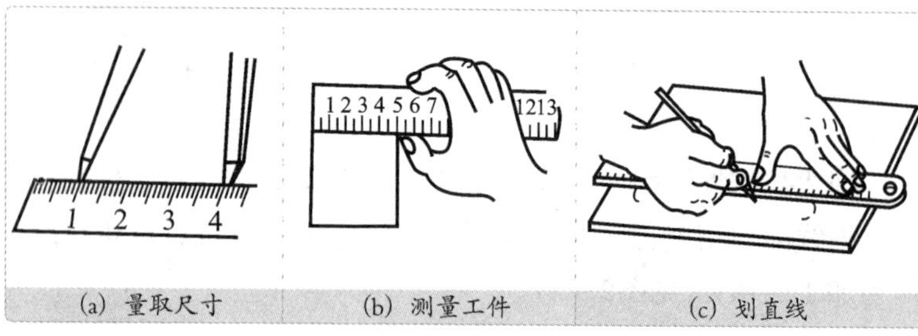

(a) 量取尺寸　(b) 测量工件　(c) 划直线

图2.9.5 钢直尺及其使用方法

(2) 划针、划线盘　划针用来在工件上划线条(见图2.9.6)。它硬度很高，可在普通金属表面划出线痕，其用法如图2.9.7所示。划线盘用来在划线平板上对工件进行划线，或找出工件的加工位置，其用法如图2.9.8所示。

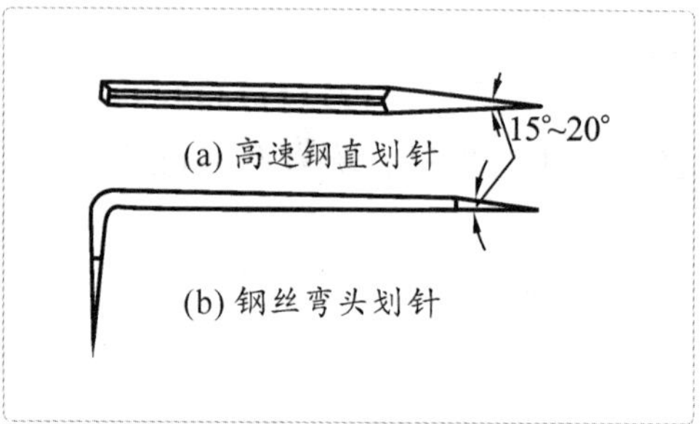

图2.9.6 划针

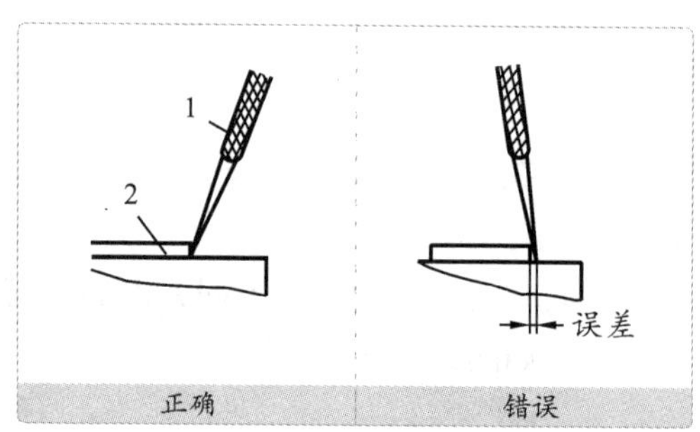

正确　错误

图2.9.7 划针的用法

1—划针；2—钢直尺

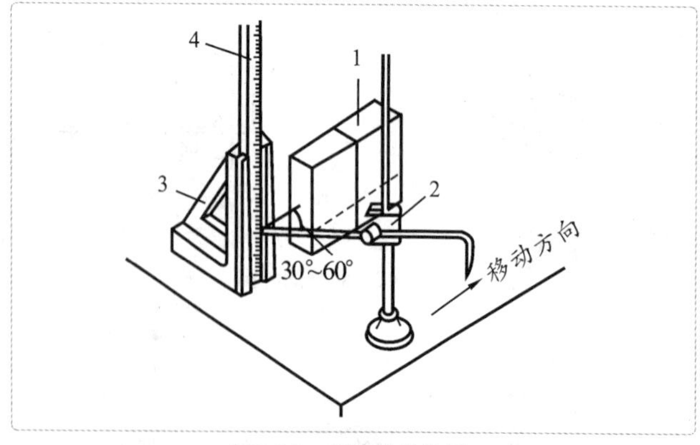

图2.9.8 划线盘的使用

1—工件；2—划线盘；3—尺座；4—钢直尺

(3) 划规　划规用来划圆和圆弧、等分线段、等分角度以及量取尺寸，如图2.9.9所示。

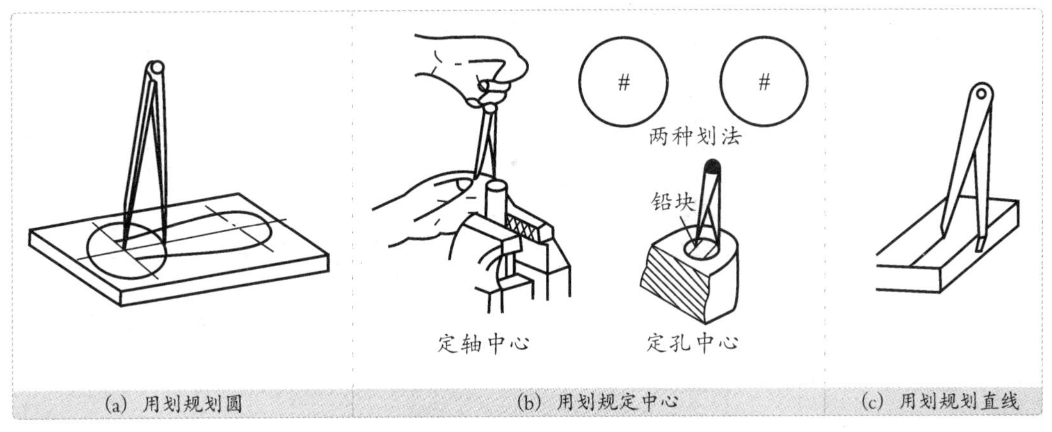

图2.9.9　划规及其使用

(4) 样冲(中心冲)　样冲用于在划好的线上打出样冲眼，以便所划的轮廓线在模糊以后仍能被找到，其使用如图2.9.10所示。

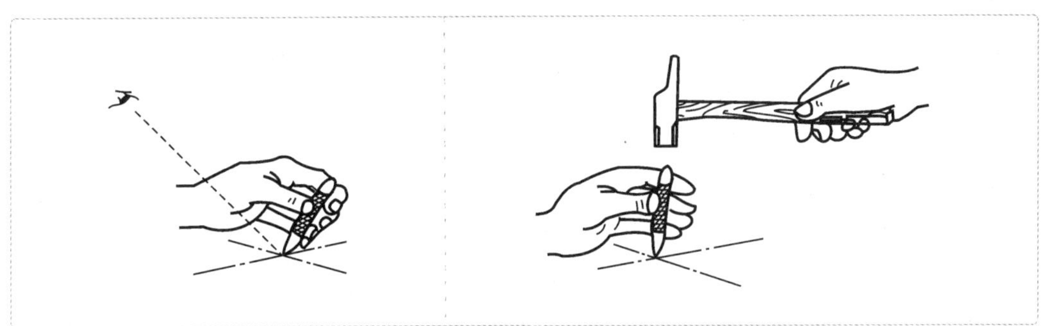

图2.9.10　样冲的使用

(5) V形铁、高度游标尺　V形铁(见图2.9.11)用于支承圆柱形工件，使工件的轴心线与划线平台的平面平行，以便划中心线或找正中心(见图2.9.12)。高度游标尺的使用和游标卡尺一样，可用来测量工件高度，并作为精密划线工具(见图2.9.13)。

图2.9.11　各种V形铁

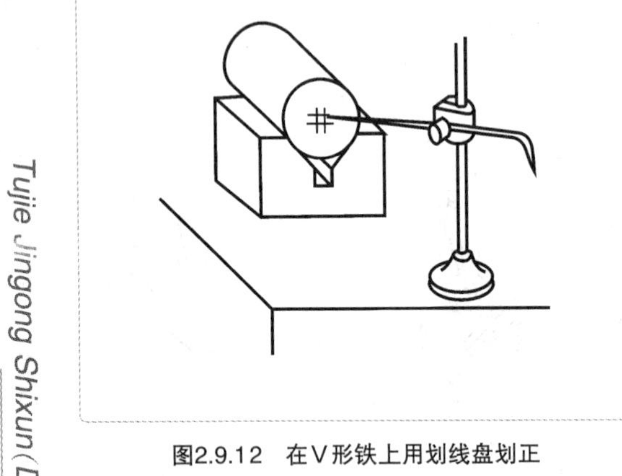

图2.9.12　在V形铁上用划线盘划正

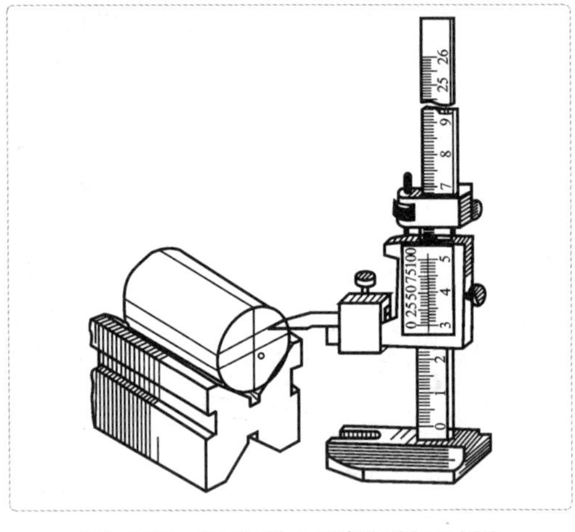

图2.9.13　在V形铁上用高度游标尺划线

(6) 千斤顶　千斤顶是在划线平台上支承工件的工具，用于不规则或较大工件的划线找正(见图2.9.14)。

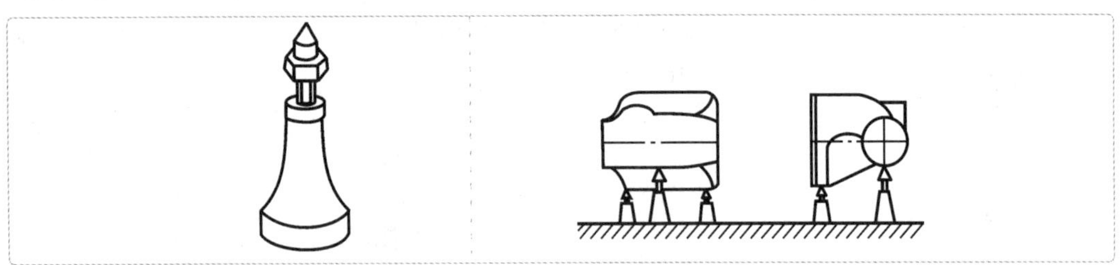

图2.9.14　千斤顶及其使用

(7) 方箱　方箱用于夹持工件并能翻转位置而划出垂直线(见图2.9.15)。

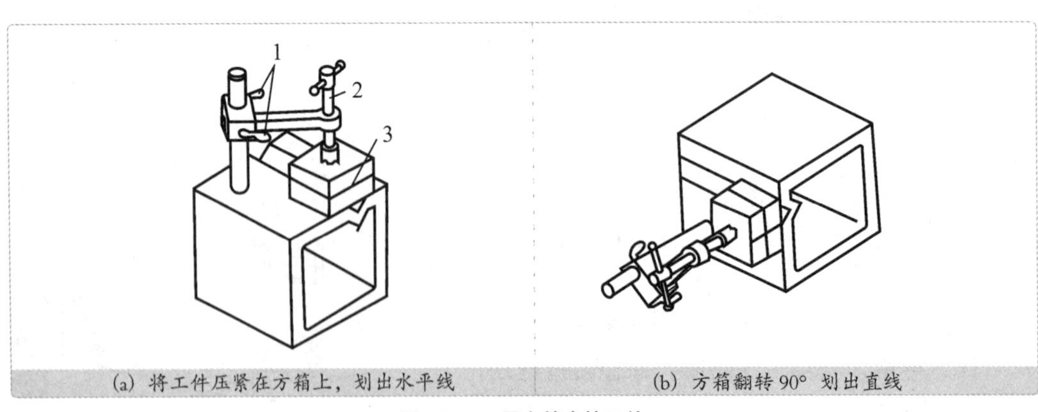

(a) 将工件压紧在方箱上，划出水平线　　(b) 方箱翻转90° 划出直线

图2.9.15　用方箱夹持工件

1—固紧手柄；2—压紧螺栓；3—划出的水平线

2. 划线基准

在工件上划线时，选择工件上的某些点、线或面作为依据，并以此来调节每次划线的高度，划出其他点、线、面的位置，将这些作为依据的点、线或面称为划线基准(见图2.9.16)。

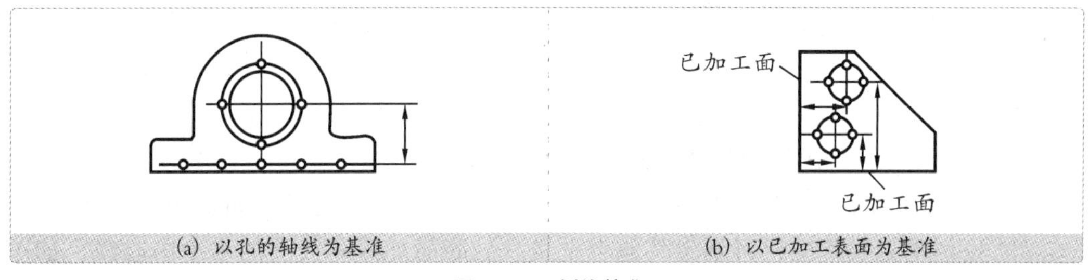

图2.9.16 划线基准

什么是划线基准呢?

其实很简单，比如我们在平面坐标上画图，先要确定坐标原点，这个坐标原点就是该平面坐标的基准。

划线基准的选择原则有如下几个方面。

① 尽量和设计基准相重合。

② 对称的工件，应以对称中心线为基准。

③ 未加工过的毛坯，应以它的较大平面作为基准。

④ 有孔和凸台的工件，应以主要孔和凸台的中心线为基准。

⑤ 若工件上个别平面已加工过，则应以加工过的平面为基准。

3. 划线方法

1) 平面划线的方法

平面划线与几何作图方法相似，所不同的是：几何作图是用铅笔、塑料三角板等，在纸上画图，如图2.9.17(a)所示；平面划线使用的是划针、钢直尺等，在工件的表面上按图样划出所要求的线或点，如图2.9.17(b)所示。

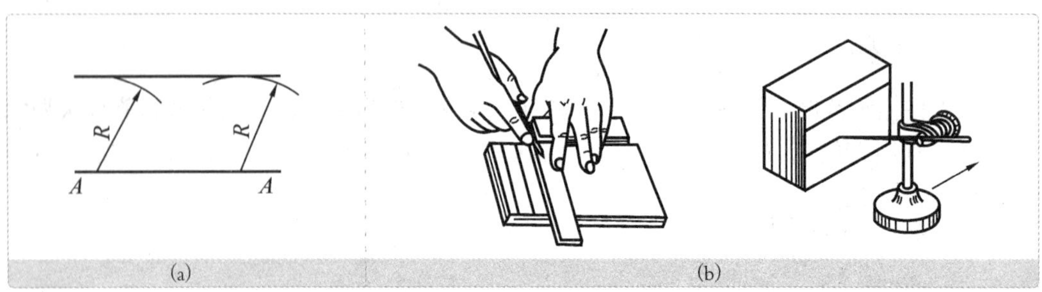

(a) (b)

图2.9.17　平面划线与几何作图的比较

2）立体划线的方法

① 研究图样，找出划线基准，如图2.9.18(a)所示。

② 支承找正工件，根据孔中心及上平面调节千斤顶，使工件水平，如图2.9.18(b)所示。

③ 先划出划线基准，再划出其他水平线。划底面加线和大孔的水平中心线，如图2.9.18(c)所示。

④ 翻转工件，划出其他水平线。转90°，用直角尺校正划大孔的垂直中心线及螺钉中心孔，如图2.9.18(d)所示。

⑤ 再翻转工件，划出其他水平线。再翻转90°，用直角尺找正划螺钉孔另一方向的中心线及大端面的加工线，如图2.9.18(e)所示。

⑥ 检查划出的线是否正确，然后打样冲眼，如图2.9.18(f)所示。

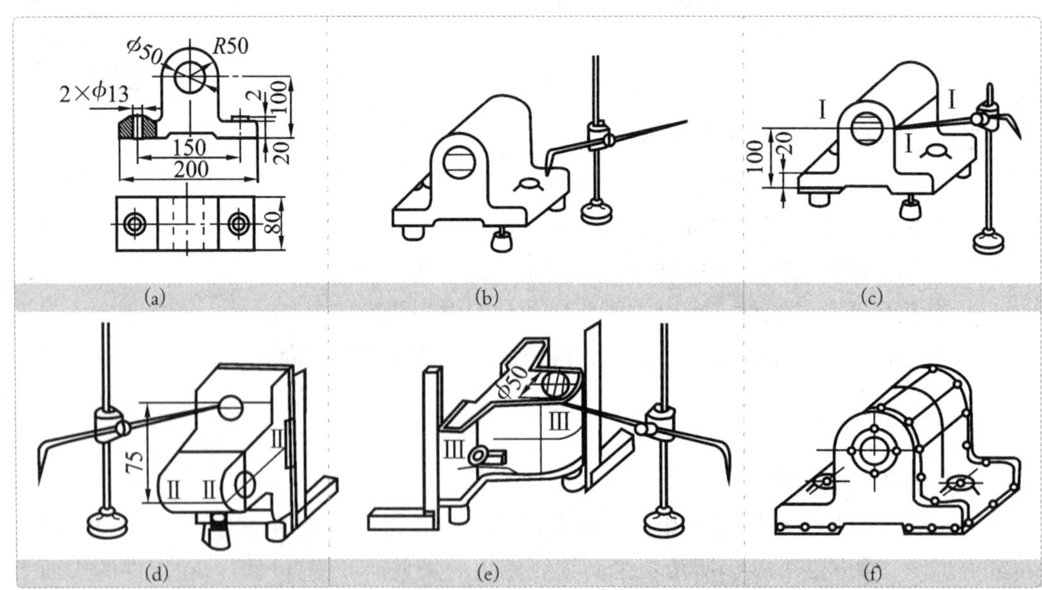

(a) (b) (c)
(d) (e) (f)

图2.9.18　立体划线的方法

四 锯切

锯切又称锯割，是用手锯对工件或原材料进行分割或切槽的一种切削加工方法。

1. 手锯及锯条的安装

手锯及锯条的安装，如图2.9.19所示。

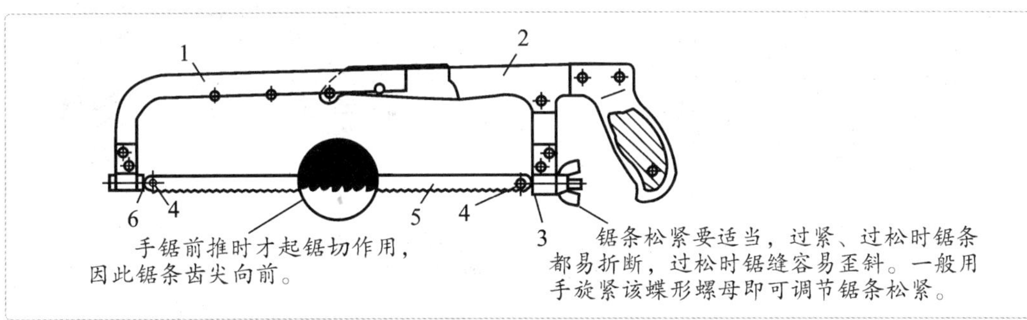

图2.9.19 手锯及锯条的安装

1—可调部分；2—固定部分；3—活动拉杆；4—销子；5—锯条；6—固定拉杆

2. 锯条的正确选用

锯条的选用如表2.9.1所示，锯齿形状如图2.9.20所示。

表2.9.1

锯齿	齿距 t/mm	适用范围
粗齿	1.6	铜、铝等软金属及厚工件
中齿	1.2	普通钢、铸铁及中等厚度的工件
细齿	0.8	硬钢、板料及薄壁管子

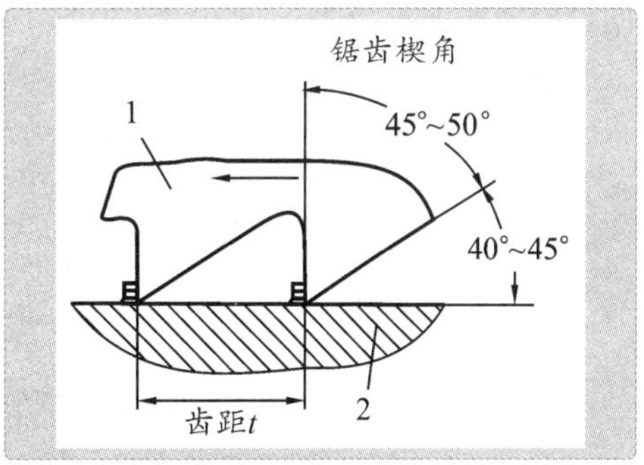

图2.9.20 锯齿形状

1—锯齿；2—工件

3. 锯切操作方法

1）起锯

起锯时以左手拇指靠住锯条，右手稳推手柄，起锯角度应小于15°，锯弓往复行程要短，压力要轻，锯条垂直于工件表面。形成锯口后，逐渐将锯弓改成水平方向(见图2.9.21)。

图2.9.21　起锯的方法

2）锯切要领

锯切的方法，如图2.9.22所示。

① 前推加压，返回时从工件上轻轻滑过。推锯速度以往复40次/分钟为宜。

② 将近锯断时，用力要轻，以防碰伤手臂。

③ 若发现锯口锯偏了，应掉头从另一端重新开锯，而不能在原锯口上靠扭动锯条、调整锯切角度来进行“纠正”。

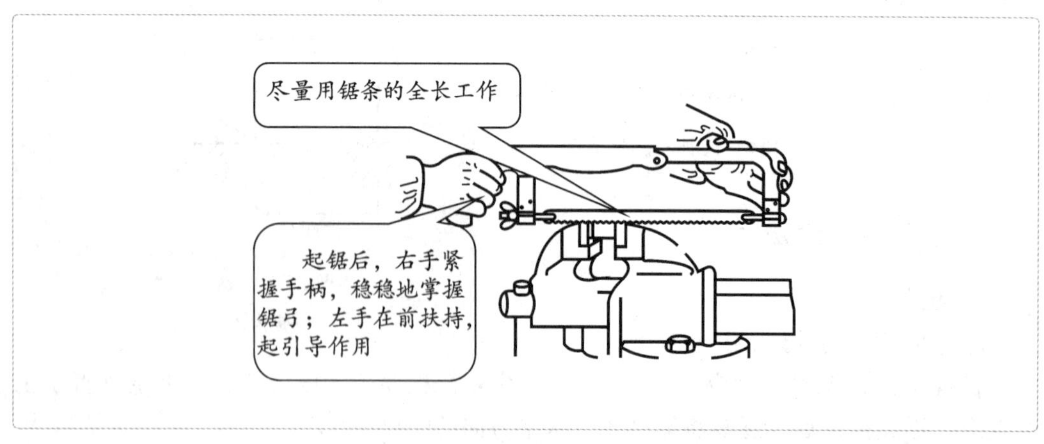

图2.9.22　锯切的方法

五 锉 削

锉削是使用锉刀从工件表面切掉多余金属的加工方法，是钳工的基本操作技术之一。

1. 锉刀

锉刀(见图2.9.23)大小以工作部分的长度表示，分为100 mm、150 mm、200 mm、250 mm、300 mm、350 mm、400 mm七种。锉刀长度的选用取决于工件锉削表面的大小，而锉刀的“粗细”（即锉刀表面切削刃的大小）则取决于工件的软硬程度和加工精度。一般来说，硬料、精加工，选用细锉；软料、粗加工，选用粗锉、中粗锉；高精度的加工，选用油光锉。

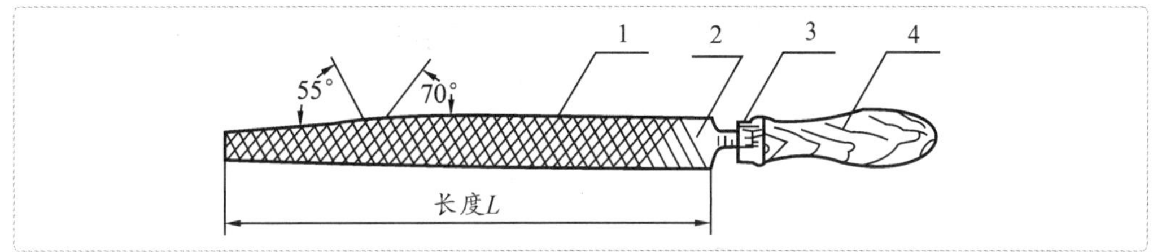

图2.9.23 锉刀的组成

1—锉刀面；2—锉刀根；3—锉刀尾；4—木柄

锉削可以加工平面、内外曲面、内外角度面、沟槽和各种复杂形状的表面，根据加工表面的形状选用不同的锉刀断面形状（见图2.9.24）。

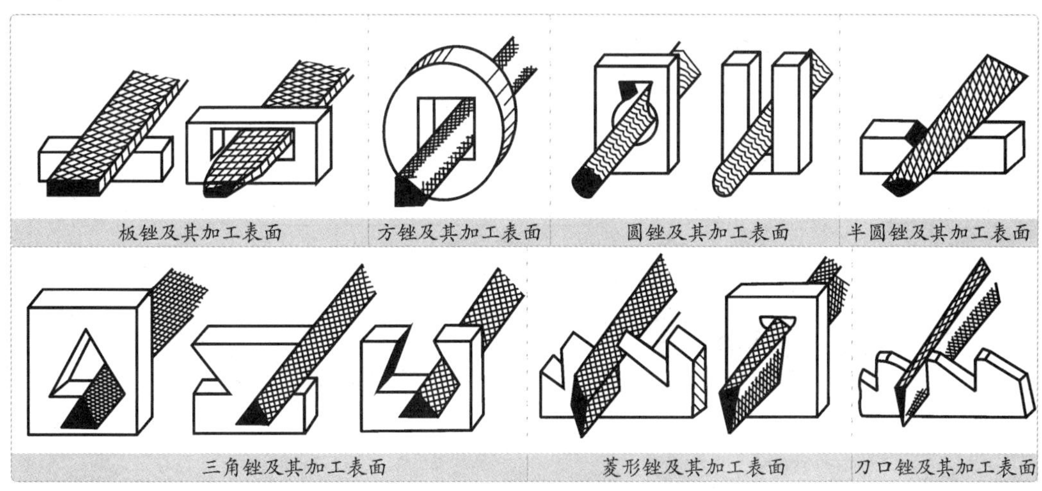

图2.9.24 锉刀的种类及其使用

2. 锉削站立步位

锉削站立步位，如图2.9.25所示。

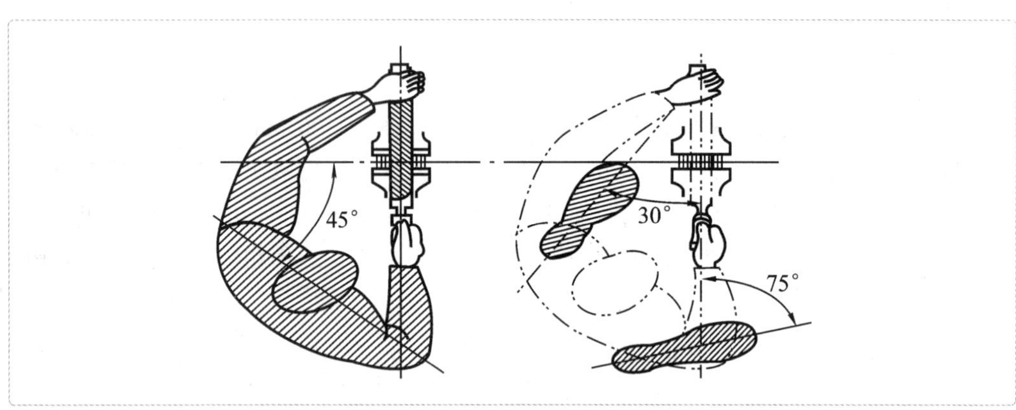

图2.9.25 锉削站立步位

3. 锉刀的握法和工件的安装

锉刀的握法和工件的安装，如图2.9.26所示。

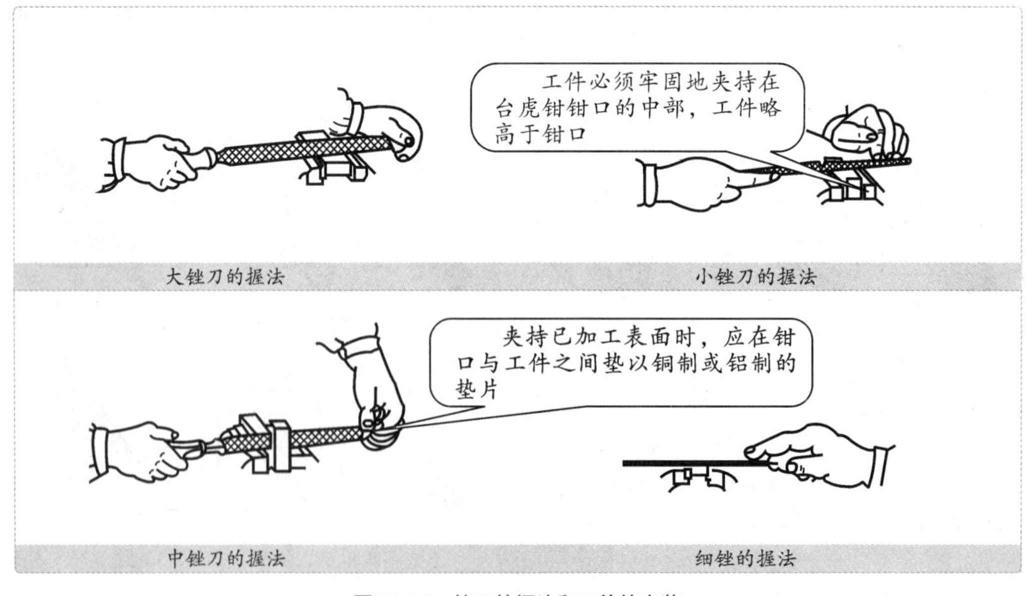

图2.9.26 锉刀的握法和工件的安装

4. 锉削要领

① 要锉出平直的平面，必须使锉刀水平，并引导锉刀做水平运动，如图2.9.27(a)所示。

② 锉削时右手的压力要随锉刀的运动而逐渐增加，左手压力要逐渐减小，如图2.9.27(b)所示。

③ 主要是右手用力，左手保持锉刀水平，并引导锉刀做水平运动，如图2.9.27(c)所示。

④ 回程时不加力，以减少锉齿的磨损，如图2.9.27(d)所示。

锉削速度为往复40次/分钟，推出时稍慢，回程时稍快。为了提高锉削效率，应尽量使用锉刀的有效全长来锉削。

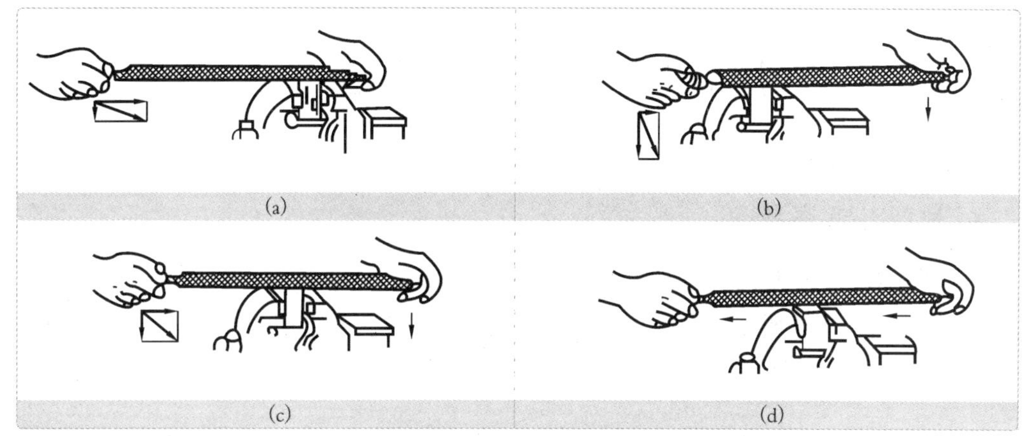

图2.9.27 锉削要领

5. 平面的锉法

(1) 交叉锉 锉刀与工件成50°~60° 角，两个方向交叉进行锉削，这种方法能尽快去掉锉削余量，常用于粗锉，如图2.9.28(a)所示。

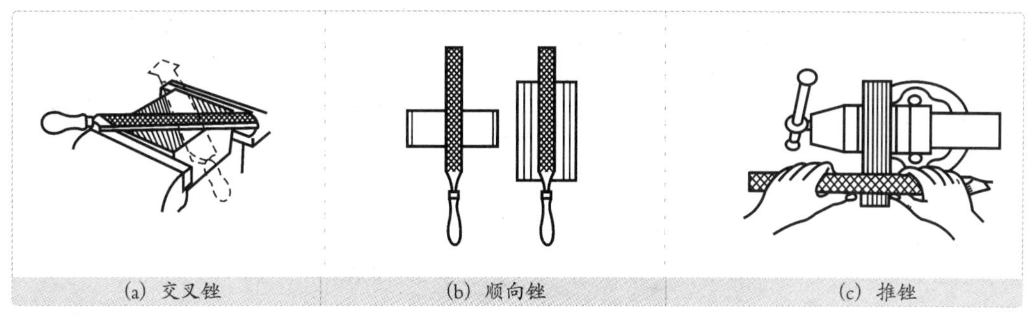

图2.9.28 平面的锉法

（2）顺向锉　锉刀顺着一个方向锉削，适用于小平面和粗锉后的精锉，如图2.9.28(b)所示。

（3）推锉　双手横握锉刀往复锉削，适用于狭长面和余量较小时的修整，如图2.9.28(c)所示。

哈哈，我知道了！交叉锉就如同我们在家里剁饺子馅，先沿一个方向剁，然后换一个与之交叉的方向再剁，这样就能很快地把肉馅剁碎。而顺向锉、推锉就如同擦皮鞋，要顺着一个方向擦，皮鞋才能越擦越亮。

6. 锉削注意事项

① 锉刀不可沾油与沾水，不要用手摸工件的表面，以防锉时打滑。

② 不能用嘴吹铁屑，而应经常用毛刷、钢丝刷或薄铁片清除(见图2.9.29)。

7. 检验

锉削时工件的尺寸可用钢直尺或卡尺检验；工件的平直及直角可用直角尺根据是否透过光线来检验(见图2.9.30)。

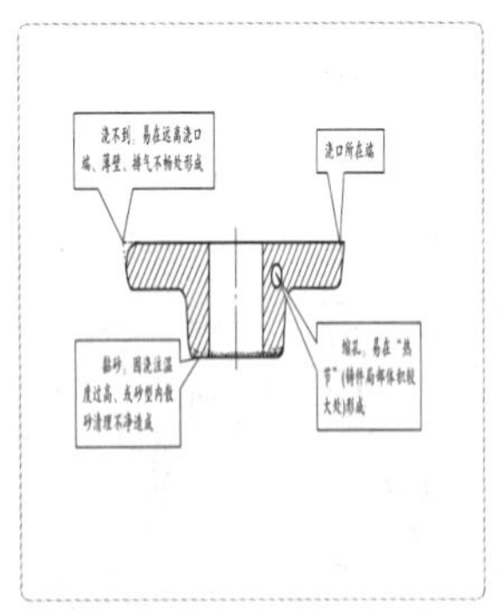

图2.9.29　用薄铁片清除锉刀上的铁屑

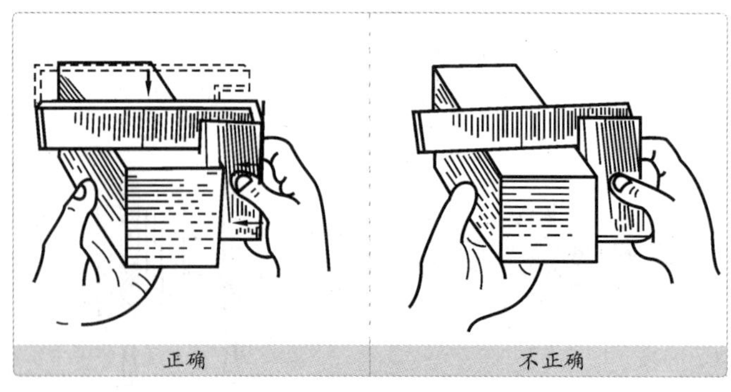

图2.9.30　检验的方法

六 錾　削

錾削是用锤子锤击錾子，对金属工件进行切削加工的方法(见图2.9.31)。

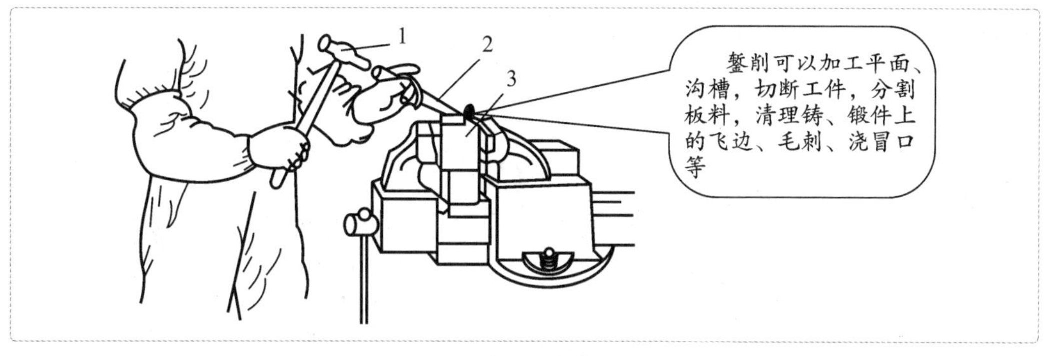

图2.9.31 錾削

1—手锤;2—錾子;3—工件

1. 錾削工具

1）锤子

其规格用锤头的质量表示，有0.25 kg、0.5 kg、0.75 kg、1 kg等多种规格,常用的是0.5 kg 锤子(见图2.9.32)。

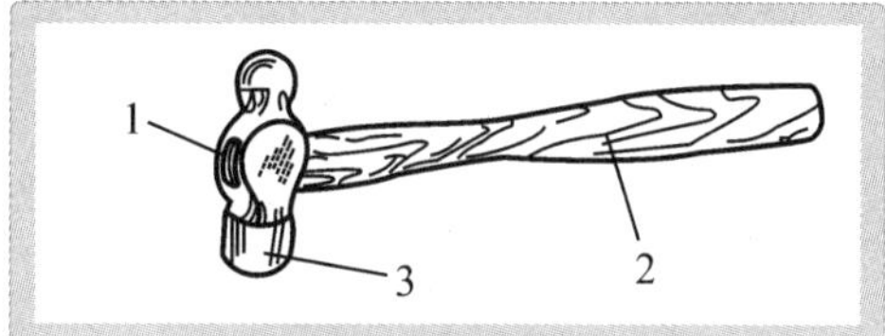

图2.9.32 锤子

1—斜楔铁;2—木柄;3—锤头

2）錾子

常用的錾子有扁錾、槽錾、油槽錾三种(见图2.9.33)：

① 扁錾用于錾平面和錾断金属，它的刃宽一般为10 ~ 15 mm；

② 槽錾用于錾槽，它的刃宽约5 mm；

③ 油槽錾用于錾油槽，它的錾刃应磨成与油槽形状相符的圆弧形。

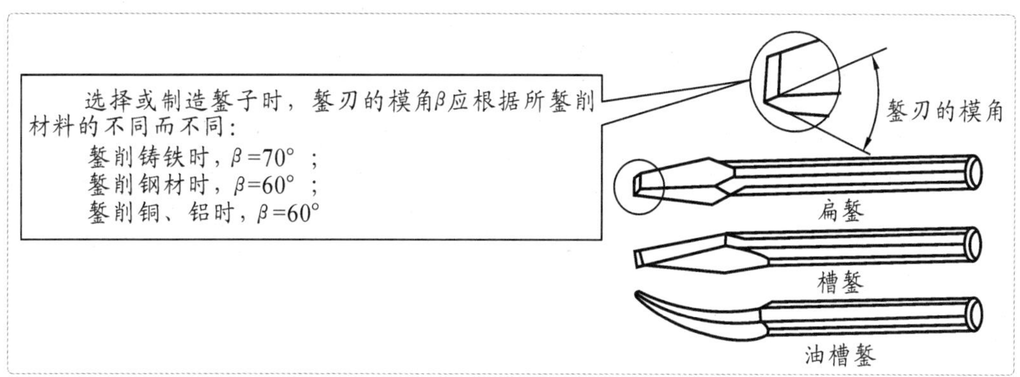

图2.9.33 錾子

2. 錾削姿势

1）锤子、錾子的握法

握锤子应先松后紧，保持自然，如图2.9.34(a)所示，握錾子应轻松自如，主要用中指夹紧，如图2.9.34(b)所示。

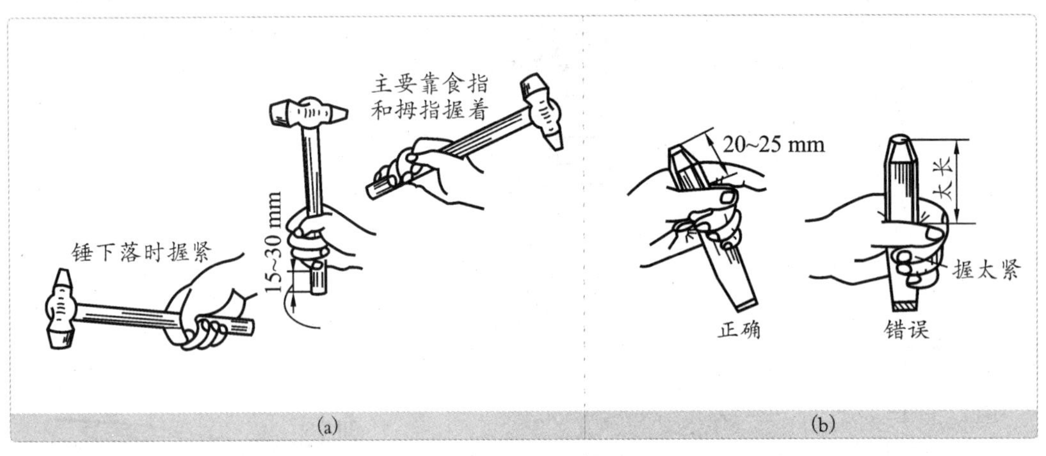

图2.9.34 手锤、錾子的握法

2）錾削的姿势

錾削的姿势应便于用力，不易疲劳，如图2.9.35所示。

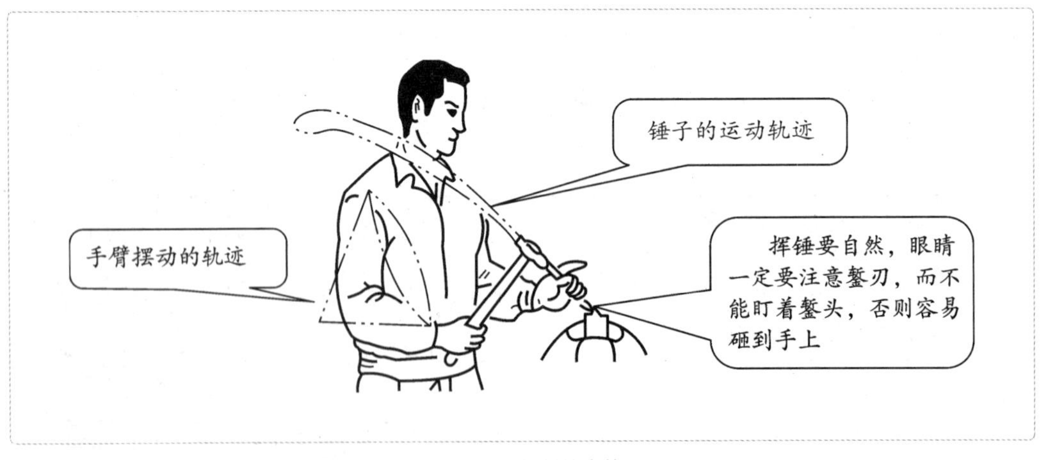

图2.9.35 錾削的姿势

3. 錾削方法

1）起錾

起錾的方法有两种，即斜角起錾和正面起錾（见图2.9.36）。

斜角起錾适用于錾削槽。起錾时刃口贴住工件錾削部位的端面，錾出一个斜面，再按正常角度錾削。

正面起錾适用于錾削平面。先在工件的边缘尖角处，将錾子放成负角，錾出一个斜面，再按正常的錾削角度向中间錾削。

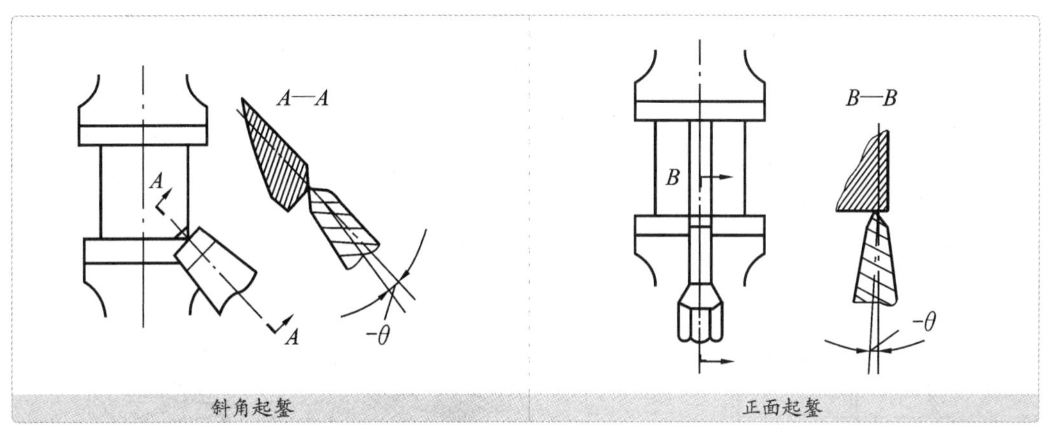

图2.9.36 起錾的方法

2）正常錾削

錾削时应使后角 α 保持在5°～8° 之间，如图2.9.37(a)所示。后角过大，錾子易扎向工件深处，如图2.9.37(b)所示。后角过小，錾子易打滑，如图2.9.37(c)所示。

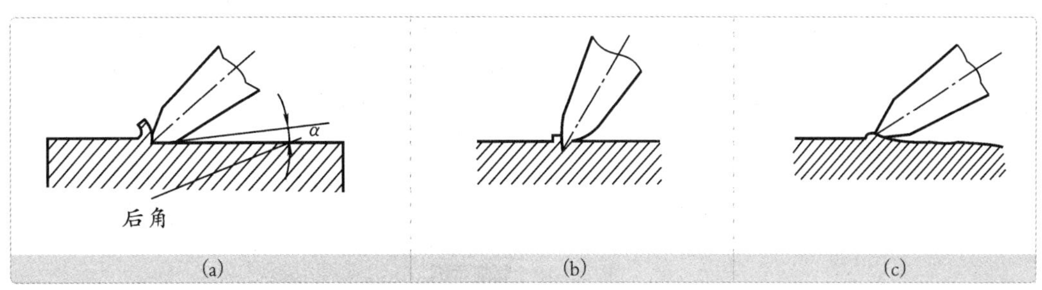

图2.9.37 保持錾平的方法

3）收尾的錾削方法

收尾的錾削方法如图2.9.38所示。

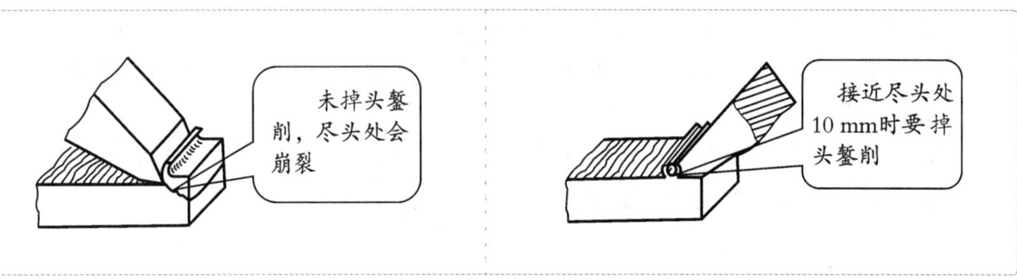

图2.9.38　收尾的錾削方法

4. 錾削示例

錾削示例如图2.9.39所示。

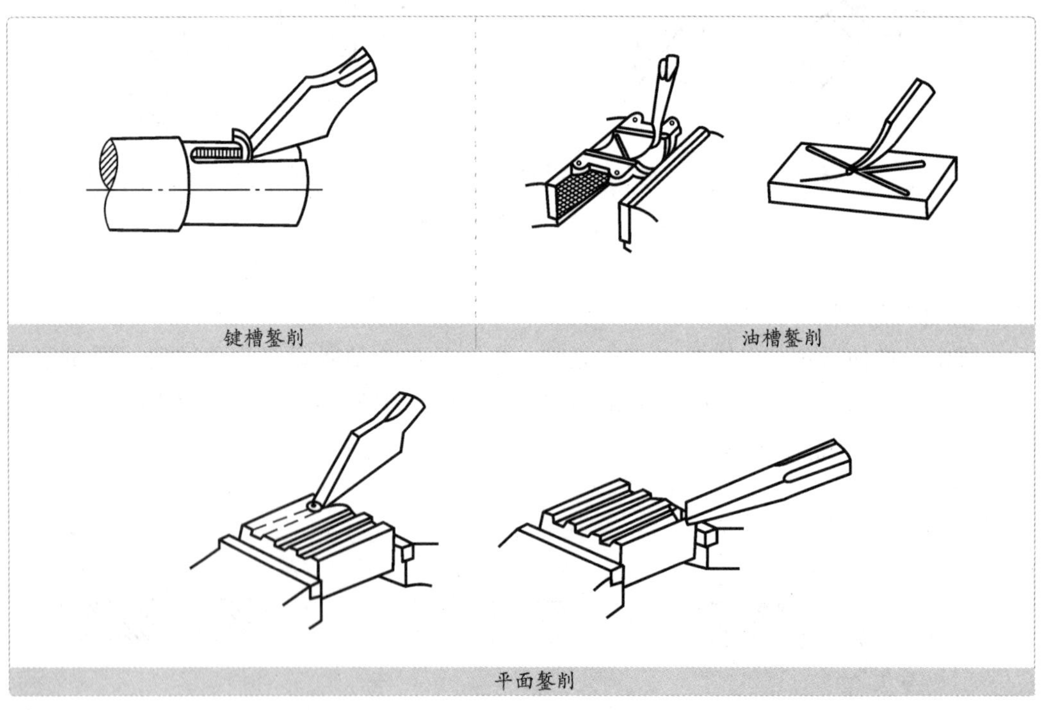

图2.9.39　錾削示例

七 钻孔、扩孔及铰孔

各种零件上孔的加工，除了一部分由车、铣、镗等工种来完成外，其余大部分是由钳工利用各种钻床和钻孔工具来进行钻孔、扩孔和铰孔的(见图2.9.40)。

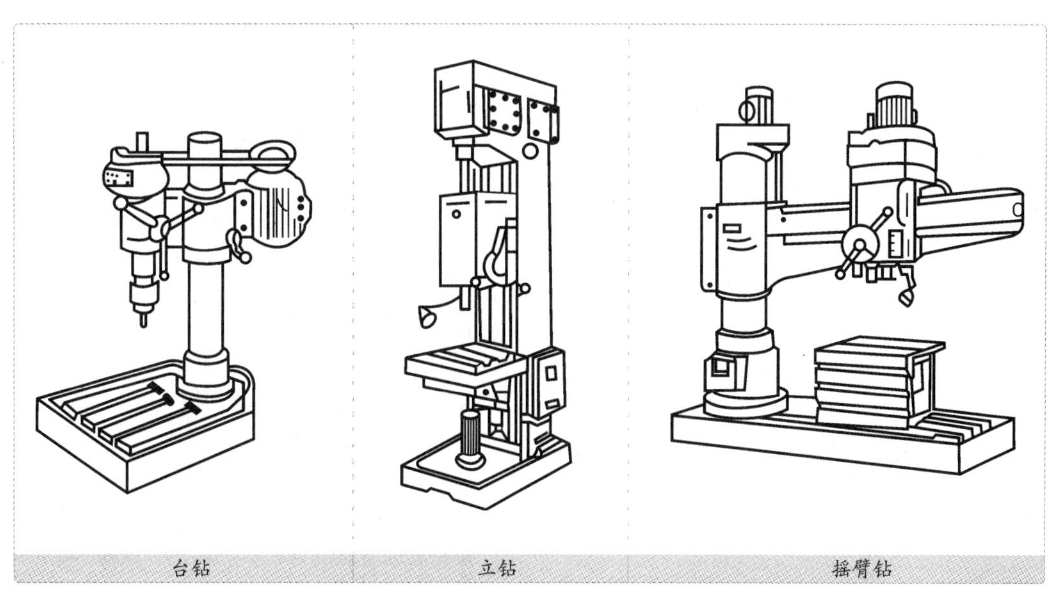

图2.9.40 各种钻床

1. 钻孔

钻孔是用钻头在实体材料上加工出孔的方法，属于粗加工，常常作为攻螺纹、铰孔等加工工序的前道工序。

1）钻床

常规设备有台式钻床(简称台钻)、立式钻床(简称立钻)和摇臂钻床。目前，先进设备有数控钻床。

2）钻头

钻头为各种规格的麻花钻。麻花钻的组成部分如图2.9.41所示。钻头安装部分的柄部分为两种：直径在13 mm以下时，柄部一般做成圆柱形（直柄）；直径在13 mm以上时，一般做成锥柄。麻花钻的工作原理如图2.9.42所示。

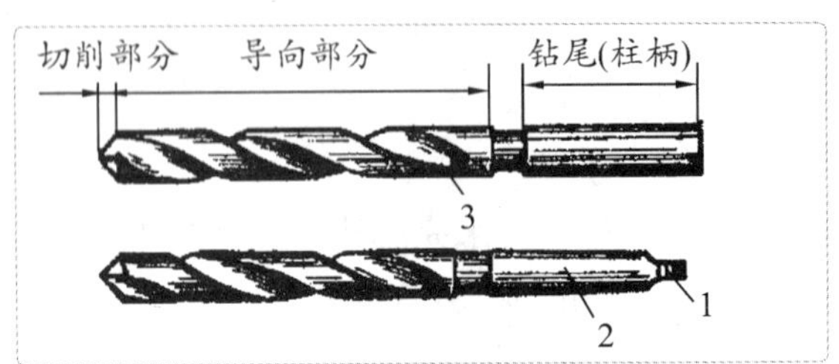

图2.9.41 麻花钻的组成部分

1—扁头；2—锥柄；3—螺旋槽

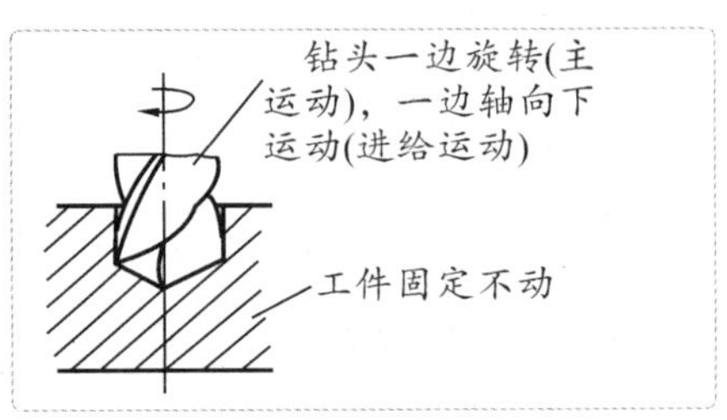

图2.9.42 麻花钻的工作原理

3）钻头的装夹

直柄钻头可以用钻夹头装夹（见图2.9.43），通过转动固紧扳手来夹紧或放松钻头。

锥柄钻头可以直接装在机床主轴的锥孔内，钻头锥柄尺寸较小时，可以用钻套过渡连接，如图2.9.44所示。

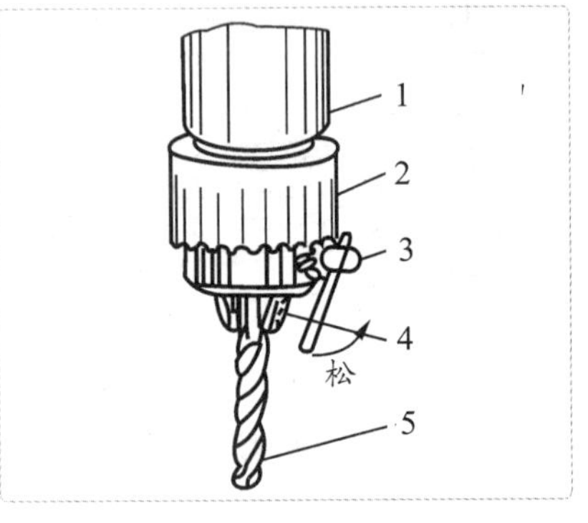

图2.9.43 用钻夹头夹持钻头

1—钻床主轴；2—钻夹头；3—固紧扳手；4—自动定心夹爪；5—钻头

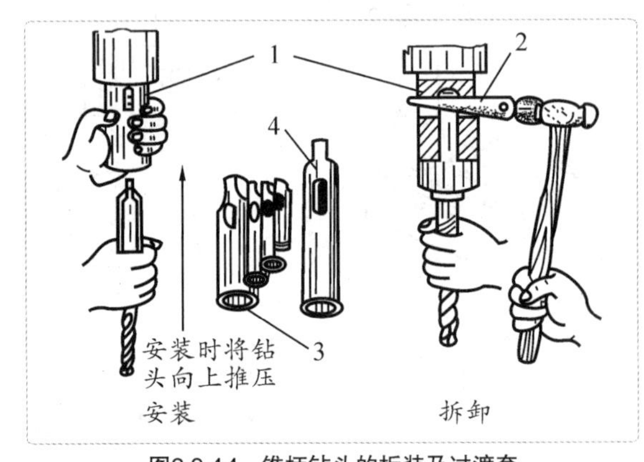

图2.9.44 锥柄钻头的拆装及过渡套

1—钻床主轴；2—锲铁；3—锥孔；4—过渡套筒

4) 工件的安装

大型工件直接放在工作台上进行钻孔，中、小型工件常用下列方法装夹，如图2.9.45所示。

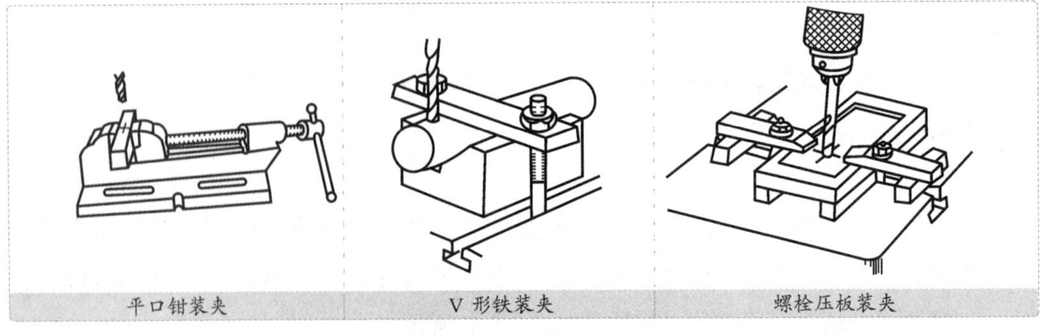

图2.9.45 钻孔时的工件安装

5）钻孔的方法(见图2.9.46)

① 钻孔前在工件上划出孔的加工中心线，在中心线交点处打出样冲眼。

② 对准样冲眼试钻一个浅坑，判断是否对中，如发现偏心，要及时纠正。

③ 材料较硬和钻孔较深时，应在钻孔中不断将钻头抽出，以便排屑并防止钻头过热。

④ 钻薄板时，为了防止振动，应在下面加垫木块或铸铁块。

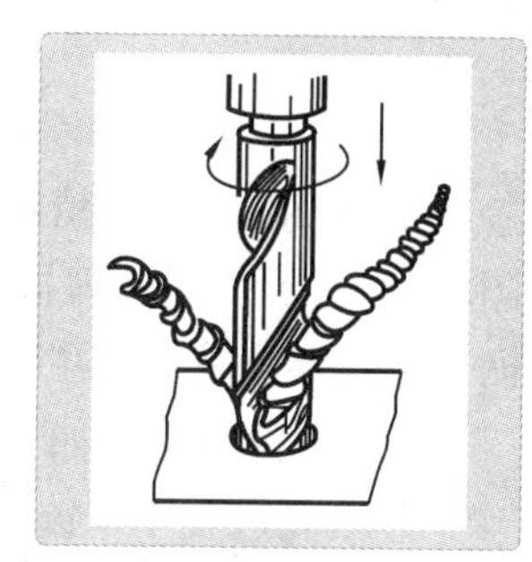

图2.9.46 钻孔

⑤ 钻孔时为了降低切削温度，提高钻头的耐用度，应加切削液。

图2.9.47所示为对台虎钳活动钳口进行钻孔。

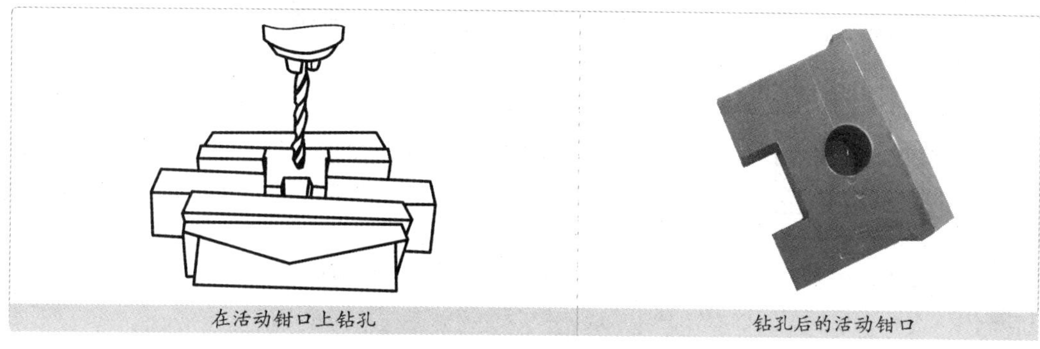

在活动钳口上钻孔　　钻孔后的活动钳口

图2.9.47 台虎钳活动钳口钻孔

2. 扩孔

用扩孔钻对已加工出的孔作进一步的扩大加工称为扩孔(见图2.9.48)。扩孔可以校正孔的轴线偏差，提高孔的加工精度，是孔的半精加工。

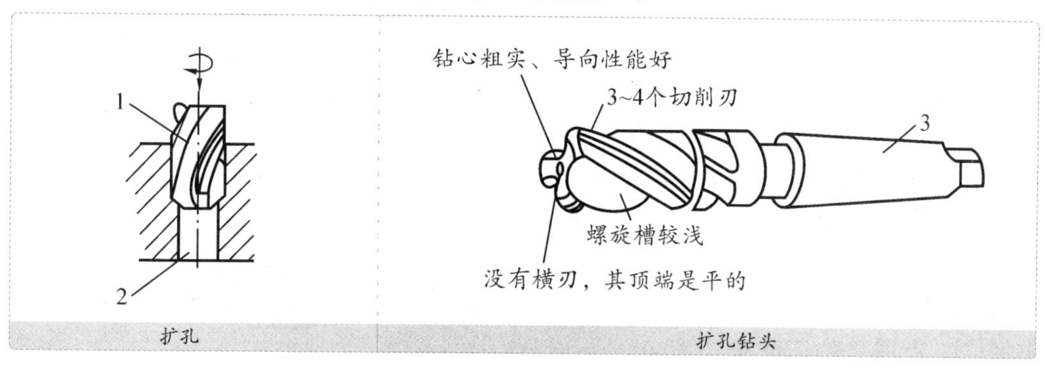

扩孔　　扩孔钻头

图2.9.48 扩孔和扩孔钻头

1—扩孔钻头；2—已加工出的孔（铸出、锻出或钻出）；3—锥柄

3. 铰孔

用铰刀对孔进行精加工的方法称为铰孔(见图2.9.49)。铰刀分为手铰刀和机铰刀，如图2.9.50所示。手铰刀柄部为直柄，工作部分较长，用铰杠手工铰孔。机铰刀柄部为锥柄，工作部分较短，在钻床或车床上铰孔。

铰孔时注意事项如下。

① 铰孔过程中，铰刀在任何时候都不能倒转；否则，切屑挤住铰刀会划伤孔壁，使铰刀刀刃崩裂。

② 铰削时要选用适当的切削液。

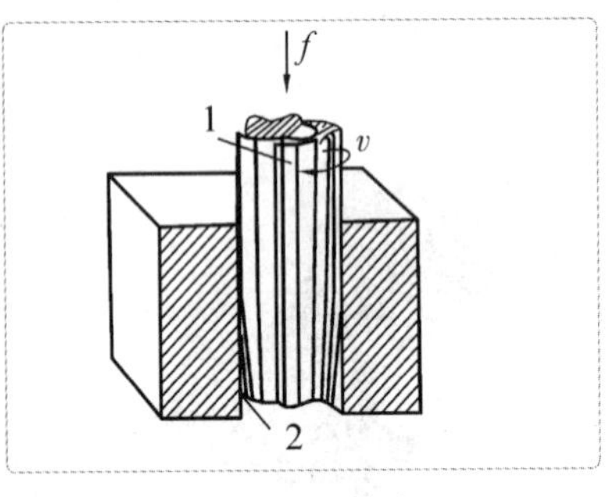

图2.9.49 铰孔

1—铰刀;2—余量(直径上约为0.05～0.2 mm)

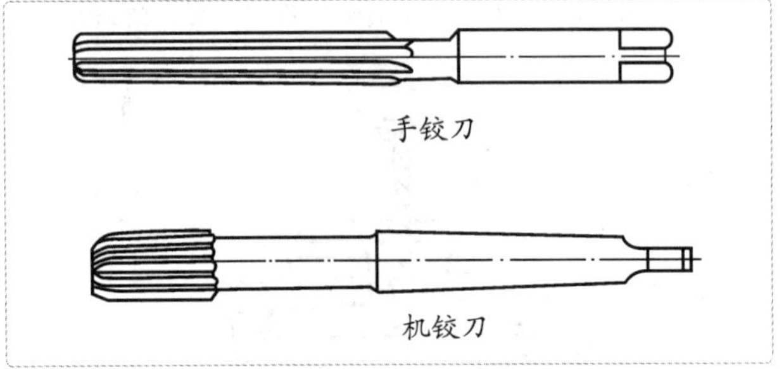

图2.9.50 铰刀

八 攻螺纹和套螺纹

1. 攻螺纹

攻螺纹(俗称攻丝)是用丝锥加工内螺纹的操作。

1）丝锥和丝锥扳手

丝锥是加工内螺纹的刀具(见图2.9.51)。丝锥扳手(又称铰杠)，是用于夹持丝锥和铰刀的工具(见图2.9.52)。加工普通三角螺纹的丝锥为两只一套，分别称为头锥、二锥。攻螺纹时先用头锥(头锥较“尖”，便于在孔中定位)，再用二锥(二锥较“精”)。

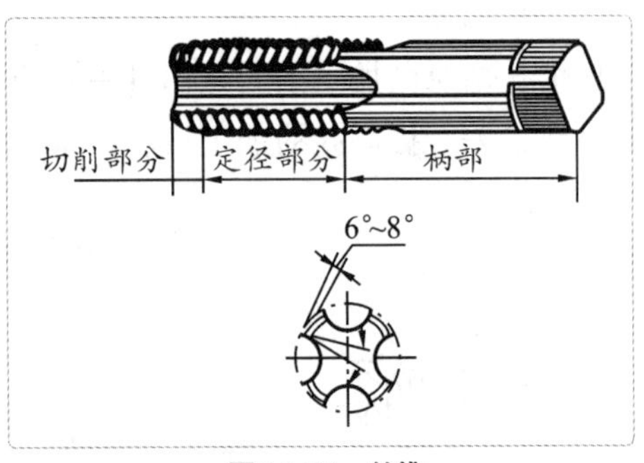

图2.9.51 丝锥

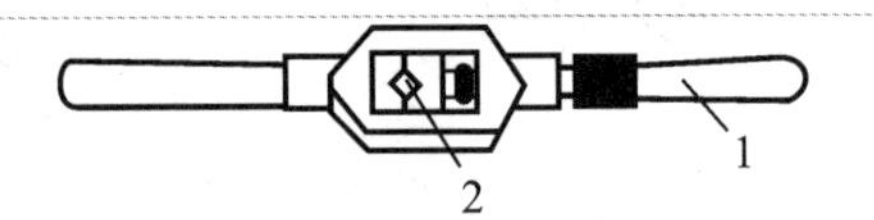

图2.9.52 铰杠

1—可调部分;2—方孔

2）攻螺纹的操作步骤

① 攻螺纹前首先要钻孔，也称钻底孔，如图2.9.53(a)所示。

② 在底孔的端面用锪钻倒角，以便丝锥起攻，如图2.9.53(b)所示。

③ 起攻。一手用手掌按住铰杠中部，沿丝锥中心线用力下压，另一手配合做顺向旋转，如图2.9.53(c)所示。

④ 检查垂直度。在丝锥攻入1 ~ 2圈后，从前后、左右两个方向用直角尺进行检查，使丝锥垂直，并不断调整至要求位置，如图2.9.53(d)所示。

⑤ 正常攻丝时，两手用力要均匀，如图2.9.53(e)所示，要经常反转1/2 ~ 1/4圈以断屑或清屑。用头锥攻完后，用二锥再攻一遍。

攻钢料螺纹时，应加机油润滑，以减少切削阻力和提高螺纹的表面质量。

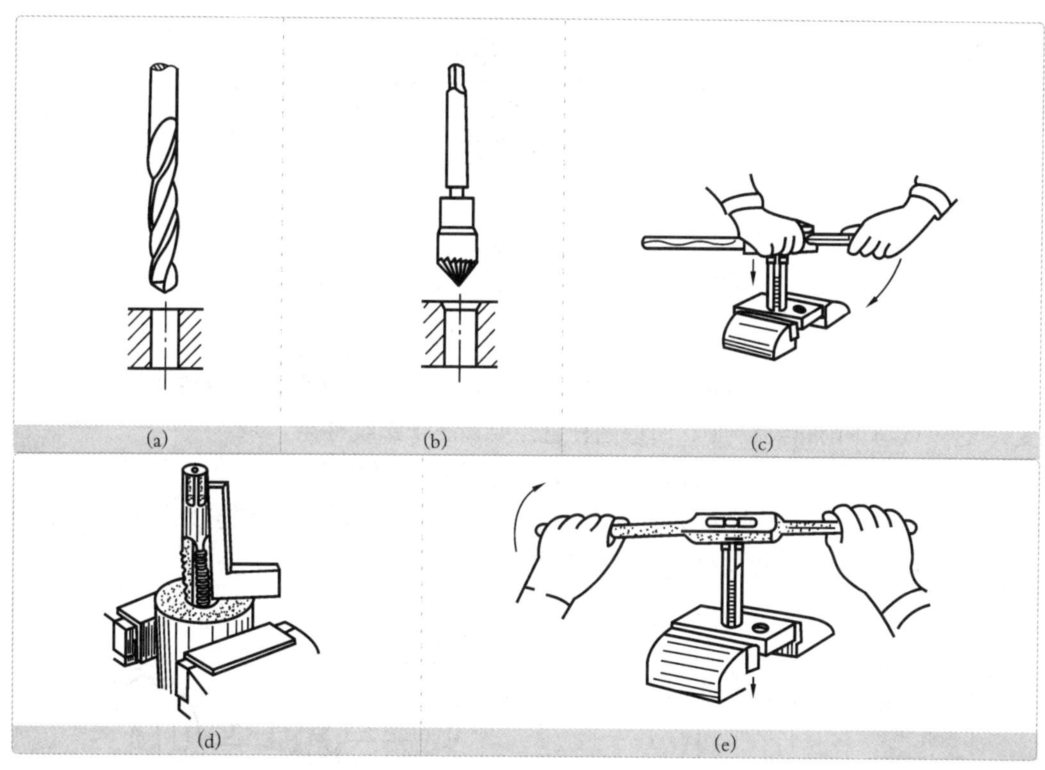

图2.9.53 攻螺纹的操作步骤

2. 套螺纹

套螺纹（俗称套扣）是用板牙切出外螺纹的操作。

1）板牙和板牙架

套螺纹所使用的工具是板牙和板牙架。板牙是加工小直径外螺纹的成形刀具，其外形与圆形螺母相似(见图2.9.54)。板牙架(见图2.9.55)是用来夹持板牙、传递扭矩的工具。板牙架与板牙配套使用。

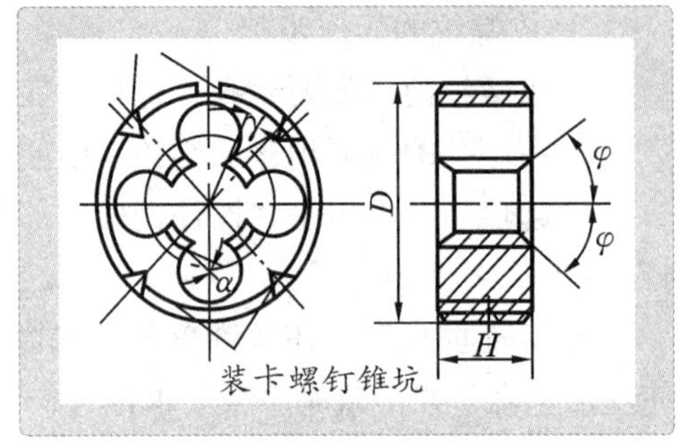

图2.9.54　圆板牙

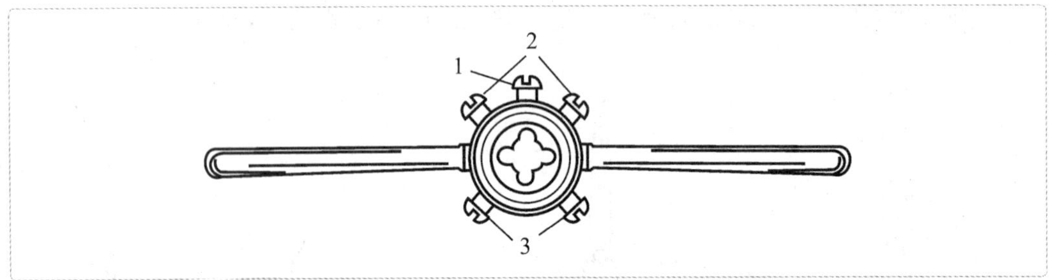

图2.9.55　板牙架

1—撑开板牙螺钉；2—调整板牙螺钉；3—紧固板牙螺钉

2）套螺纹的操作步骤

（1）套螺纹前圆杆直径的确定　用板牙套螺纹时，材料被挤压，形成的螺纹外径会变大(这一点与车削螺纹相似)，所以圆杆直径要稍小于螺纹外径。

圆杆直径＝螺纹外径－0.13倍螺距

（2）套螺纹的操作(见图2.9.56)　起套的方法与攻螺纹相同。正常套螺纹时不加压力，让板牙自然引进，也要经常反转以断屑，并应加机油润滑。

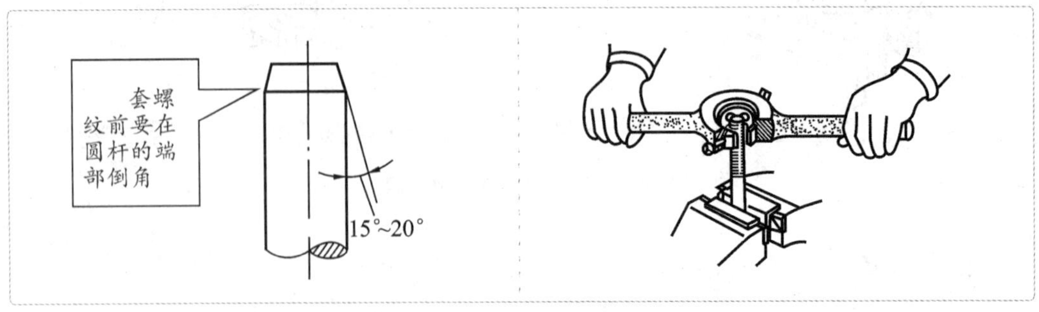

图2.9.56　套螺纹的方法

九 刮　削

用刮刀在工件已加工表面刮去一层很薄金属的操作方法称为刮削。

那我就不明白了，已经机械加工过了，为什么还要刮削呢？

刮削是钳工中的一种精密加工方法，它可以刮去机械加工遗留下来的刀痕、表面细微不平及中部凹凸，改善表面质量。经刮削的表面会留下微浅刀痕，可形成存油空隙，以减少运动部件的摩擦阻力，提高工件的耐磨性。因此刮削常用在工件形状精度要求较高或相互配合的滑动表面，如划线平台、机床导轨、滑动轴承等。

1. 刮刀

刮刀分为平面刮刀和曲面刮刀两大类，如图2.9.57所示。平面刮刀用来刮削平面和外曲面，曲面刮刀(三角刮刀)用来刮削内曲面。

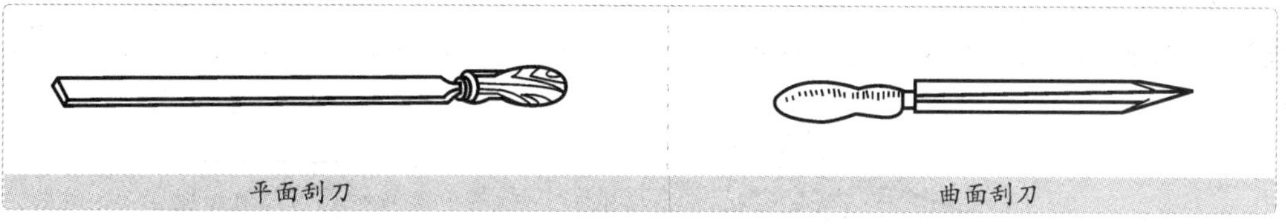

图2.9.57　刮刀

2. 平面刮削的方法和步骤

(1) 手刮法　手刮法用于加工余量小的工件。如图2.9.58(a)所示，右手握住刀柄，左手握住刮刀近刀头50 mm处，刮刀与刮削平面成25° ~ 30° 角，刮削时右臂向前推动刮刀，左手向下压并引导刮削方向。

(2) 挺刮法　挺刮法用于加工余量大的工件。如图2.9.58(b)所示，将刀柄顶在小腹右下侧，距刀刃80 ~ 100 mm处双手握住刀身，用腿、臂部的力量使刮刀对准研点向前推挤的瞬间，同时用双手将刮刀抬起。

图2.9.58 平面刮削的方法

3. 平面刮削质量的检验

刮削后的平面可用研点法来检验。

① 研点，如图2.9.59所示。

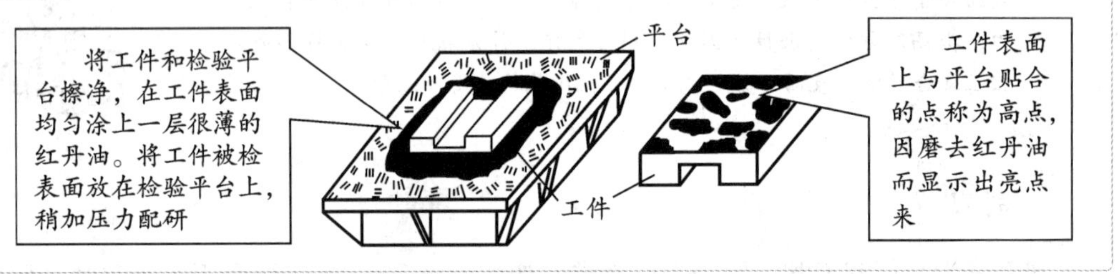

图2.9.59 用平台研点检验

② 刮去亮点，再配研；再刮去亮点，再配研。反复进行，直到达到所要求的贴合点数为止。刮削质量的检验如图2.9.60所示。

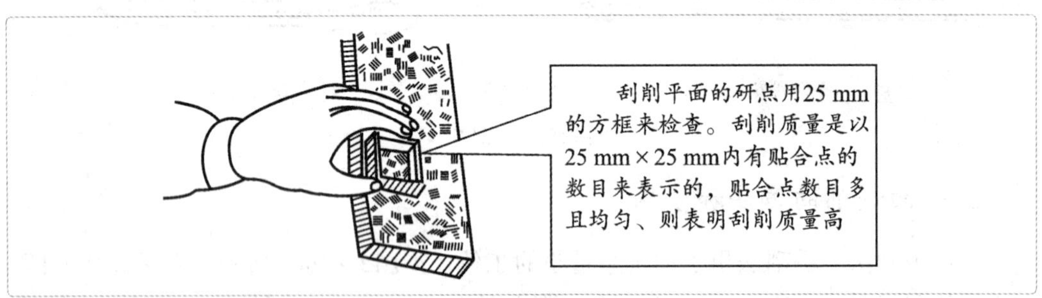

图2.9.60 刮削质量的检验

4. 曲面刮削方法

① 三角刮刀多用来刮削精度要求较高的滑动轴承的轴瓦，以得到与轴颈良好的配合。

② 检验轴瓦刮削研点的方法，先在轴瓦上涂色，然后与轴颈配研。

⊕ 装　配

装配是把合格的零件按规定的技术要求连接成部件或机器的工艺过程。

1. 装配基础知识

任何一台机器都可以划分为若干零件、组件和部件，所以装配又包括：①组件装配；②部件装配；③总装配。

① 组件装配　将若干个零件安装在一个基础零件之上从而构成了组件。例如车床床头箱中的一根传动轴，是将齿轮等零件装配在轴上而成的组件。

② 部件装配　将若干个零件、组件安装在另一个基础零件上而构成部件（独立机构）。例如车床上的主轴箱、进给箱就是单独的部件。

③ 总装配　将若干个零件、组件、部件安装在另一个较大、较重的基础零件上而构成产品。例如将几个箱体安装在床身上从而装配成车床。

2. 装配工艺过程

一般组件结构如图2.9.61所示。

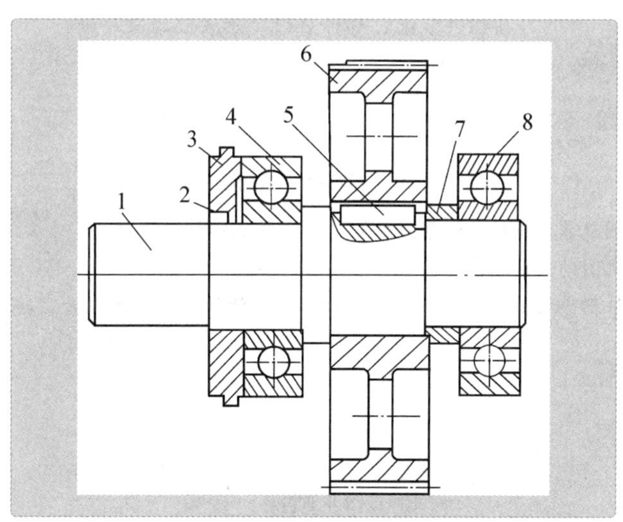

图2.9.61　组件结构图

1—大轴；2—毡圈；3—透盖；4—左轴承；5—键；6—齿轮；7—垫套；8—右轴承

①将键配好，轻打装在轴上。

② 压装齿轮。

③ 放上垫套，压装右轴承。

④ 压装左轴承。

⑤ 在透盖槽中放入毡圈，并套在轴上。

一般来说，装配按照下列步骤进行。

（1）装配前的准备工作

① 研究装配图的技术要求，了解产品的结构、零件的作用及相互连接的关系。

② 确定装配方法、程序和所用工具。

③ 领取并清洗零件，可用柴油或煤油去除掉零件上的锈蚀、切屑、油污及其他脏物，然后涂上一层润滑油。若有毛刺应及时修去。

↓

（2）装配

按组件装配、部件装配、总装配的次序进行。

↓

（3）调整、检验、试车

① 调整——调节零件或机构的相互位置、配合间隙和松紧程度。

② 检验——机器的工作精度检验。

③ 试车——机器装配好后，按设计要求进行的灵活性、工作时温升、转速、振动、噪声等运转试验。

↓

（4）喷漆、装箱

3. 螺纹连接的装配

螺纹连接的主要技术要求是：获得规定的预紧力（有时需使用力矩扳手）；螺母、螺栓（螺钉）不产生偏斜和歪曲；防松装置可靠。

装配一组螺纹时，为了保证零件贴合面受力均匀，应按一定的顺序来旋紧(见图2.9.62)，并且不要一次完全拧紧，应按顺序分两次或三次旋紧。

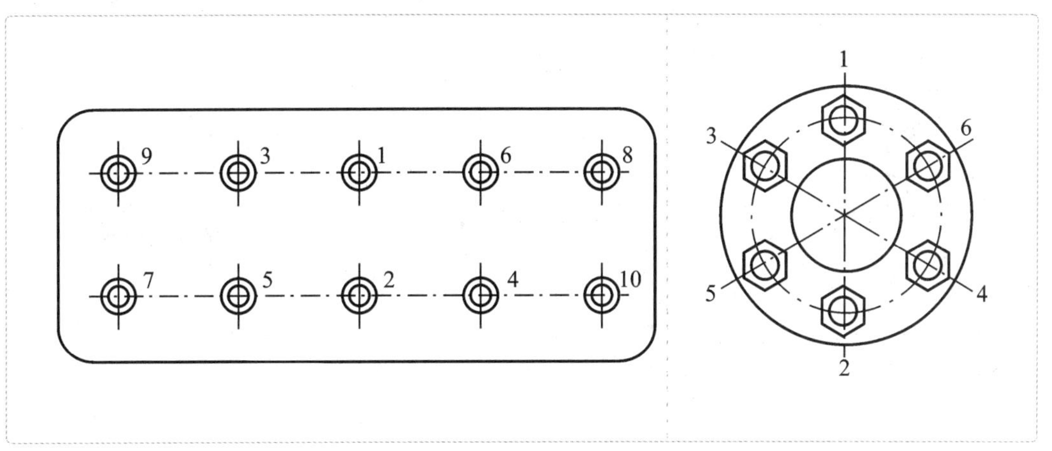

图2.9.62　成组螺母的旋紧顺序

4. 滚动轴承的装配

1）锤击法

锤击法利用手锤和简单工具进行，适用于轴承较小或没有压力机、压装机时的场合。锤击方法如图2.9.63（b）所示。锤击法装配轴承，如图2.9.64所示。

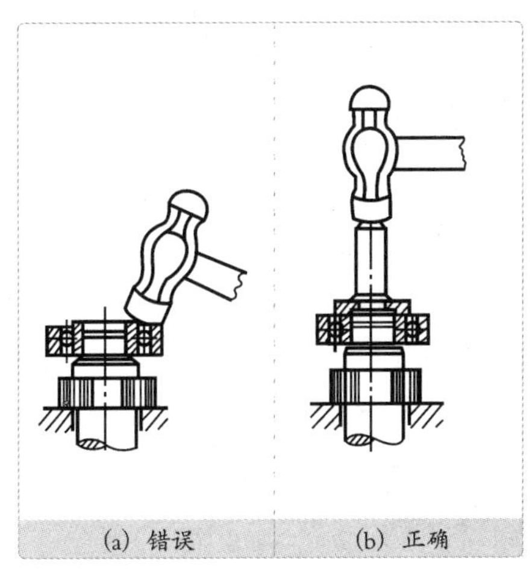

图2.9.63　锤击方法

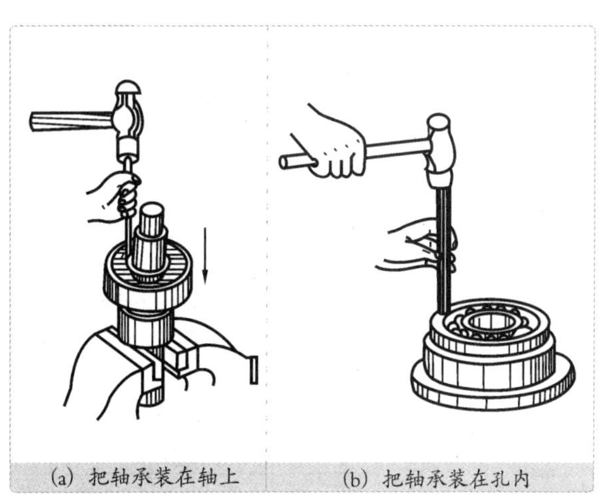

图2.9.64　锤击法装配滚动轴承

2）压入法

压入法在液压机上进行，用垫套顶住轴承圈的端面，将轴承均匀地压入轴颈上或座孔中，如图2.9.65所示。压入法适用于轴承较大、数量较多、装配精度要求较高的场合。

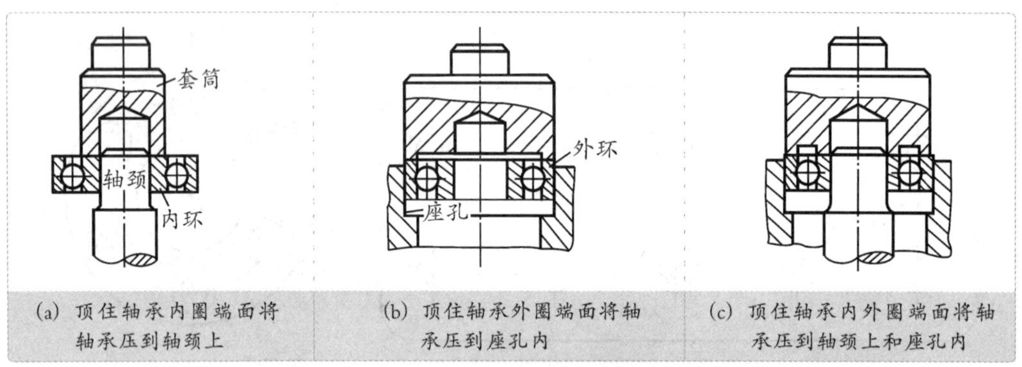

图2.9.65　压入法装配滚动轴承

十一 钳工加工实例

我们已经学习了钳工的基础知识，现在检验一下自己吧，看能不能加工出以下作品。

1.钳工加工

(1) 锤头的加工　锤头零件图如图2.9.66所示。

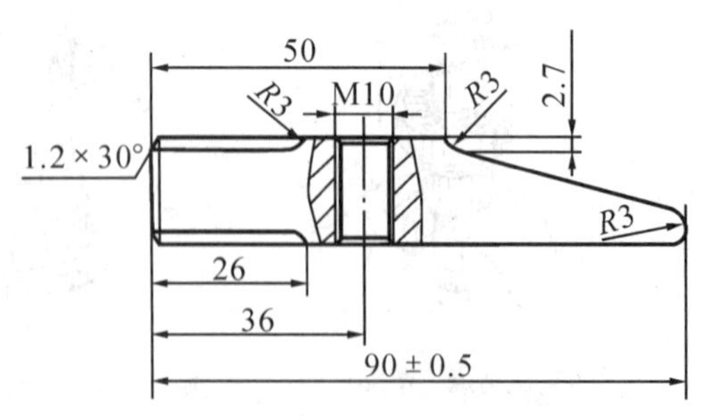

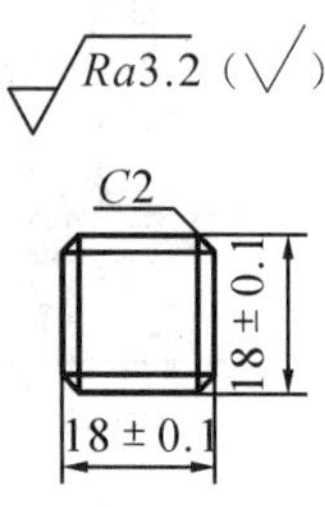

材料：45钢
热处理：45~48HRC

图2.9.66　锤头零件图

(2) 钳口板的加工　钳口板零件图如图2.9.67所示。钳口板可以铣削完成后再到钳工钻床上钻孔，或者全部用钳工的方法加工完成。加工后的实物如图2.9.68所示。

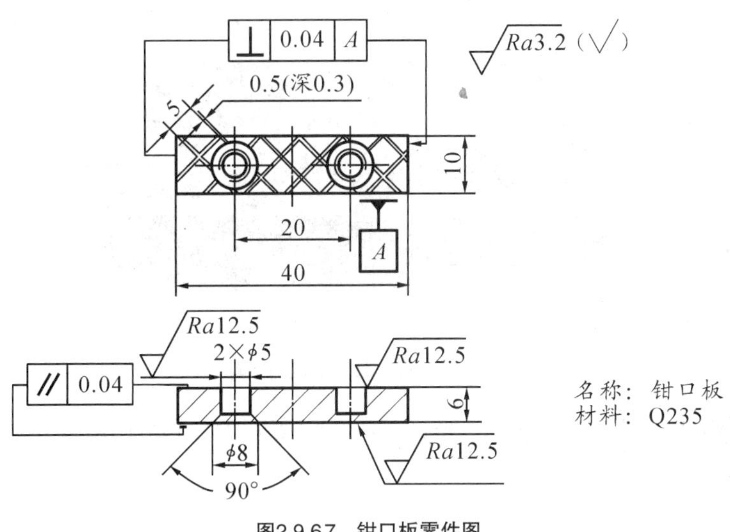

图2.9.67　钳口板零件图

图2.9.68　加工完成的钳口板

(3) 活动钳口、固定钳口螺纹孔的加工　按图2.7.28所示进行M5和M10螺纹孔的加工，加工完成的活动钳口、固定钳口如图2.9.69所示。

图2.9.69　加工完成的活动钳口

（4）钳身上孔的加工　按图2.7.38所示进行 ϕ6 mm和 ϕ10 mm孔的加工，加工完成的钳身如图2.9.70所示。

图2.9.70　加工完成的钳身

（5）锁紧斜块上螺纹孔的加工　按图2.7.39所示进行M6和M10螺纹孔的加工，加工完成的锁紧斜块如图2.9.71所示。

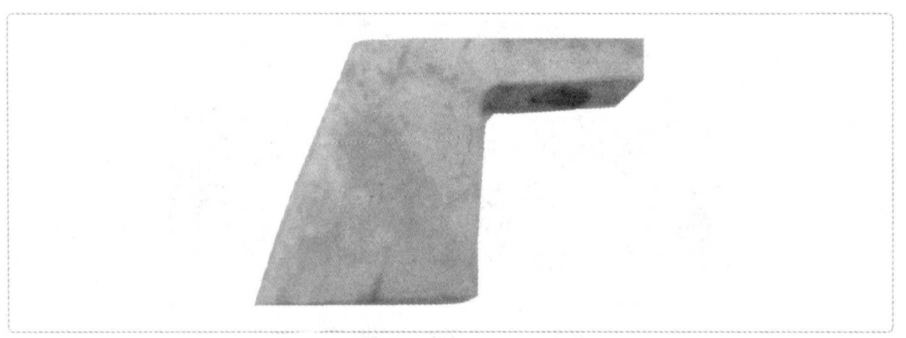

图2.9.71　加工完成的锁紧斜块

2.台虎钳的装配

台虎钳的装配步骤如下。

① 先把顶杆旋入锁紧斜块，再把压盘装在顶杆的端部，如图2.9.72（a）所示。

② 把钳口板和活动钳口及钳口板和固定钳口装配在一起，如图2.9.72（b）所示。

③ 把丝杠和固定钳口及手把装配在一起，如图2.9.72（c）所示。

④ 把钳身和压盘通过内六角螺栓连接在一起，如图2.9.72（d）所示。

⑤ 把钳身和固定钳口通过内六角螺栓连接在一起，如图2.9.72（e）所示。

⑥ 把活动钳口装入丝杠，台虎钳装配完成，如图2.9.72（f）所示。

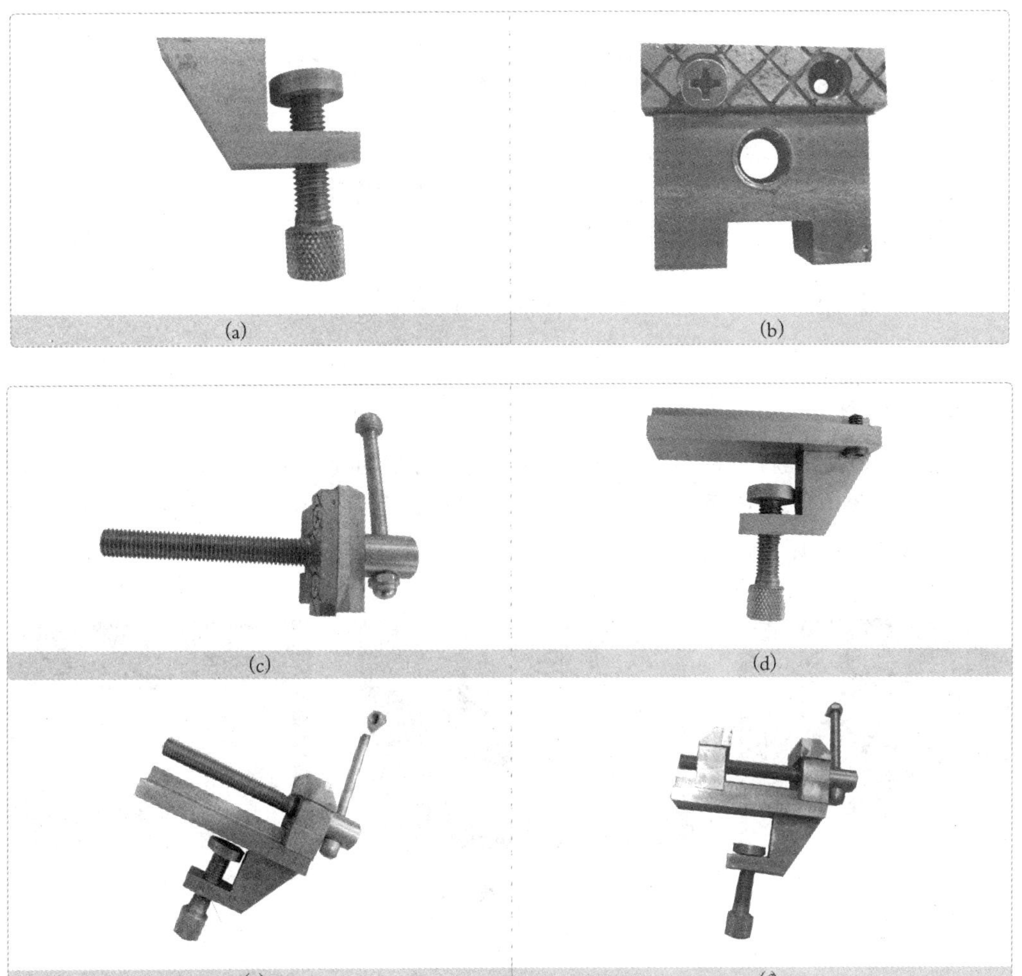

图2.9.72 台虎钳装配图

复习与思考

1. 有人说“钳工虽然累，却很安全”，此话对吗？为什么？
2. 钳工在机械制造中的工作内容有哪些？
3. 什么是划线基准？如何选择划线基准？
4. 选择锯条时应考虑哪些因素？
5. 起锯时和锯切时的操作要领是什么？
6. 要想把工件锉平，操作要领是什么？
7. 如果一开始不小心把孔钻偏了，应如何纠正？

课题十 按图索骥——数控加工

数控加工是指在数控机床上进行零件加工的工艺过程。

一 数控加工工艺概述

1. 原理

数控加工的原理就是将零件图形和工艺参数、加工步骤等以数字信息的形式，编成程序代码输入到机床控制系统中，再由其进行运算处理后，转换成驱动伺服机构的指令信号，从而控制机床各部件协调动作，自动完成零件的加工(见图2.10.1)。

图2.10.1 数控加工

2. 特点

（1）优点 设备刚度好，加工精度及生产效率较高，加工质量稳定，对加工对象的适应性强，易于实现CAD/CAM(计算机辅助设计/制造)一体化及构成计算机集中控制系统。

（2）缺点 设备投资大，准备、调试时间长，维修难度较大。

3. 应用

随着社会对产品多样化需求的增强，产品品种增多，产品更新换代加速，产品的形状和结构越来越复杂(见图2.10.2)，对加工质量、交货期的要求也越来越高，因此，数控加工的应用也就越来越广泛，常用的有数控车床、数控铣床和加工中心等。

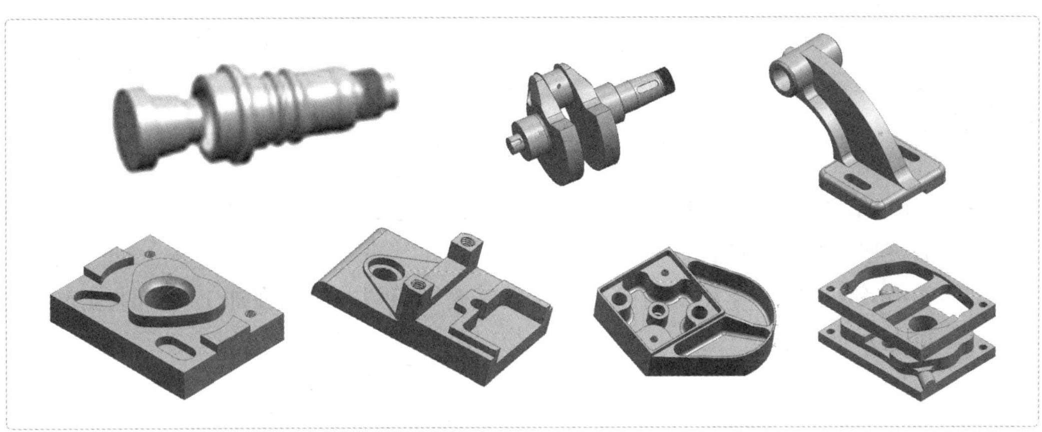

图2.10.2 数控加工产品

二 数控机床安全操作规定

数控机床安全操作规定如图2.10.3所示。

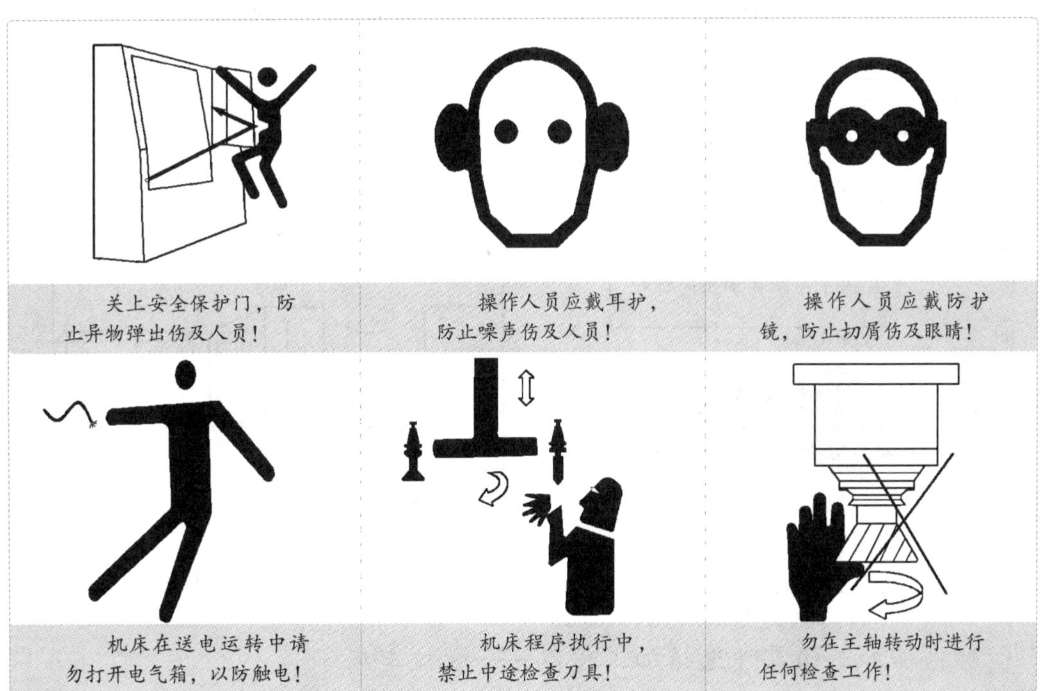

图2.10.3 数控机床安全操作规定

请勿两人同时进行操作,以避免一人执行程序,另一人却在机床内部进行其他工作而发生意外!

※真实案例※

案例一 2004年夏天，加工模具中采用的是干式加工法，一学生打开防护门，炙热的切屑飞出，烫伤其胸部。

案例二 2006年6月，一学生擅自打开机床电气控制箱门，使正在加工的零件报废，造成上万元的损失。

三 数控车削加工

数控车床具有加工精度高，能进行直线和圆弧插补以及在加工过程中能自动变速的特点，除了能车削普通车床所能车削的各种零件外，还能车削普通车床不能车削的需要两坐标联动的各种圆弧、样条曲线等轮廓。

下面以一个典型零件为例(见图2.10.4)，来了解一下数控车削的工艺过程。

1. 需加工零件的图样

需加工零件的图样，如图2.10.5所示。

图2.10.4 零件示例

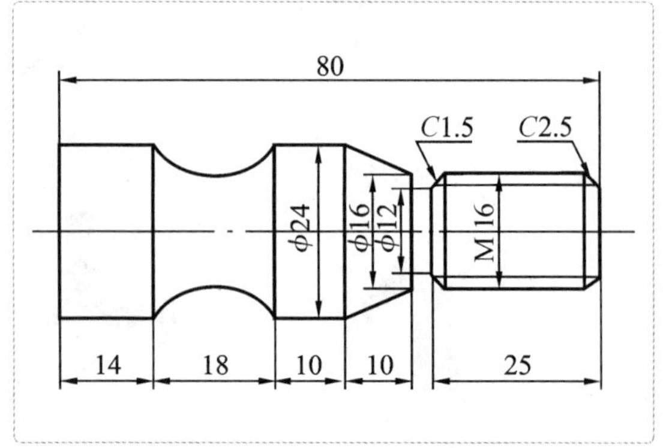

图2.10.5 需加工零件的图样

2. 根据加工的零件选择加工设备——数控车床

根据加工的零件选择的数控车床如图2.10.6所示。

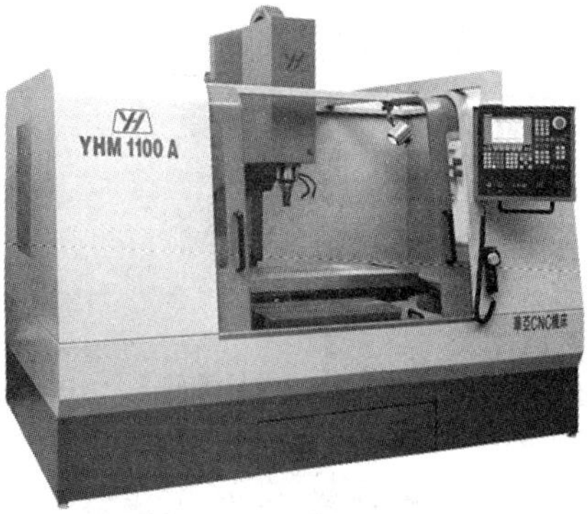

图2.10.6 数控机床

数控加工工艺卡

工艺卡片						零件代号		零件名称	
						LATHE-01		LINGJIAN	
材料名称	ZY102	材料状态	调质	毛坯	成型	夹具名称	专用夹具	备注	
工序号	工种	工序内容				刀具		程序名称	
1	粗加工	粗加工零件外轮廓、倒角，Φ24外圆、R15圆弧、锥面等。				T01			
2	精加工	精加工零件外轮廓、倒角，Φ24外圆、R15圆弧、锥面等。				T02			
3	切槽	切3mm槽				T03			
4	螺纹加工	加工螺纹				T04			

图2.10.7 工艺卡

3. 进行工艺分析后，建立工艺卡

数控加工工艺卡如图2.10.7所示。

4. 依据工艺卡确定刀具，建立刀具表

数控加工刀具卡片如图2.10.8所示。

5. 编写加工程序单

数控车床加工零件比较简单时，一般采用手工编程的方法编写程序，如图2.10.8所示。

数控加工刀具卡片

产品名称或代号		数控车加工	零件名称	典型轴	零件图号				Lathe-01
序号	刀具号	刀具规格名称	数量	加工表面	刀尖半径/mm	主轴转速/r.min^{-1}	进给速度/mm.min^{-1}	切削深度/mm	备注
1	T01	YT15 90° 外圆车刀	1	外轮廓粗加工	0.8mm	800	150	2	
2	T02	YT15 90° 外圆车刀	1	外轮廓精加工	0.8mm	1500	80	0.5	
3	T03	2.5mm 宽切槽刀	1	切槽		450	20		
4	T04	YT15 60° 外螺纹刀	1	外螺纹		450	2		
编制		审核		批准		共 页			第 页

```
O0001
N10 G92 X70 Z30
N20 M06 T0100
N30 M03 S500
N40 G90 G00 X40 Z2
N50 G01 X28 F200
N60 G71 U1 R0.7 P70
Q130 X0.4 Z0.1 F150
N70 G01 X6.8 Z2
N80 X15.8 Z-2.5 F100
N90 X15.8 Z-28
N100 X24Z-38
N110 Z-48
N120G02X24 Z-66 R15
N130 G01 Z-80
N140 G00 X70 Z30
N150 M06 T0202
N160 S200
N170 G00 X30Z-28
N180 G01 X20 F300
N190 X12 F50
N200 G04 X1
N210 G01 X12.8
N220 X18.8 Z-25
N350 G00 X70 Z30
N360 T0300
N370 M06 T0404
N380 S200
N390 G00 X30 Z83
N400 G01 X-1 F50
N410 G00 X30
N420 G00 X70 Z30
N430 T0400
N440 M05
N450 M02
```

图2.10.8 刀具卡片

6. 毛坯零件的装夹及找正

数控车床的毛坯零件的装夹及找正方法同普通车床，此处不再赘述。

7. 选择刀具，并安装

选择刀具如图2.10.9所示。

8. 对刀

使编程原点与零件坐标系原点重合，并建立坐标系对刀，如图2.10.10所示。

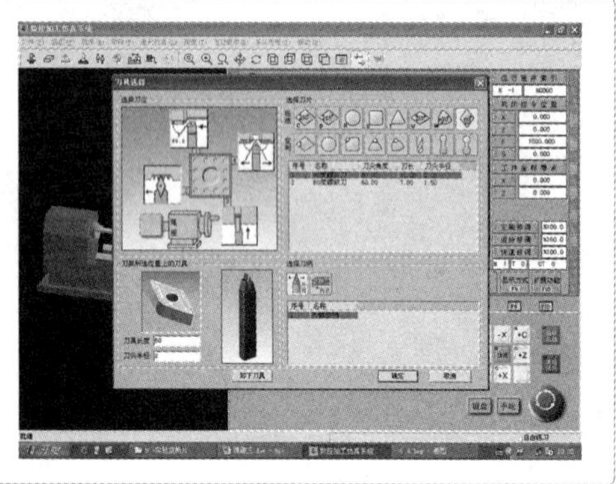

图2.10.9　选择刀具

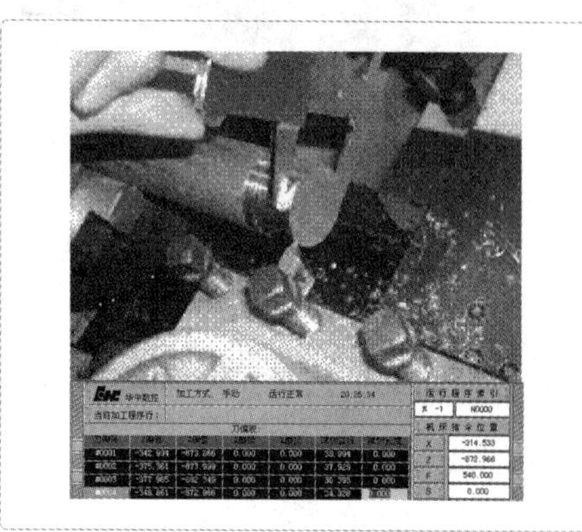

图2.10.10　对刀

9. 零件加工过程及成品

零件加工过程及成品，如图2.10.11所示。

10. 数控车床所能加工的零件示例

数控车床能加工各种各样的零件，其中一部分如图2.10.12所示。

图2.10.11　加工过程及成品

图2.10.12　零件示例

四 数控铣削加工

数控铣削是机械加工中最常用，也是最主要的数控加工方法之一，除了能铣削普通铣床所能铣削的各种零件表面外，还能铣削普通铣床不能铣削的需要2～5坐标联动的各种平面轮廓和立体轮廓。

1. 需要加工零件的二维图（锻模零件）

需要加工零件的二维图如图2.10.13所示。

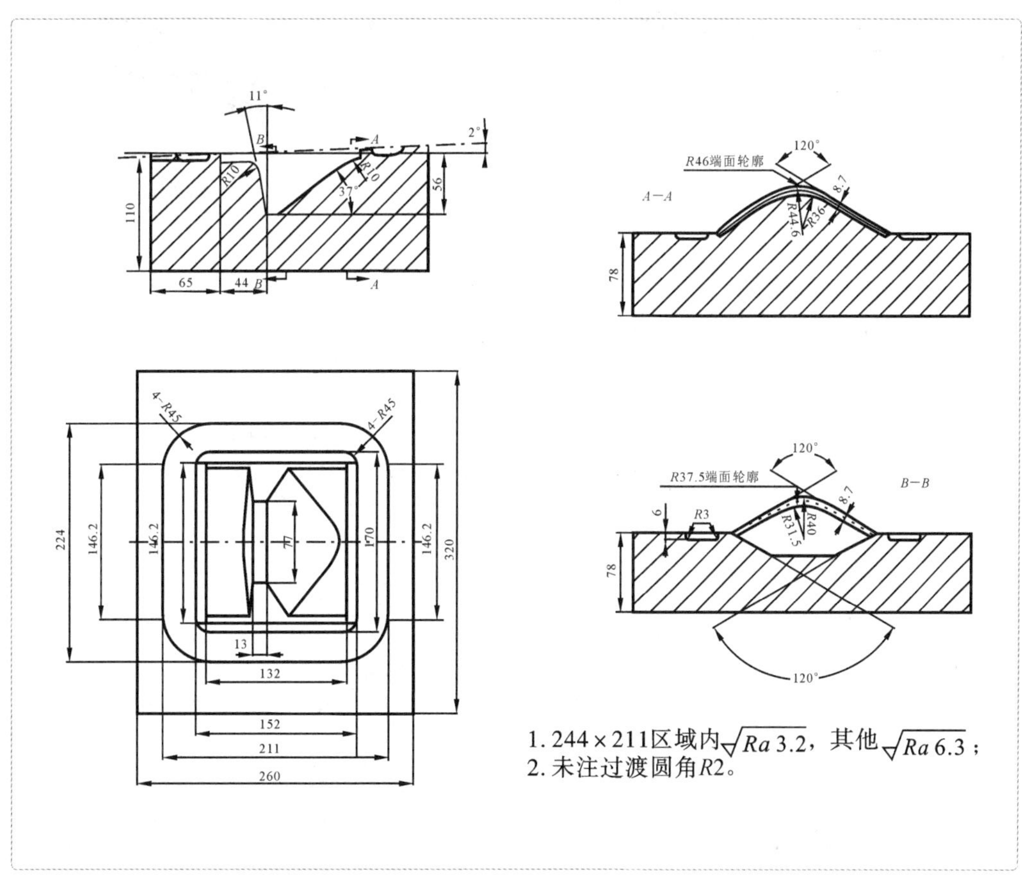

图2.10.13　需加工零件的图样

2. 需加工零件的三维图(锻模零件)，以及所选择的设备——数控铣床

需加工的零件三维图，如图2.10.14所示。根据加工的零件选择的数控铣床，如图2.10.15所示。

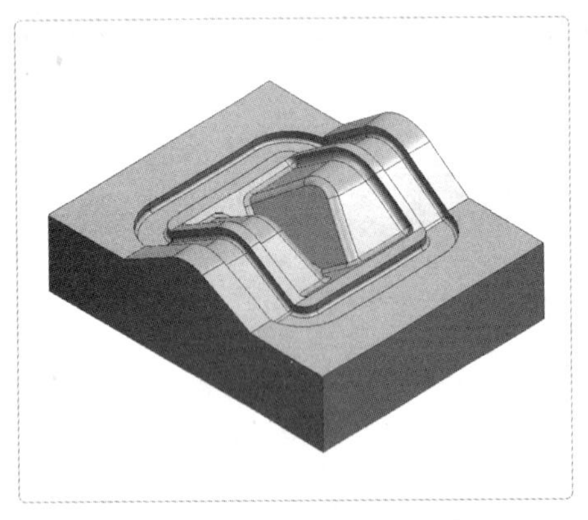

图2.10.14 锻模零件三维图

图2.10.15 数控铣床

3. 进行工艺分析，确定工艺方案并建立刀具表

工艺方案如图2.10.16所示。刀具表如图2.10.17所示。

工艺方案表

序号	加工部位	方法	加工方式	刀具号	刀具类型/mm	主轴转速 n/r·min⁻¹	进给速度 vf/mm·min⁻¹
1	锻模整体	粗加工	型腔铣	1	ø32r6 圆鼻刀	600	350
2	残留部位	粗加工	型腔铣（残料加工）	2	Ø10 立铣刀	800	350
3	跑料槽及锻模型腔	半精加工	固定轴曲面轮廓铣	3	Ø8 球头刀	1200	250
4	锻模左右两凸台面	半精加工	固定轴曲面轮廓铣	3	Ø8 球头刀	1200	250
5	跑料槽及锻模型腔	精加工	固定轴曲面轮廓铣	4	Ø6 球头刀	1600	150
6	锻模左右两凸台面	精加工	固定轴曲面轮廓铣	4	Ø6 球头刀	1600	150
7	锻模分型平面	精加工	面铣	5	Ø20 立铣刀	1600	150

图2.10.16 工艺方案

UNIQUE TOOL LIST IN ORDER OF USE

Tool Name	Description	Tool Dia	Tool Length	Corner Radius	Adjust Register	Z offset	Tool Type
EM32-R6	MILL	32.000	75.000	6.000	0	0.000	Milling Tool-5 Parameters
EM10	MILL	10.000	75.000	0.000	0	0.000	Milling Tool-5 Parameters
BM8	MILL	8.000	75.000	4.000	0	0.000	Milling Tool-5 Parameters
BM6	MILL	6.000	75.000	3.000	0	0.000	Milling Tool-5 Parameters
EM20	MILL	20.000	75.000	0.000	0	0.000	Milling Tool-5 Parameters

图2.10.17 刀具表

4. 应用软件建立特征模型并定义毛坯

由于本零件较复杂，用CAD/CAM软件编程可提高效率。如图2.10.18所示，先建立特征模型，再根据模型定义毛坯；根据实际加工的毛坯形状，确定毛坯的加工余量。

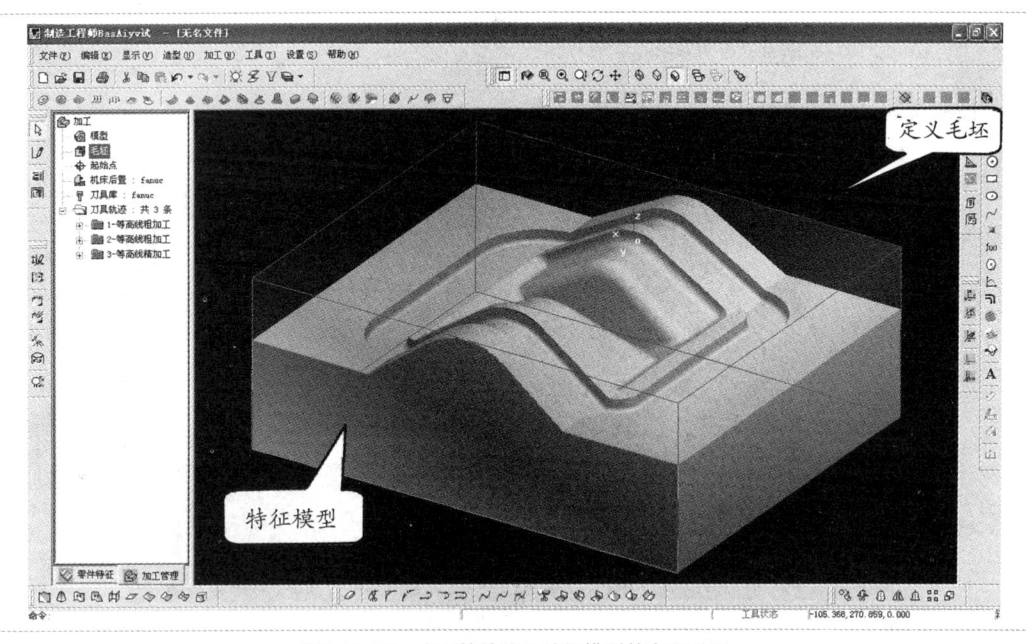

图2.10.18　应用软件建立特征模型并定义毛坯

5. 选择加工方式及确定加工参数

按照如图2.10.19所示的方法选择加工方式，确定加工参数，并生成刀具轨迹，显示刀具运行的轨道。

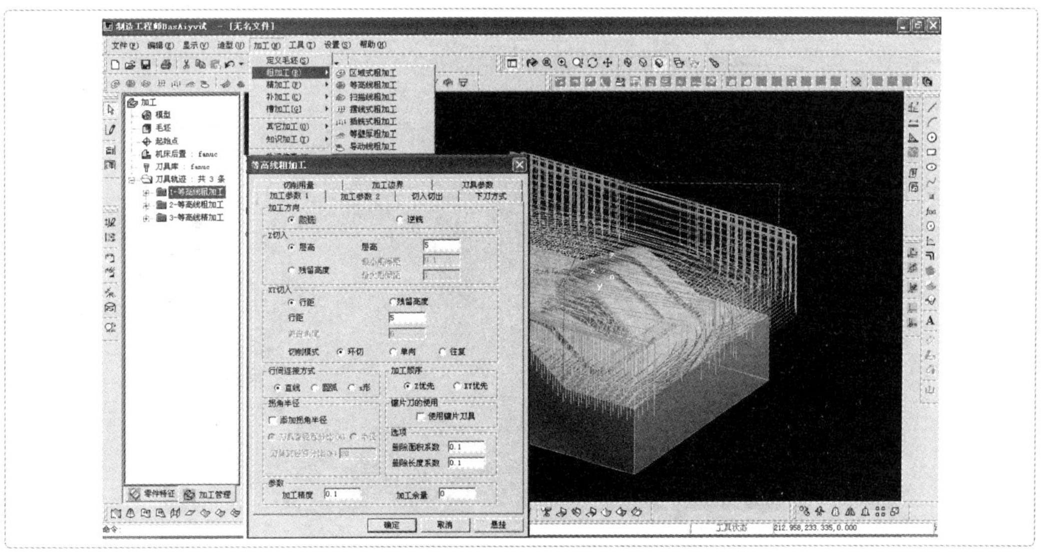

图2.10.19　确定加工参数

6. 轨迹仿真检验刀轨的正确性

按照如图2.10.20所示的方法进行轨迹仿真，来检验刀轨的正确性。

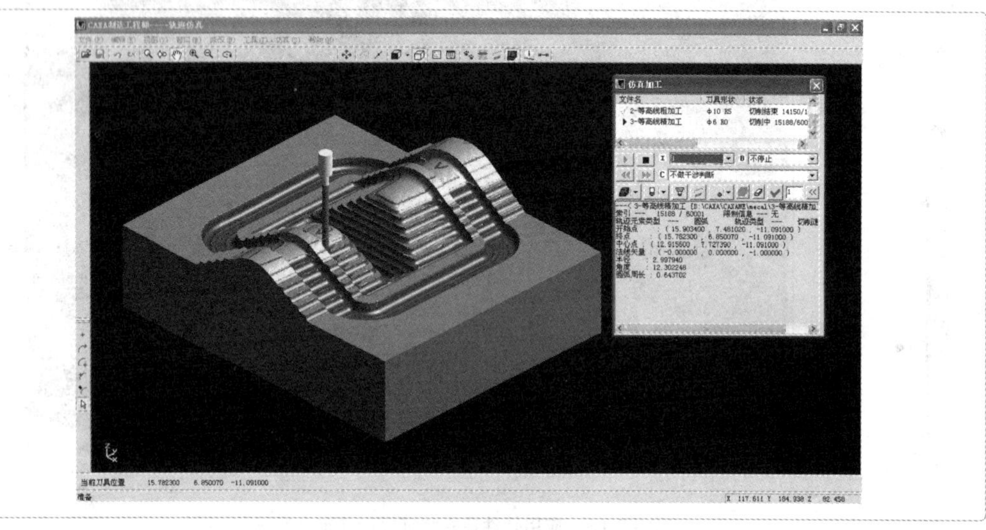

图2.10.20　轨迹仿真

7. G 代码生成

G 代码就是数控程序中的指令(常称为G指令)，机床只认识G代码，如图2.10.21所示。

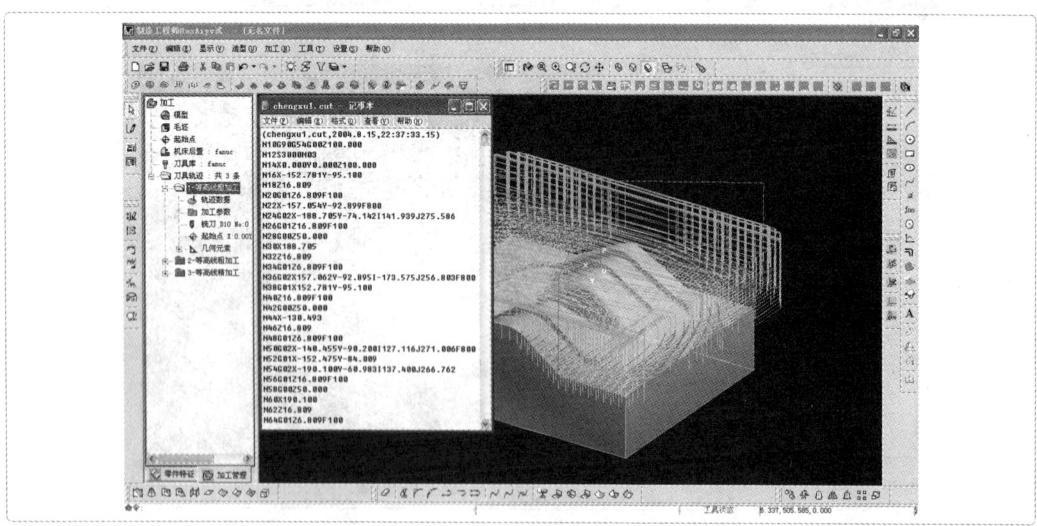

图2.10.21　G代码生成

8. 生成的加工程序单

更换刀具需要人工换刀，程序数量多（见图2.10.22）。

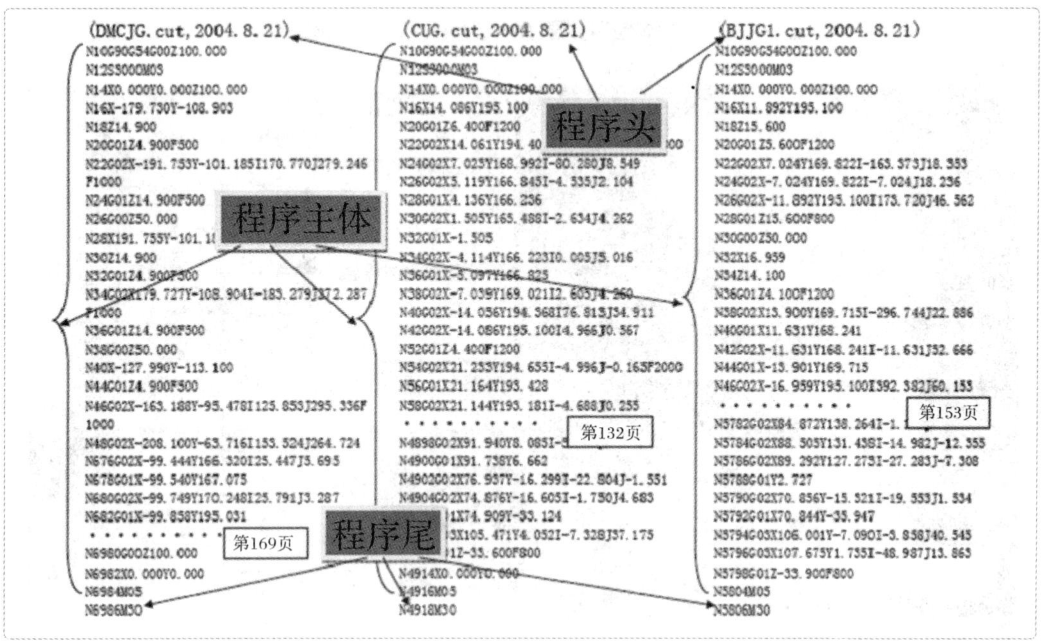

图2.10.22 加工程序单

9. 将程序传输到机床上

程序生成后，将程序从计算机传输到机床上(见图 2.10.23)。

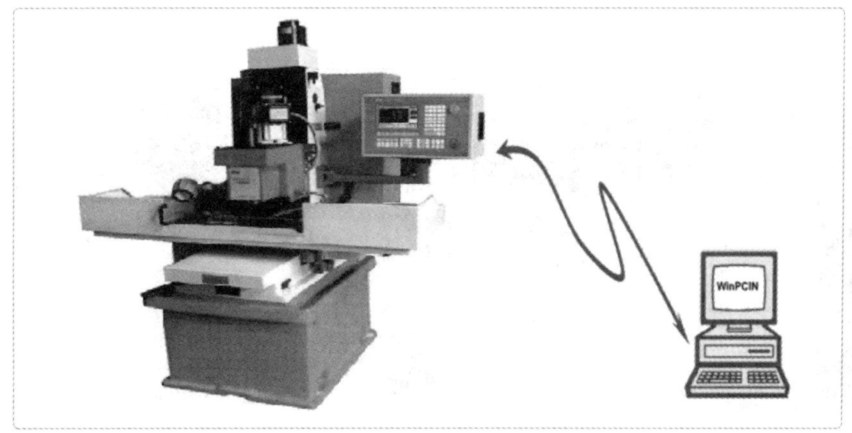

图2.10.23 传输程序到机床

10. 安装毛坯

数控机床安装毛坯的方法同普通铣床，寻找基准建立工件坐标系(见图2.10.24)。

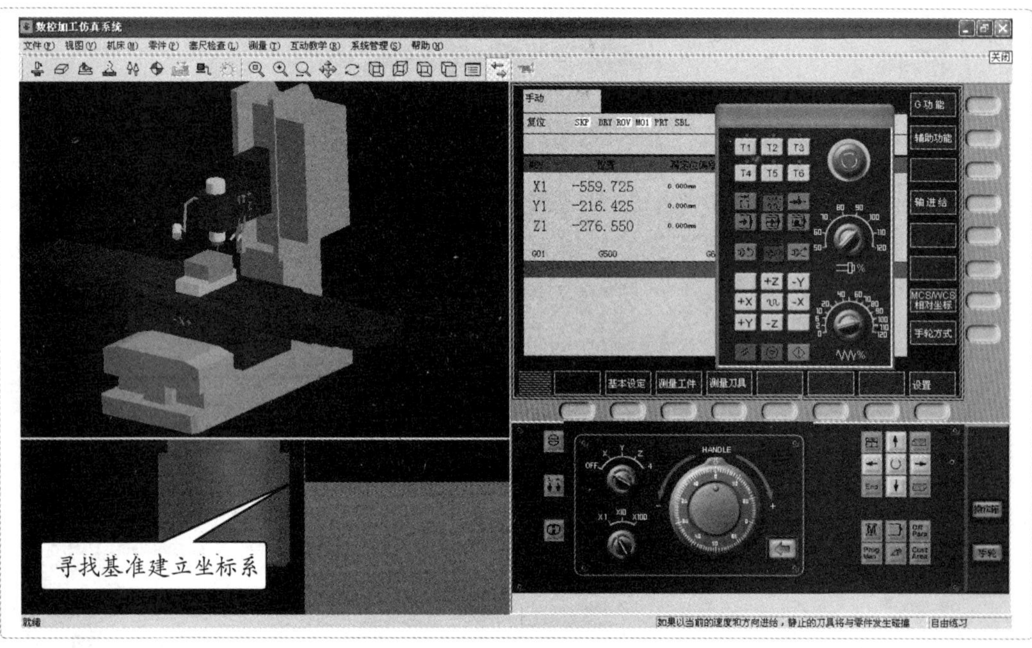

图2.10.24 安装毛坯寻找基准建立坐标系

11. 选择刀具

数控机床使用的刀具同普通铣床（见图2.10.25)。图2.10.26所示为只进行了粗加工的零件。

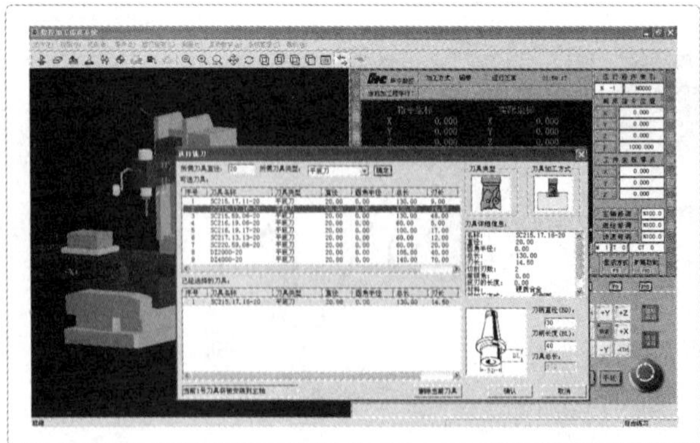

图2.10.25 选择刀具

图2.10.26 粗加工零件示例

复习与思考

1. 数控加工的基本原理是什么？“数控”是何意思？

2. 数控加工有哪些？

3. 常用的数控机床有哪些？

4. 有人说，“有了数控加工，常规制造技术就不必学了”，这种说法对吗？为什么？

数控技术太奇妙了！真是应了那句老话——“学无止境”啊！看来以后还得继续努力，多学知识，提升自己的境界。

实践是检验真理的唯一标准。
真正的铁饭碗，就是自己的真才实学。

第三篇

·奇思妙想·

金工实训的基础训练部分结束了。要说我们真学到了不少知识和技能，可总觉着身上有劲没完全使出来，憋得慌。这是怎么回事呢？

哦，明白了。恐怕是因为我们在实训中总是被动地接受学习和训练，却没有什么机会按照自己的想法去设计、制作一个“自己的作品”，一直心有不甘吧！

不知老师在实训开始的时候说的“创新设计”还搞不搞？要知道，大家可都盼着呐！

呵呵，别急，创新设计当然要进行。这既是对前段实训效果的综合检验和巩固，也是对大家的创新意识、技术应用能力的初步培养和提高，作用不可小视哟！

另外特别要注意的是：基础训练时强调的是规范，要求中规中矩不走样；而创新设计强调的则是自由，鼓励发散思维，大胆质疑。

课题一 标新立异——创新设计的基本概念

人们在日常生活中经常使用创新、创造、发现、发明、革新等概念，但是对其中的含义恐怕并不清楚。其实，这些相近的概念之间既有联系，又有区别。

创造，是指第一次产生崭新的精神成果或物质成果的思维和行为。新颖性是创造成果的共性，新是创造的核心。创造又分为狭义的创造和广义的创造。

狭义的创造，是指科学、技术、理论、方法和产品（包括精神产品和物质产品）在世界范围内的首次产生，它是一种“从无到有”的过程，故有人将其简称为首创或原创。狭义创造将“对已有事物的改进”排除在创造概念之外。创造的主体仅是少数的天才、精英们。

广义的创造，是指创造主体首次将自己从未做成过、也不知别人是否做成过，或知道别人做成过、但不知道别人是如何做到的，且有益于社会发展的事情做成功。创造的主体是群众。

创新，是指创造出比先前的东西具有新形式、新内容的新东西。这些新东西包括先前所没有的东西，也包括在实践中首次运用新科学、新技术、新发明、新创造的一切活动。

人们经常将创新与构思混为一谈，其实，不能产生价值的解决方案可能是一个好的构思，但不是创新。具有实现价值的构思才能成为事实上的创新。

革新，是指革除旧的、创造新的事物和技术等行为或过程。技术革新特指生产技术上的改进，如工艺规程、机器零部件等的改进。革新属于创新，但是范围比创新要小。

发明，是指创造新事物、新方法、新观点和新理论等。由于发明的成果具有新颖性，因此，发明也应该是一种创造。发明是获得非天然性或人为性新成果的一类创造。

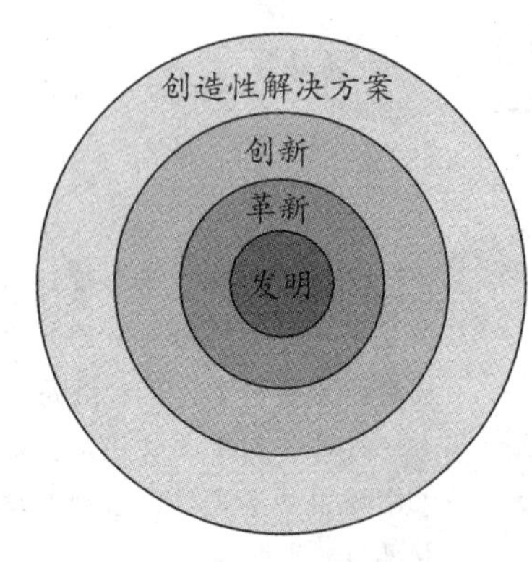

发现，是指经过研究、探索等，看到或找到前人没有看到的事物或规律。发现也是一种创造。发现是获得天然性新成果的一类创造。发现的成果是客观存在的物质，或者物质的性质和规律。

课题二 殊途同归——创新设计的主要方法

1. 创造法

为满足某种社会(市场)需求，依据某些科学理论，创造发明一种前所未有的全新产品的方法，称为创造法。如古代中国的四大发明，现代的电灯、电话、电视机、电磁炉等。

2. 综合法

为了满足某些新的市场需求，将某几种现有简单产品的功能加以综合，设计出一种新产品的方法，称为综合法。在实际中此类创新设计实例可以说不胜枚举，如带洗涤、甩干、烘干功能的洗衣机，带通话、定时、照相、摄像等功能的手机等。

3. 改进法

在某种现有产品的基础上，针对其某些缺陷、不足，或者为了满足某些新的市场需求，重新加以设计改进产生新产品的方法，称为改进法。现代绝大多数工业和民用产品都属于这种设计方法的产物。

4. 仿生法

通过观察、研究一些自然现象，从中受到启发，进而将其运用到产品设计当中产生新产品的方法，称为仿生法。人们所共知的此类实例有飞机、潜艇的发明等，但还有许许多多与我们的生活关系紧密的仿生发明设计，这方面知者较少，比如钢筋混凝土的发明（由法国园艺师莫尼埃于1865年发明）等。

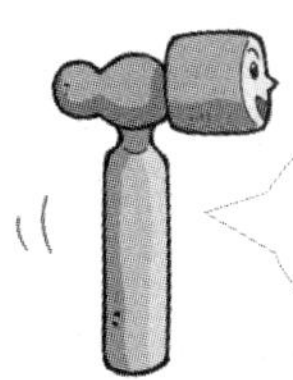

哇!创新设计的方法还真不少呢！这下我们可有大显身手的机会了！

话是这样说，但不要忘了一点，再好的构思、创意，如果脱离了实际，没有可靠的技术支撑，就无法实现，也就不能变成创新设计的现实。比如回形针的发明过程就充分说明了这一点。

以前，大头针、丝线等材料都曾被用来固定纸张，但是这些东西都很容易将纸张损坏。直到1899年，挪威人约翰·瓦勒才发明了至今仍在广泛使用的回形针。

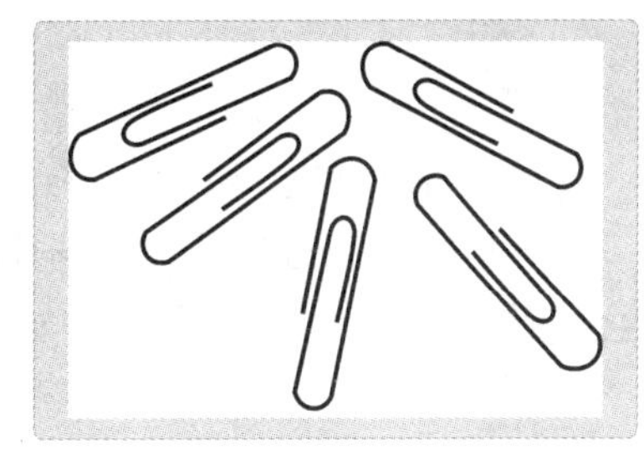

但这样一种很“明显”的解决方式，却不得不等到钢丝——这种弹性很好、容易伸展和弯曲的材料发明出来之后才能得以实现。后来，人们为了使纸张不被刮坏，进一步完善了设计，将金属丝的尖端磨圆。

课题三 不同凡响——创新设计的典型实例

人类的智慧似乎是无穷无尽的，许多创新设想或令人叹为观止，或令人击掌赞叹，也有的令人捧腹大笑。限于篇幅，我们只在这里撷取几个典型实例进行介绍，以求对读者有所启发。

1. 钢管的保护

（1）问题　在喷丸设备中，为钢丸导向的弯管部分是强烈摩擦区，使用一段时间后，就会将弯管部分击穿，即使添加各种各样的保护层也不能从根本上解决这一问题（见图3.3.1）。

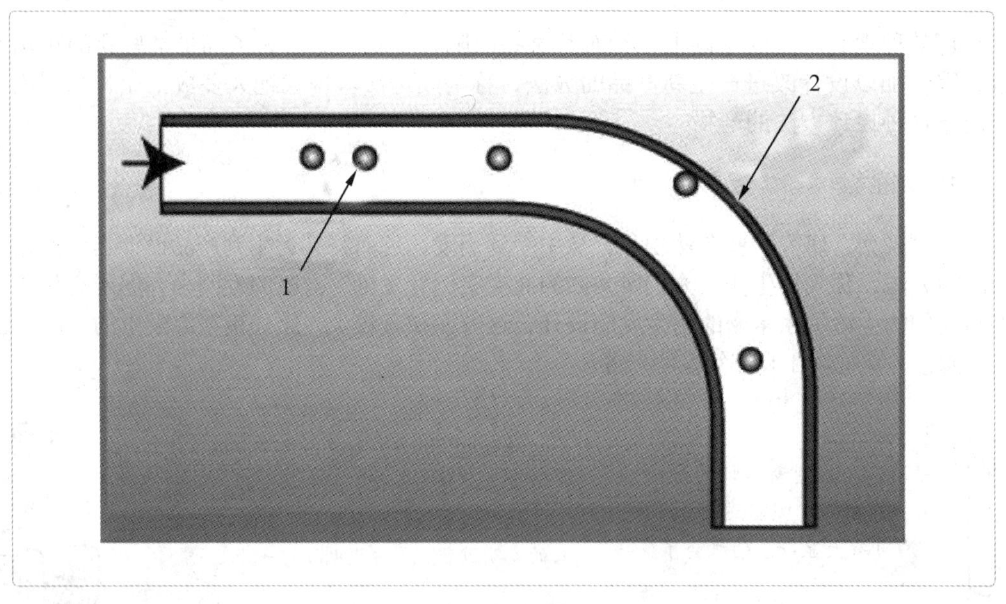

图3.3.1　问题

1—钢丸；2—钢管

（2）解决方法　物-场分析法。在弯管外壁放置磁体，用钢丸兼做保护层。

（3）结果 受到钢丸直接击打的仍是钢丸，一些钢丸被击落，而另一些钢丸马上就会被磁力吸附，形成新的保护层，弯管内壁就受到了有效的保护（见图3.3.2）。

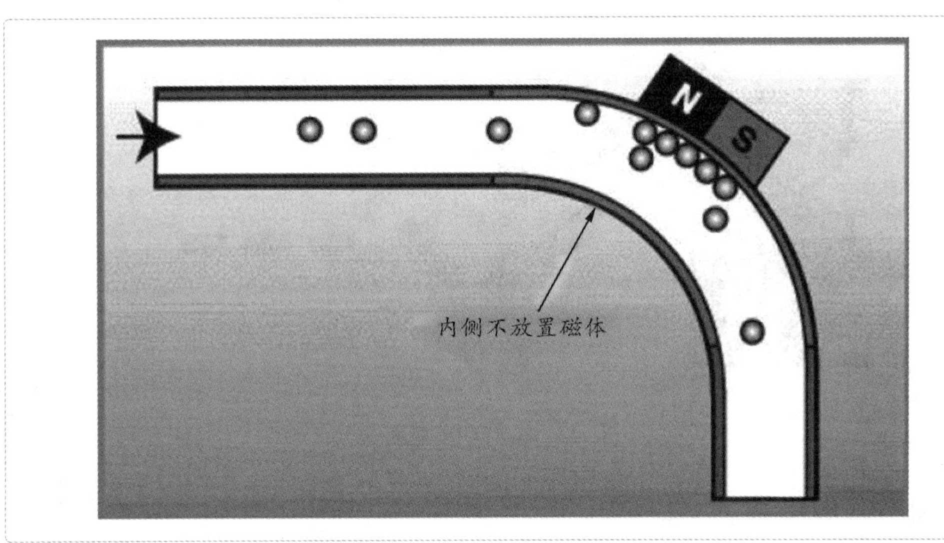

图3.3.2　解决方法和结果

2. 药片形状的检验

(1) 问题　采用一种系统，代替人工进行药片形状的检验(见图3.3.3)。

图3.3.3　问题

1—破损的药片;2—传送带;3—废品收集桶

(2) 解决方法　发明问题的解决理论（theory of inventive problem solving, TRIZ）。由药片自身来检查其形状的完整性，完好无缺的药片会自动滚动到传送带上。

(3) 结果　有缺损的药片会自动滚落到废品收集桶里，省去了人工挑拣过程(见图3.3.4)。

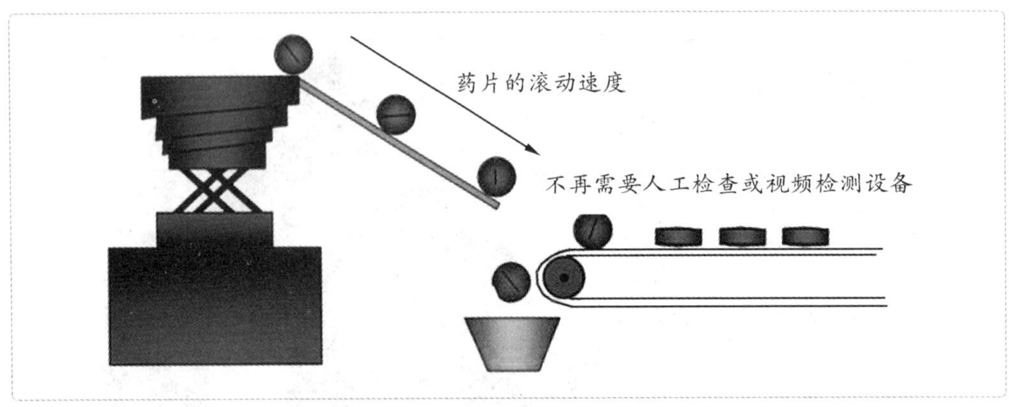

图3.3.4 解决方法和结果

3. 圆木定向运输

（1）问题 将运送来的圆木卸载后，通过传送带输送到加工设备中，这时需将摆放混乱的圆木（见图3.3.5(a)），整齐摆放，如图3.3.5(b)所示，以方便机械加工。要求在对传送系统不做主要改动的情况下，实现圆木的定向运输。但是对圆木定向又需要复杂的机构。

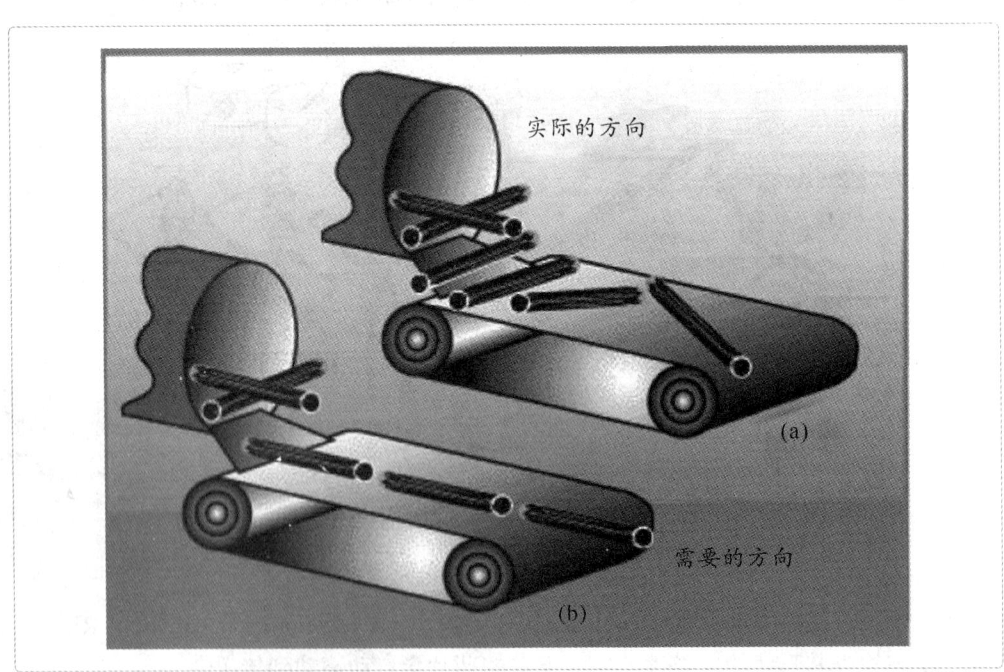

图3.3.5 问题

（2）解决方法　发明问题解决算法(algorithm for inventive-problem solving, ARIZ)，是TRIZ 理论中的一个主要的分析问题、解决问题的方法，其目标是解决问题的主要矛盾。该算法主要针对问题情况复杂、矛盾及其相关部件不明确的技术系统。将传送带设计成三部分，并且让其中相邻的两部分做相对运动，产生“搓”的动作。

（3）结果　原木摆放方向被自动理顺(见图3.3.6)。

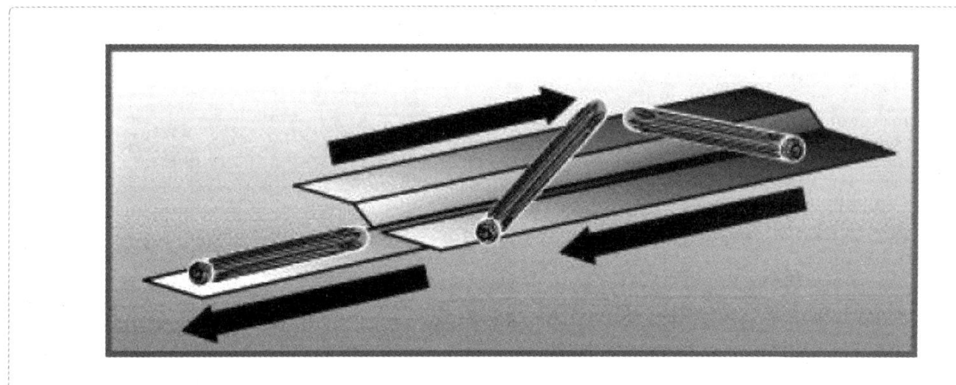

图3.3.6　解决方法和结果

4. 钢笔与铅笔

（1）问题　美国宇航局发射航天飞机时遇到一个难题，在太空失重状态下，自来水笔写不出字。如此一来，宇航员就无法记录一些实验数据和考察资料了。

（2）解决方法　美国宇航局成立专家课题组，耗资上千万美元，研制出一种微型自动气泵，安装在水笔上，于是，问题“解决”了；苏联人发射宇宙飞船也遇到了类似的问题，但解决方法简单得多：改用铅笔！

（3）结果　故事听来有点滑稽，但这却是真实的。解决同样的问题，一个是花费了上千万美元，一个只需几卢布，思维的差异导致了费用和工作难度的天壤之别。

这是在解决实际问题时滥用创新设计概念的一个经典实例。

不鸣则已，一鸣惊人！

处处是创造之地，天天是创造之时，人人是创造之人。

第四篇

·任重道远·

辛苦、危险、却又充实的金工实训结束了。除了手上磨出的水泡、划破的伤口，身体的疲惫以外，我们还收获了什么？

与社会的要求相比，我们在实训中暴露出了哪些不足，需要怎样去弥补？

以后的路应该怎样走？

是该好好思考了……

问题一 秋后算账——金工实训到底值不值

太值了。通过金工实训，克服了对机器设备的恐惧心理，了解了金属材料加工的有关知识，还掌握了一些基本操作技能。以后啥时候咱再进了车间，随手加工个小零件啊，焊个简单的部件啊，都不在话下。可是仔细想想，这些好像还不是最重要的。那最重要的究竟是什么呢？

一是亲身体验了基层劳动者工作的艰辛，这才知道父母挣钱供自己上学是多么的不易，而自己平时花钱却大手大脚，曾经为了买个什么样的手机、MP3与父母怄气，这也太幼稚、太不懂事了。

以后要懂得感恩，要尽己所能反哺父母，回报社会；要有责任感，勇于承担一个成年人应该担负的责任，对自己的言行负责，而不是动不动就推诿过错，怨天尤人。

二是学会了与人相处，集体意识、合作意识加强了，能够开朗大方地帮助别人或接受别人的帮助，而不再是只在老乡、室友的小圈子里打转转的“隐士”，或只能上网在虚拟世界里遨游的“独行侠”了。

三是战胜了自我，经受住了纪律、劳累、危险的考验，成熟了许多。

四是真切感受到了理论和实践的距离，懂得了“实践”二字的含义。

所谓“学会做人，学会学习，学会做事，学会生活”的意义即在于此吧。

问题二 知己知彼——社会需要什么样的人

大部分企业在招聘的时候，都会提出一个“不合情理”的附加条件：有若干年的工作经验。这样似乎就是对应届毕业生关闭了大门。对此，企业自有自己的解释：

刚出校门的大学生，各方面都很不成熟，不会与人合作，难以融入集体，自我定位不准，眼高手低。只有经过若干年的磨炼、摔打，去掉了骄、娇二气，才能担当一定责任。

至于这“若干年的工作经验”怎么来，企业也有说法：一是可利用假期、双休日到与本专业对口的企业打工；二是参加类似金工实训这样的集中进行的实训，也可折算一定的工作经验。

至于什么样的人才最吃香，一些世界知名的跨国公司也给出了它们的标准：

扎实的理工科专业背景，深厚的人文素养，较强的管理能力，这种“三合一”的复合型人才，才是目前最紧缺、最抢手的高级人才。等待他们的，一般也都是高级主管之类的职位。

诚实守信，勇于创新，勤于实践，有责任心，能很好融入集体，与他人和谐相处，这些都是我们这个社会当今对人才的要求标准。力争早日成为这样的人，也正是我们今后所应该努力的方向。

问题三 亡羊补牢——以后的路应该怎样走

作为大学生，“正业”自然就是学习。年轻，体力好，记忆力强，精力旺盛，这些都是优势；自制力差，贪玩，易受社会不良风气诱惑，盲目讲义气，做事缺乏恒心，又是许多人的缺点。考进大学后，突然从备战高考的高度紧张中松弛下来，变得茫然不知所措，找不到努力的方向，不少人就开始随波逐流，逐渐地“不务正业”了。

所幸，金工实训给我们提供了一个重新发现自我的平台，一个改变以往沉闷、迷茫生活的契机，一个开始新征程的出发点。

带着时不我待的紧迫感，以海纳百川的胸怀去尽情地汲取知识吧！校园里所遇到的一切人，所发生的一切事，在有心人眼里，都是可以拿来为我所用的宝贵财富——关键是，要多结交良师益友，多参加有意义的事情。

时间、效率就是金钱，知识、能力就是财富，这句话用在象牙塔里的莘莘学子身上，是再恰当不过了。

千里之行，始于足下。那就赶紧出发吧！

你不能改变世界，但你可以改变自己。

失败的人都知道成功的方法，只有成功的人真正去做了。

参考文献

[1] 宋立宏，倪为国.金属工艺学实习教材[M]. 天津：天津大学出版社，2002.

[2] 李永增.金工实习[M]. 北京：高等教育出版社，2000.

[3] 金禧德.金工实习[M]. 2 版. 北京：高等教育出版社，2001.

[4] 卢志文.工程材料与成形工艺[M]. 北京：机械工业出版社，2007.

[5] 胡少荃.实用焊工手册[M]. 北京：航空工业出版社，1998.

[6] 清华大学金属工艺学教研组.金属工艺学实习教材 [M]. 北京：高等教育出版社，1986.

[7] 劳动人事部培训就业局.车工工艺学[M]. 北京：劳动人事出版社，1980.

[8] 龚国尚，石伯平.金属工艺实习教材[M]. 北京：中央广播电视大学出版社，1991.

[9] 邵刚.金工实训[M]. 北京：电子工业出版社，2006.

[10] 赵玲，马松表.金属工艺实习教材[M]. 北京：国防工业出版社，2000.

[11] 薛源顺.磨工[M]. 北京：机械工业出版社，2006.

[12] 劳动人事部培训就业局.钳工生产实习[M]. 北京：劳动人事出版社，1984.

[13] 同济大学金属工艺教研室.金属工艺学实习教材[M]. 北京：高等教育出版社，1988.

[14] 沈其文，赵敖生.材料成形与机械制造技术基础——材料成形分册[M]. 武汉：华中科技大学出版社，2003.

图书在版编目(CIP)数据

图解金工实训/张力重,杜新宇主编.—3版.—武汉:华中科技大学出版社,2014.9
ISBN 978-7-5680-0395-7

Ⅰ.①图… Ⅱ.①张… ②杜… Ⅲ.①金属加工-实习-高等学校-教材 Ⅳ.①TG-45

中国版本图书馆CIP数据核字(2014)第210600号

图解金工实训(第三版) 张力重 杜新宇 主编

策划编辑:俞道凯
责任编辑:吴 晗
封面设计:李 嫚
责任校对:马燕红
责任监印:张正林
出版发行:华中科技大学出版社(中国·武汉)
武昌喻家山 邮编:430074 电话:(027)81321913
录 排:武汉楚海文化传播有限公司
印 刷:武汉华工鑫宏印务有限公司
开 本:787mm×960mm 1/16
印 张:12.5 插页:2
字 数:260千字
版 次:2011年8月第2版 2019年8月第3版第4次印刷
定 价:25.50元